Franz Kosar

SCHWERE ARTILLERIE
BIS 1945

Motor
buch
Verlag
spezial

Einbandgestaltung: Frank Zähringer

Bildnachweis: Christopher F. Foss (3), Guy Francois (1), Ian V. Hogg (10), R.P- Hunnicut (5), Imperial War Museum (3), Dipl. Ing. Herbert Jäger (5), Nicola Pignato (1), Rheinmetall (1), Walter J. Spielberger (8), Raymond Surlemont (1), Sammlung Dipl.-Ing. Kosar.

Weitere Bildquellen sind bei den jeweiligen Abbildungen direkt angegeben.

ISBN: 978-3-613-04185-1

Ein Unternehmen der Paul Pietsch Verlage GmbH & Co. KG

1. Auflage 2019

Sie finden uns im Internet unter www.motorbuch-verlag.de

Innengestaltung: Jürgen Knopf, Medien und Printprodukte, 74321 Bietigheim-Bissingen
Druck und Bindung: Graspo CZ, 76302 Zlin
Printed in Czech Republic

Vorwort

Die schweren und schwersten Geschütze haben schon immer größtes Interesse hervorgerufen. Dieses beruhte vorwiegend auf ihren Dimensionen und ihrer Wirkung im Ziel.

Trotzdem fehlte bisher in der waffentechnischen Literatur eine **Gesamtübersicht** aller jemals gebauten schweren Geschütze. Die Verfasser beschränkten sich vorwiegend auf Einzeldarstellungen und behandelten nur die Geschütze einzelner Staaten oder sie schrieben billige Massenware, die nur eine Auswahl der dem jeweiligen Verfasser bekannten Modelle bot, vielfach noch dazu fehlerhaft. Nur eine umfassende Darstellung ermöglicht jedoch einen Vergleich der Geschütze und ihrer Leistungen. Damit wird auch jenen Publikationen begegnet, die einzelne Konstruktionen als besonderen Erfolg hervorheben, ohne entsprechende Vergleiche zu ziehen.

Diesen Mangel soll nun das vorliegende Buch beseitigen. In ihm werden *die schwersten Geschütze aller Staaten,* die je solche Geschütze erzeugten, behandelt. Dazu kommen noch interessante Projekte, die aus den unterschiedlichsten Gründen nicht mehr fertig gestellt oder überhaupt nicht ausgeführt wurden.

Natürlich musste sich der Verfasser eine gewisse Beschränkung auferlegen, da sonst der vorgesehene Umfang des Buches gesprengt worden wäre. Dazu zählt, dass eine Grenze gezogen werden musste, welche Geschütze aufgenommen werden sollen. Eine der Schwierigkeiten liegt dabei darin, dass sich vielfach im Laufe der Entwicklung die diesbezüglichen Definitionen geändert haben. So wurden häufig ursprünglich *schwere Geschütze* in der Folge als *mittlere* oder selbst als *leichte Geschütze* bezeichnet. Für das vorliegende Buch wurde daher als untere Grenze ein **Kaliber von 200 mm** zu Grunde gelegt. Nur in einigen besonderen Fällen werden geringfügig darunter liegende Kaliber aufgenommen, sofern ihre Bedeutung dies erfordert.

Eine weitere Einschränkung wird überdies dadurch gezogen, dass nur jene Geschütze aufgenommen werden, die für den **Einsatz bei den Feldheeren** vorgesehen waren. Damit fallen *Küstengeschütze, Festungsgeschütze* und *Schiffsgeschütze* aus dem Betrachtungsrahmen. Eine Ausnahme stellen nur jene von ihnen dar, die zu einem späteren Zeitpunkt, oft der Not gehorchend, vielfach in behelfsmäßiger Form, für den Feldeinsatz beweglich gemacht wurden.

Zu den nicht aufgenommenen Waffen zählen aber auch die schweren *Minenwerfer* und *Granatwerfer,* die nach Ansicht des Verfassers nicht unter die Gattung der Geschütze fallen, und die *Eisenbahngeschütze*. Letztere würden rein von ihrer Masse her an der Spitze liegen, sie wurden jedoch in einer vorliegenden Dokumentation bereits umfassend behandelt (Franz Kosar: Eisenbahn-Geschütze der Welt, Motorbuch Verlag, 1999). Andererseits werden aber die **Selbstfahrlafetten** vorgestellt, da sie nicht nur vielfach die gleichen Waffen trugen, sondern auch in gleicher Weise eingesetzt wurden.

Der Schwerpunkt der Darstellung liegt selbstverständlich beim 20. Jahrhundert und damit jenem Zeitabschnitt, der mit seinen beiden Weltkriegen den wohl nachhaltigsten Einfluss hinsichtlich der technischen Entwicklung mit sich gebracht hat. Nie vorher war innerhalb nur weniger Jahre eine derartige Umwälzung vor sich gegangen. Daneben wird aber in einem eigenen Kapitel auf die allgemeine Entwicklung seit der Erfindung des Schießpulvers und einzelne berühmte Geschütze früherer Zeitabschnitte eingegangen.

An dieser Stelle möchte ich allen öffentlichen Stellen, Firmen und Einzelpersonen danken, die mich bei meiner über Jahrzehnte erstreckenden Arbeit auf diesem Gebiet unterstützt haben. Hier seien vor allem genannt das *Heeresgeschichtliche Museum* und das *Kriegsarchiv* in Wien, das *Armeemuseum* in Brüssel, das *Imperial War Museum* in London und die *Biblioteca d'Artiglieria e Genio* in Rom. Von den Firmen sollen hier *Schneider & Cie* und *Rheinmetall* genannt werden. An Einzelpersonen die Unterlagen zur Verfügung stellten und auch sonstige Hilfeleistung boten, seien an dieser Stelle besonders die Herren *Christopher F. Foss, Guy François, Ian V. Hogg* und *Dr. Friedrich Wiener (†)* erwähnt.

Dipl.-Ing. Franz Kosar
Große Sperlgasse 38
A-1020 Wien

Inhalt

H 27
H 28
H 29
H 30
28

Die Bauformen

Im Laufe der technischen Entwicklung bildete sich eine derart vielfältige Form von Lafetten aus, dass diese hier kurz behandelt werden müssen. Der Schwerpunkt liegt dabei auf jenen Geschützen, die in den letzten 120 Jahren gebaut wurden. Bei den historischen Betrachtungen wird dann jeweils auf die spezifischen Gegebenheiten eingegangen.

Die Behandlung der Bauformen kann aus den verschiedensten Blickwinkeln erfolgen. Dabei ist zu beachten, dass nur ein allgemeiner Überblick möglich ist, da immer wieder neue spezielle Konstruktionselemente auftraten, die jeweils beim betreffenden Geschütz gesondert beschrieben werden. Völlig unterschiedliche Anforderungen führten zu den verschiedensten, divergierenden Ausbildungen.

Abgesehen von den rein ballistischen Anforderungen kommen noch zahlreiche andere Gesichtspunkte zum Tragen. Hier sei vor allem auf die Möglichkeiten für den Transport hingewiesen, unter Berücksichtigung der technischen und geographischen Gegebenheiten wie dem Straßen- und Eisenbahnnetz.

Die Lafette

An erster Stelle soll die **Bauart der Lafette** näher betrachtet werden. Schon hier zeigen sich die mannigfachen Möglichkeiten.

Die wohl älteste Form stellt die **Wandlafette** dar. Sie bestand im Wesentlichen aus zwei Seitenwänden, aus Holz, später aus Blechen mit den erforderlichen aufgenieteten Versteifungswinkeln. Vorwiegend im vorderen Bereich waren oben die Lagerungen für die Schildzapfen des Rohres angeordnet. Nur wenige Querverbindungen sorgten für die Distanzierung der beiden Wände.

Als nächste Stufe kam die so genannte **Bocklafette**. Sie kennzeichnete eine Achse mit Rädern,

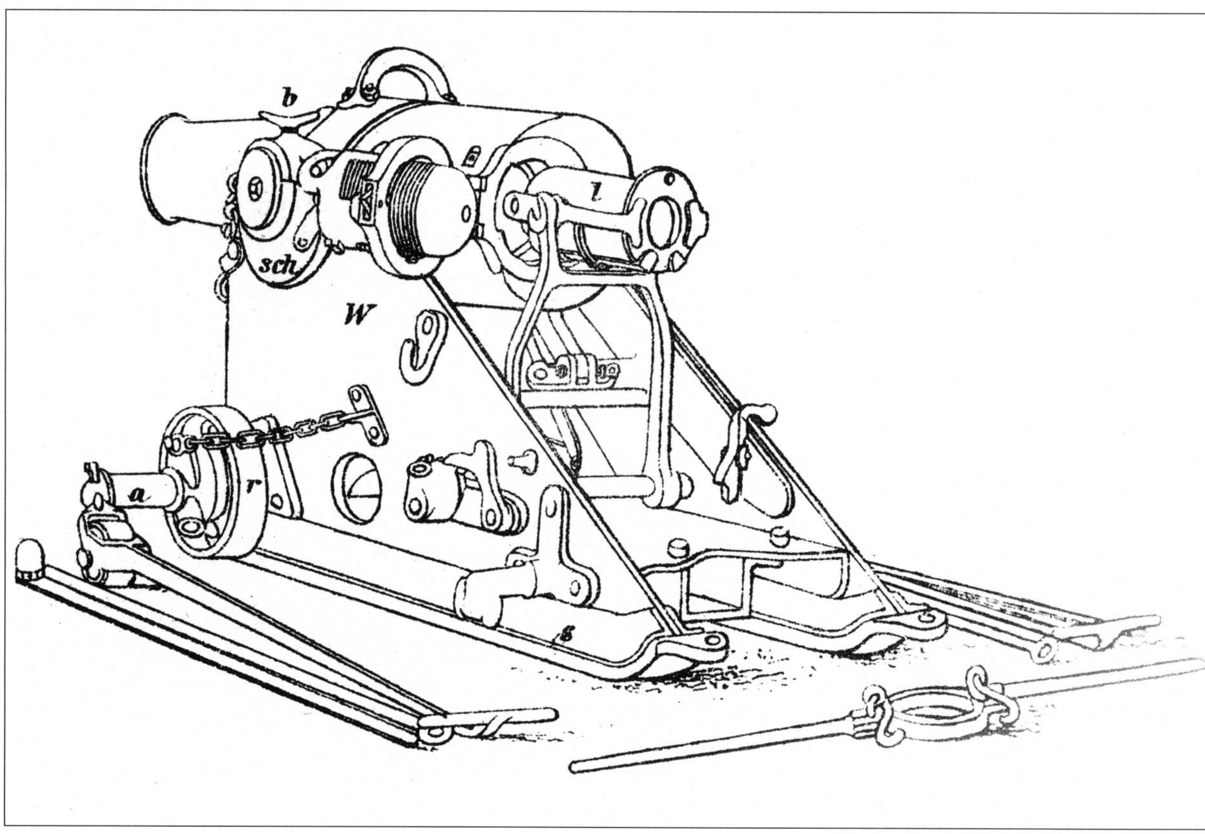

Der französische Mörser 220 mm Modell 1880 mit seiner typischen Wandlafette. Die Ladeschwinge mit der zylindrischen Ladeschale ist hier ans Bodenstück hochgeschwenkt. Links liegt der Rollenhebel, der zum Seitenrichten unter das Lafettenende geschoben wurde, hinten die Geschosszange für das Herantragen.

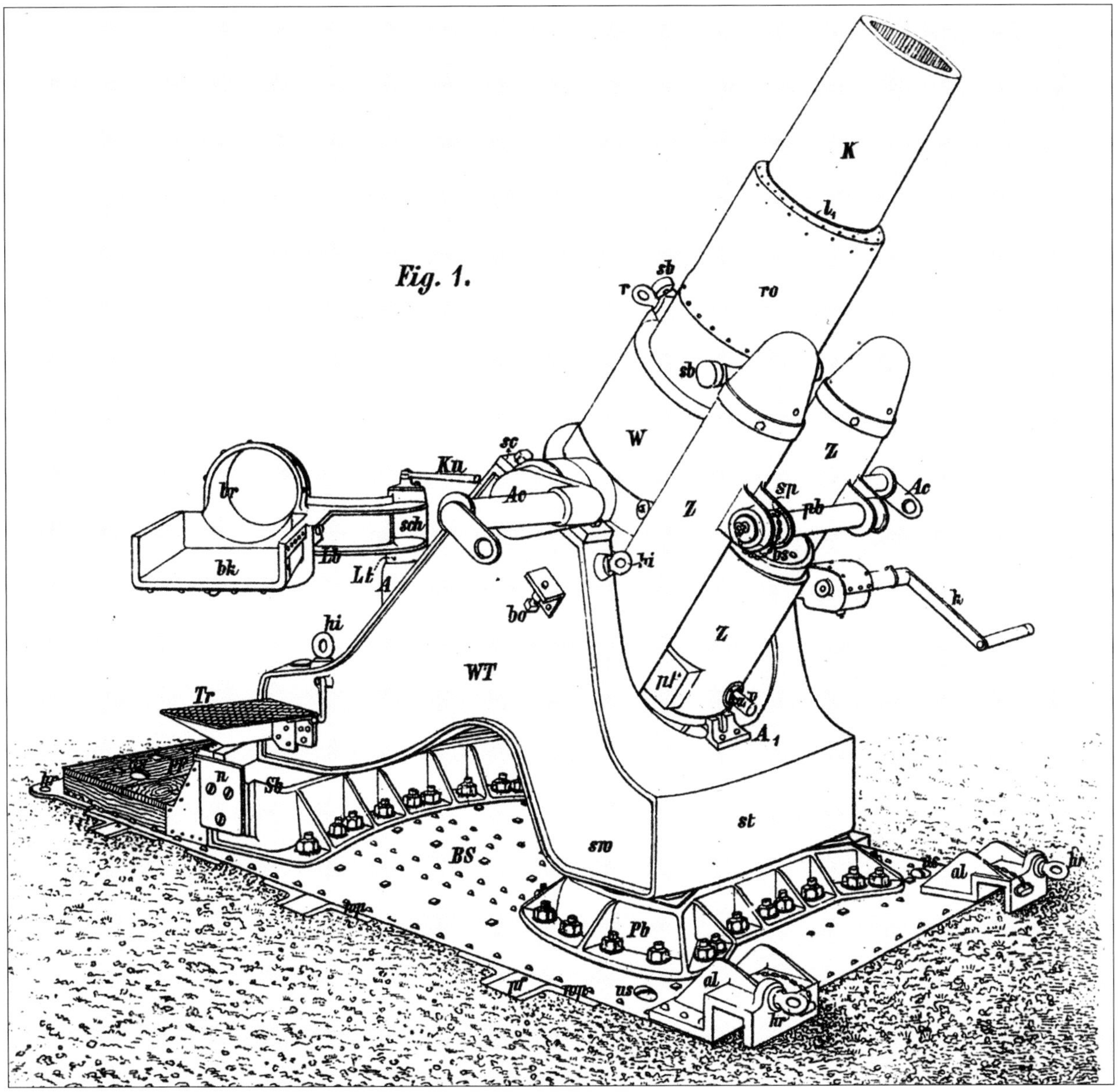

Der österreichisch-ungarische 24 cm M. 98 Mörser besaß eine Vorderpivotlafette. Die kastenförmige Ladeschale ist seitlich ausgeschwenkt.

von denen das Geschütz feuert. Die Seitenwände verlängerten sich zu einem *Lafettenschwanz*. Beim Hochziehen des vorderen Lafettenteiles lag dann das Rohr relativ hoch über dem Boden. Die dadurch entstehende große Feuerhöhe brachte vor allem beim Laden Nachteile. Diese Bauform kam nur bei Geschützen vor, die sich in einer einzigen Last befördern ließen. Der Grund für diese Ausführung war die Möglichkeit, die Waffe hinter einen Wall oder eine Böschung aufzustellen und damit der Bedienungsmannschaft einen gewissen Schutz gegen feindliches Feuer zu bieten. Diese Ausführung wurde in manchen Ländern auch als **Belagerungslafette** bezeichnet. Der erwähnte Vorteil kam in erster Linie bei Flachfeuerwaffen (Kanonen) zum Tragen. Steilfeuerwaffen benötigten dagegen derartige hohe Lafetten nicht, da sie ohnehin Deckungen überschießen konnten.

Die beiden bisher beschriebenen Lafetten wiesen einen wesentlichen Nachteil auf: Ein Seitenrichten konnte nur mittels Verschieben des Geschützes auf der Aufstellfläche (Schießunterlage) durchgeführt werden. Dazu wurden in der Regel Hebel wie Handspaken oder Brecheisen eingesetzt. Der Leser kann sich leicht vorstellen, mit welcher Genauigkeit ein derartiges Seitenrichten erfolgte!

Als nächste Stufe folgte daher die **Kastenlafette**. Bei ihr war der Lafettenschwanz, wie schon der

Name sagt, kastenförmig ausgebildet. Damit ließ sich vor allem eine wesentlich höhere Steifigkeit desselben erzielen. Gleichzeitig bestand aber auch die Möglichkeit, eine Seitenrichtmaschine vorzusehen. Aus Stabilitätsgründen war der Richtbereich meist auf etwa vier bis maximal acht Grad beschränkt.

War hingegen ein größerer Seitenrichtbereich erwünscht, blieb in erster Linie und ältester Form die **Pivotlafette**. Bei ihr wurde in der Schießunterlage, auf die später noch näher eingegangen wird, ein Drehzapfen eingesetzt, um den sich die eigentliche Lafette schwenken ließ. Unterschiedliche Hilfsmittel halfen dabei, diese Drehbewegung leichter auszuführen. So wurden häufig Rollen an der Lafette befestigt, die sich auf entsprechenden Rollenbahnen der Unterlage bewegten. Eine andere Möglichkeit stellten um den Drehzapfen angebrachte Tellerfedern dar, die den Druck der Lafette auf die Schießunterlage verringerten. Der Seitenrichtbereich konnte bei dieser Ausführung im Extremfall – bei entsprechender Ausbildung der Unterlage – bis zu 360° betragen. Eine weitere Unterscheidung hängt von der Lage des Pivotzapfens ab. Liegt er im vorderen Teil der Lafette, spricht man von einer *Vorderpivotlafette*, ist er aber zentral angeordnet von einer *Mittelpivotlafette*.

Die technisch und auch hinsichtlich der Handhabung eleganteste Lafettenausführung kam zweifellos mit der **Spreizlafette**, die auch die modernste Bauform darstellt. Bei ihr sind an Stelle eines Lafettenschwanzes zwei kastenförmige Holme am Vorderteil des Geschützes gelagert. In der Feuerstellung werden sie mit ihrem hinteren Ende ausgeschwenkt und bilden solcherart eine stabile Basis. Bei den modernsten Ausführungen dieser Bauart werden Seitenrichtbereiche bis zu 75° erreicht.

Die Schießunterlage

Der nächste große Komplex ist jener der **Schießunterlage**; also jener Unterlage, auf der die Lafette beim Feuern ruht. Sie muss nicht nur die Eigenmasse des Geschützes, sondern auch die beim Feuern auftretenden Kräfte auf den Boden übertragen können.
Bei den ältesten schweren Geschützen waren es vielfach **Plattformen**, vorwiegend aus starken Holzbohlen, die entweder schon fertig zusammengebaut mitgeführt oder vor Ort zusammengebaut wurden. Die Zahl der Holzlagen und ihre Abmessungen hingen von den aufzunehmenden Kräften ab.

Für größere Kaliber genügten diese einfachen Bohlenlagen natürlich nicht: Sie erforderten richtige **Bettungen**. Sie wurden ebenfalls aus Holz gefertigt, erhielten aber entsprechende Einfassungen aus Stahl- oder Eisenprofilen. Für noch größere Kräfte kam schließlich eine richtige **Bodenplatte** aus Eisen oder Stahl zum Einsatz. Diese beiden hier genannten Ausführungen wurden dann entweder direkt auf den Boden gelegt oder in eine seichte Grube gesenkt. In beiden Fällen galt es Längsverschiebungen infolge der Rückstoßkräfte beim Schießen zu unterbinden. Diese Aufgabe übernahmen meist zusätzliche Querbalken, Verankerungen oder Gewichtsballast.

Eine Sonderform, die alle derartigen Nachteile vermied, stellte die **Kastenbettung** dar, bei der stählerne Kästen in bis zu zwei Meter tiefe Gruben verlegt wurden. Dem Nachteil des umfangreichen Erdaushubes standen andererseits der Vorteil der absoluten Unverschiebbarkeit und die Möglichkeit gegenüber, auf den Kästen bereits alle Befestigungsbauteile für die Lafette und die erforderlichen Rollen- oder Gleitbahnen vorzusehen.

Eine eigene Gruppe für sich stellen die deutschen *Bettungsgeschütze* des Ersten Weltkriegs dar. Es handelte sich um Marinewaffen, langrohrige Schiffsgeschütze, die ortsfest eingesetzt wurden, um weit hinter den feindlichen Linien liegende Ziele zu bekämpfen. Zu diesem Behufe wurden riesige Bettungsgruben ausgehoben und eine Bodenplatte als Stellfläche betoniert. Das Geschütz selbst ruhte dann entweder mit seinem Sockel auf einem Kugeldrehkranz direkt auf dem Betonfundament oder es wurde zusätzlich in ein besonderes eisernes Schießgerüst eingebaut. Später wurden viele dieser ortsfesten Bettungen aufgegeben und die Rohre als *Eisenbahngeschütze* eingesetzt.

Eine weitere Gruppe von Schießunterlagen, die sich wesentlich von den bisher genannten unterschied, trat bei den *Räderlafetten* auf. Es ist leicht verständlich, dass die Masse der schweren Geschütze deren einfaches Aufstellen auf den Erdboden verbietet. Der Bodendruck muss auf eine größere Fläche verteilt werden, um die Bodenpressung zu verringern und damit das Einsinken der Räder zu vermeiden, da es ansonsten zu größeren Geschoss-Streuungen infolge von Änderungen des Abgangswinkels und damit Verlagerungen der Aufschlagpunkte kommt. Der einfachste Weg war natürlich die Verbreiterung der Räder. Dem standen gewisse Grenzen beim Fahren entgegen. Eine erste Lösung gelang mit dem Einsatz des **Radgür-**

tels, einer Erfindung des Italieners *Buonagente* (auch als *Bonagente* zu finden). Das Patent wurde anfangs des 20. Jahrhunderts von Deutschland aufgekauft, von Krupp verbessert und seinerseits zum Patent angemeldet. Dieser Gürtel bestand aus gelenkig um den Radkranz gelagerten Platten, die den Druck sowohl beim Fahren als auch beim Feuern auf meist drei Platten verteilten. Der Einsatz dieser Lösung blieb allerdings auf Italien und Deutschland beschränkt. Von den 30er-Jahren des 20. Jahrhunderts an erfolgte die Verringerung des Bodendrucks der Geschütze durch Vergrößerung der Aufstandsfläche ihrer Räder durch die Verwendung von anfangs Vollgummi-, später Luftbereifung.

Eine andere Lösung bestand in der Verwendung von **Radunterlagen**, besonderer Bauteile aus Holz oder Metall, in anderen Fällen auch Matten mit Blechzwischenlagen, die in der Feuerstellung unter die Räder gelegt wurden.

Die Rücklaufhemmung

Ein eigenes Kapitel für sich ist die Form der **Rücklaufhemmung**. Der beim Feuern des Geschützes entstehende Rückstoß muss ja in irgendeiner Form aufgenommen werden. Bei allen schweren Geschützen vor der Jahrhundertwende handelte es sich um so genannte **Lafettenrücklaufgeschütze**, bei denen die Lafette samt dem starr in ihr gelagerten Rohr die Rücklaufbewegung durchführte. Besonders bei den alten Wandlafetten, die auf der untergelegten Plattform zurückglitten, sprach man von einer *Schleife*. Nach jedem Schuss musste das Geschütz dann wieder mit Hebeln in die Schuss-Stellung vorgebracht werden, wobei fallweise exzentrisch gelagerte Rollen diesen Vorgang erleichterten. Eine nahezu identische archaische Lösung waren *Wandlafetten,* die mit Rollen auf Hemmkeilen hochrollten und derart die Rücklaufenergie umwandelten. Bereits in der Mitte des 19. Jahrhundert entstand für Schiffs- und Küstengeschütze das Prinzip der **Vavasseur-Lafette** (übrigens ein Engländer trotz seines französischen Namens). Dabei ruhte das Rohr starr in seiner Oberlafette, die ihrerseits auf einer nach hinten ansteigenden Gleit- oder Rollenbahn der Unterlafette hochlief.

Verbessert wurde dieses System dann durch eine **Rücklaufbremse**. Dabei wurde bei Feldgeschützen zwischen der Schießunterlage und der Radlafette ein hydraulischer Bremszylinder oder eine Feder eingebaut, welche die Rücklaufenergie aufzehrten. Eine weitere Stufe stellte dann die Kombination der schiefen Ebene mit einem oder mehreren Hydraulikzylindern dar.

Die modernste und technisch ausgereifteste Lösung dieses Problems ist natürlich der **Rohrrücklauf**. Bei ihm gleitet das Rohr in oder auf der so genannten Wiege zurück und wird durch einen oder mehrere Hydraulikzylinder abgebremst. Das Vorbringen in die Schuss-Stellung erfolgte anfangs durch Federvorholer, die später durch Luftvorholer ersetzt wurden.

Natürlich sind auch hier die verschiedensten Kombinationen zu finden. So kann das Rohr in einer Wiege zurücklaufen und dazu die Oberlafette in einer Vavasseur-Lafette mit oder ohne zusätzliche Hemmung. Damit erhält man einen so genannten **doppelten Rücklauf**. Eine moderne Anwendung des doppelten Rücklaufs entsteht, wenn das Rohr in seiner Wiege und die Oberlafette auf einer Unterlafette oder Basis, gleichfalls mit Hydraulik-Bremszylinder und Vorholer, zurückläuft. Derart kann einerseits die Länge des Rohrrücklaufs verkürzt (Vermeidung des Anstoßens des Verschlusses am Boden oder an Lafettenteilen) und andererseits die auf den Boden oder die Bettung zu übertragende Kraft verringert werden.

Der Transport

Vielfach wird einer der wichtigsten Faktoren unterschätzt oder gar vergessen, obwohl er einer der entscheidendsten für die Auswahl der Bauform war und ist. Es ist dies die Möglichkeit des **Transportes** des Geschützes. Dessen Masse und die dadurch erforderliche Zahl und Masse der einzelnen Fahrlasten ist entscheidend! Neben der Leistung des Zugmittels darf hier die Einbeziehung der Gelände- und Straßenbeschaffenheit und die Tragfähigkeit der zu überquerenden Brücken nicht außer Acht gelassen werden. Andererseits wird aber angestrebt, die Zahl der Fahrlasten so gering wie möglich zu halten, um den Zeitbedarf für das Instellunggehen nicht übermäßig anwachsen zu lassen. Also zwei völlig konträre Anforderungen.

Ganz kritisch war dies natürlich vor allem beim ursprünglich ausschließlich möglichen **Pferdezug**. Obwohl im Gegensatz zur Feldartillerie allgemein schwerere Pferderassen, insbesondere so genannte Kaltblüter, verwendet wurden, war die Zugleistung beschränkt. Ein Wert zwischen 5000 und 6000 Newton (etwa 500 und 600 kg) war das Maximum, das einem solchen Zugpferd zugemutet werden konnte. Damit war von vornherein die Mas-

Traktoren des britischen Herstellers Foster-Daimler mit 77 kW (110 PS). Die riesigen Räder machten das Aufsitzen des Fahrers zur Bergtour. Die Aufnahme entstand während des Ersten Weltkriegs.

se der einzelnen Fahrlast selbst bei dem meist angewandten sechs- bis zehnspännigen Zug auf höchstens 6000 kg limitiert. Derartige Massen senkten vor allem aber auch die Marschgeschwindigkeit und begrenzten die Möglichkeit der Überwindung von Steigungen. Die Folge waren daher Marschgeschwindigkeiten von unter 4 km/h und Tagesetappen von maximal 25 km. Noch krasser wurde dies beim Einsatz im bergigen Gelände. So wurden bei einem schweren Geschütz aus normalerweise zwei Fahrlasten nicht weniger als fünf für den Gebirgstransport .

Auch die schon frühzeitig angewandte Möglichkeit des **Eisenbahntransportes** brachte zahlreiche Erschwernisse mit sich. Schon das Be- und Entladen der Eisenbahnwagen erforderte nicht nur einen erheblichen Zeitaufwand, sondern auch entsprechende Hebezeuge. Hinzu trat, dass die Feuerstellung im Allgemeinen nicht unmittelbar neben einem Entladebahnhof gewählt werden konnte und daher entweder ein entsprechendes Zufahrtgleis gebaut werden musste oder erst wieder diese restliche Strecke mit anderen Zugmitteln zu bewältigen war. Nur geringfügig einfacher erwies sich der Transport mittels *Feldbahn* (Schmalspurbahn). Auch hier musste eine Gleisanlage geschaffen und im Regelfall geeignetes Hebezeug mit entsprechender Tragfähigkeit eingesetzt werden.

Die enge Begrenzung der Masse der Fahrlasten fiel erst mit der Einführung des **Kraftzuges**. Allerdings waren (und sind) auch diesem aus mehreren Gründen Grenzen gesetzt. So waren zu Beginn des 20. Jahrhunderts und vielfach bis in den Ersten Weltkrieg hinein die damals aus dem zivilen Be-

reich stammenden Dampfpflüge und Lokomobile im Einsatz. Sie bewegten immerhin schon Lasten von 10 bis 15 t. Nachteilig waren aber deren geringe Geschwindigkeit, die in der Praxis 2 bis 8 km/h nicht überschritt, und der Umstand, dass häufig kaum 25 km ohne Nachbunkern von Wasser und Kohle zurückgelegt werden konnten.

Andere Länder verwendeten wiederum riesige Traktoren mit Schwerölmotoren, die bis zu 77 kW (105 PS) leisteten. Es waren dies oft wahre Ungetüme mit bis zu 3 m hohen Antriebsrädern, deren Zugkraft gerippte Laufflächen (Griffleisten) steigerten. Wenn auch die Geschwindigkeit nur unwesentlich anwuchs, konnte doch die tägliche Marschstrecke durch einen entsprechenden Treibstoffvorrat auf 100 und mehr Kilometer angehoben werden.

Erst die Einführung des **Motorkraftzuges** brachte hier eine wesentliche Verbesserung mit sich. Erforderlich war aber gleichzeitig die Einführung gefederter Achsen für die Geschütze, um die Fahrlasten gegen übermäßige Erschütterungen, die zu Schäden führen konnten, zu schützen. Damit gelang es die Höchstgeschwindigkeiten vorerst auf Werte zwischen 15 und 25 km/h zu steigern, wobei nun die Bauart des Zugfahrzeuges und die gefederten Achsen bestimmend waren. Bis in die 30er-Jahre gelang dann keine wesentliche Verbesserung. So rollten die sowjetischen schwersten Geschütze mit ihren Vollkettenzugmaschinen noch mit zulässigen Höchstwerten von 8 bis 15 km/h in die Kriege gegen Polen, Finnland und Deutschland. Die vorhandenen Zugkräfte reichten aber in der Regel noch immer nicht aus, um Anhängelasten von mehr als 25 t zu befördern. Lediglich Sonderausführungen konnten Lasten von bis zu 45 t bewegen (mehr darüber bei den betreffenden Geschützen).

Der endgültige Durchbruch hinsichtlich höherer Fahrgeschwindigkeiten gelang dann erst mit der Einführung von *Vollgummi-* oder *Luftbereifungen.* Beim derzeitigen Entwicklungsstand sind mit den neuesten schweren Geschützen Geschwindigkeiten bis zu 90 km/h möglich geworden.

Eine endgültige Lösung des Transportproblems stellte erst die **Selbstfahrlafette** dar, gleichgültig ob gepanzert oder ungepanzert, auf Kettenlaufwerken oder Rädern. Sie kann im Normalfall in einer einzigen Last verfahren werden und ist in kürzester Zeit zu einem Wechsel der Feuerstellung fähig. Eine Ausnahme davon waren allein die überschweren Modelle des Zweiten Weltkrieges, die beim Verlegen über größere Entfernungen ganz spezielle Transportsysteme erforderten. Der Nachteil aller Selbstfahrlafetten ist einerseits der erhöhte Kostenaufwand und andererseits die Gefahr des Ausfalls der Waffe bei einem Motor- oder Fahrwerksschaden.

Die Munition

Keine Waffe ist ein Selbstzweck! Ihre Aufgabe besteht allein darin, ein Geschoss in sein vorbestimmtes Ziel zu bringen. Daher ist es auch unumgänglich, in einem Buch, das sich mit Geschützen beschäftigt, die Munition mit aufzunehmen. Nur damit erhält man die Möglichkeit, die Waffenwirkung abzuschätzen bzw. zu beschreiben.

Der Begriff *Munition* stammt aus dem Französischen und umfasste im 16. Jahrhundert als *»munition de guerre«* den gesamten Kriegsbedarf. In der Folge wurde dann daraus der Begriff im heutigen Sinn. Derzeit zählt man im deutschen Sprachraum zur Munition alle Wurfkörper, die mittels irgendeiner Energie verschossen, geschleudert oder geworfen werden.

Im Nachstehenden sollen jedoch nur solche Munitionsarten behandelt werden, die von den im Buch beschriebenen Geschützen verfeuert werden. Auf die von den historischen Waffen verwendeten Kugeln aus Stein oder Eisen wird nicht näher eingegangen. Hier sei auf die umfangreiche einschlägige Literatur verwiesen. Es soll nur erwähnt werden, dass Steinkugeln vielfach von den begleitenden Steinmetzen direkt am Einsatzort oder in dessen Nähe hergestellt wurden. Auch eiserne Vollkugeln konnten noch im Feld gegossen werden. Dadurch war es möglich, das Mitführen der schweren Munition zu vermeiden, ein großer Vorteil angesichts der damaligen Transportmittel und -wege.

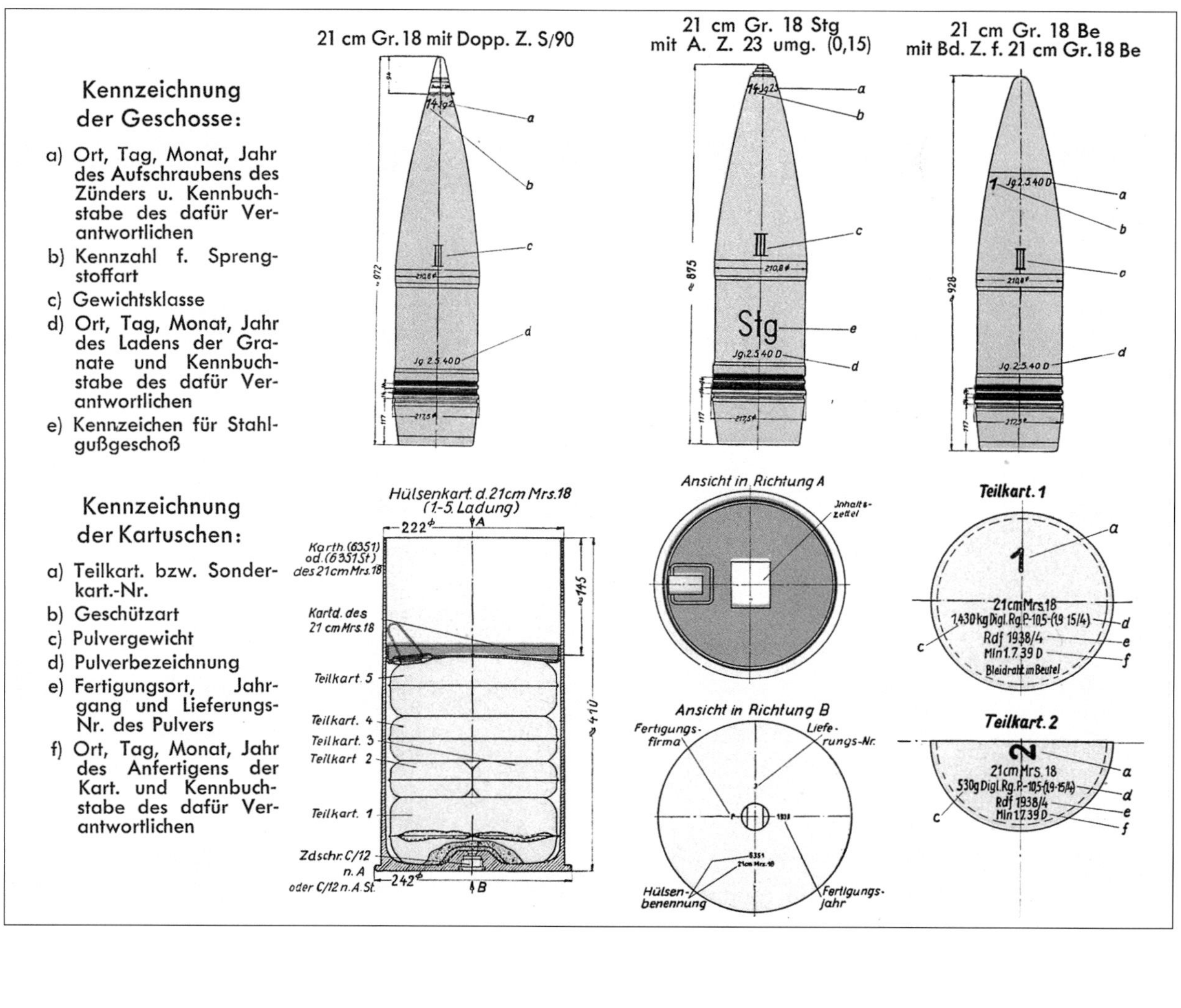

Kennblatt der Munition des deutschen 21 cm Mörsers 18.

Die Munitionsarten

Jede Munition besteht im Wesentlichen aus zwei Teilen: Dem Geschoss und der Treibladung. Der neueste deutsche Fachausdruck für diese Kombination lautet *»vollständige Schusseinheit«*. Wie diese beiden Teile in das Rohr eingeführt werden, führt dann zu den Begriffen **Patronenmunition** oder **getrennte Munition**. Erstere ist bei den schwersten Geschützen nicht anzutreffen. Bei ihr sind das Geschoss und die Patronenhülse mit der darin enthaltenen Treibladung und deren Anzündung fest verbunden. Auf Grund der bei großen Kalibern auftretenden Massen wäre die Handhabung solcher Riesenpatronen zu schwierig. Außerdem ist es bei Patronen nicht möglich, die Treibladung zu ändern. Gerade bei den meist als Steilfeuerwaffe ausgebildeten schwersten Geschützen war und ist immer eine variable Flugbahn erwünscht, um auf alle Schussentfernungen und bei allen Geländeformen einen möglichst steilen Einfallswinkel sicherzustellen.

Daher verbleibt hier nur die Möglichkeit der **getrennten Munition**. Bei ihr kann noch unmittelbar vor dem Ladevorgang eine Veränderung der Treibladung vorgenommen werden. Wie schon die Bezeichnung ausdrückt, werden die beiden Teile, das Geschoss und die Treibladung, nacheinander in das Rohr geladen. Zuerst wird das Geschoss eingeführt und mit dem Führungsband an den Beginn der Felder gedrückt, das so genannte *Ansetzen*. Dieser Vorgang kann sowohl von Hand als auch kraftbetrieben erfolgen. Dieses feste Einpressen vermeidet, dass das Geschoss nur lose vorn im Ladungsraum liegt und beim Rohrerhöhen aus der Lade- in die Feuerstellung infolge der Schwerkraft wieder auf die Treibladung zurückfällt, deren Gase dann vorbeistreichen und einen Kurzschuss verursachen würden. Erst dann wird die Treibladung geladen und ggf. der Treibladungsanzünder eingesetzt.

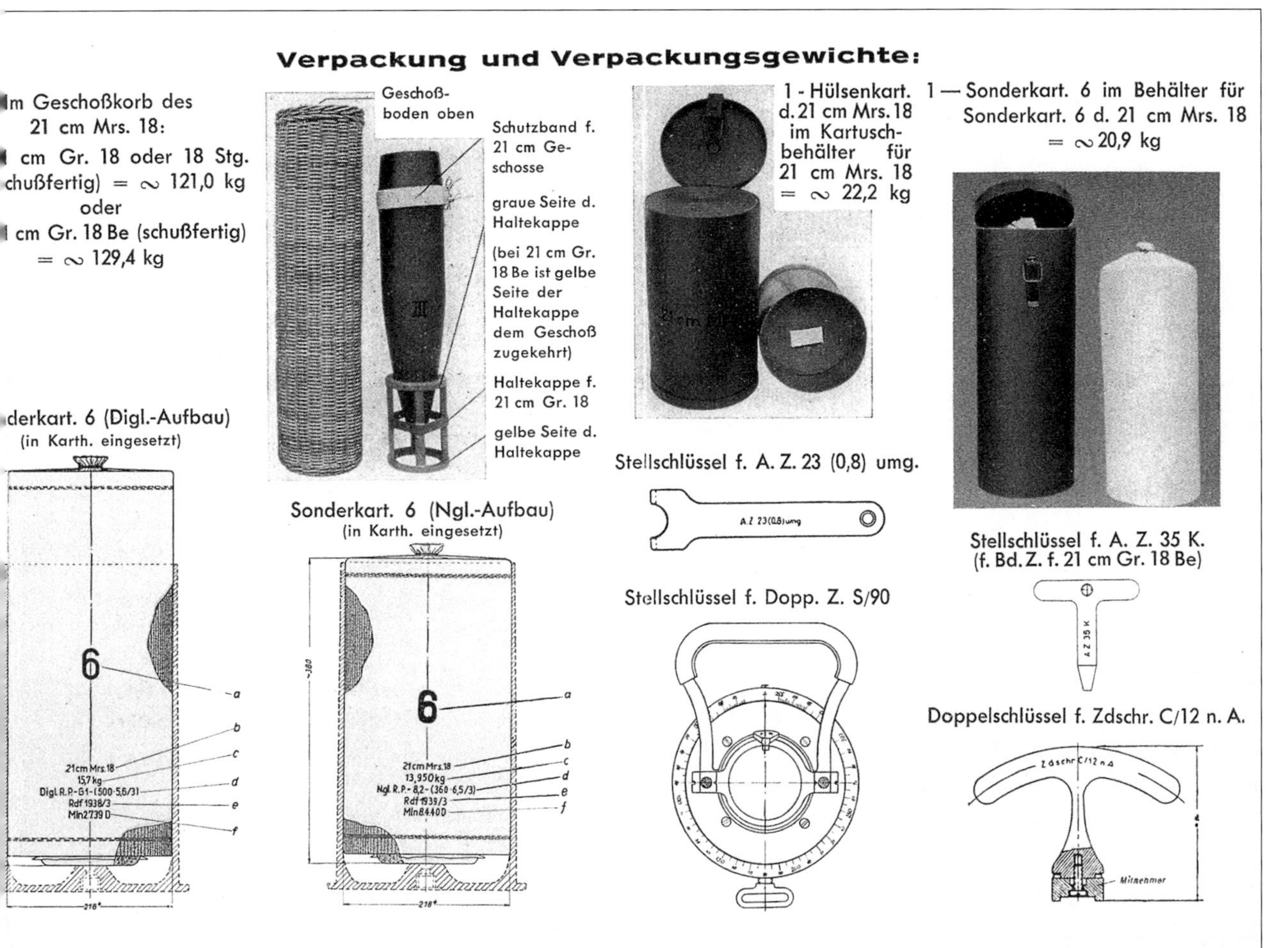

Munition des 21 cm Mrs. 18

Anlage 24
Dez. 1940

A. Geschosse und Zünder

Geschosse	Zünder		Schußtafelmäßiges Geschoß-Gewicht
21 cm Gr. 18	A. Z. 23 umg. (0,15) od. A. Z. 23 umg. m. 2 V.	Dopp. Z. S/90	113,0 kg
21 cm Gr. 18 Stg	A. Z. 23 umg. (0,15) od. A. Z. 23 umg. m. 2 V.	,,	113,0 kg
21 cm Gr. 18 Be	Bd. Z. f. 21 cm Gr. 18 Be	—	121,4 kg

B. Treibladungen

	Pulvergewicht	Pulverbezeichnung
	a) Gudol-Ladungsaufbau	
Teilkart. 1	50 g + 1,0 kg + 1,620 kg	Nz. Man. N. P. (1,5 · 1,5) (Beiladung) Gu. Bl. P. — AO — (4 · 4 · 0,6) (Grundladung) Gu. Rg. P. — A 1,2 — (1,8 · 15/4)
Teilkart. 2	620 g	,, ,, ,,
Teilkart. 3	740 g	,, ,, ,,
Teilkart. 4	1,590 kg	,, ,, ,,
Teilkart. 5	2,210 kg	,, ,, ,,
	b) Diglykol-Ladungsaufbau	
Teilkart. 1	50 g + 1,0 kg + 1,430 kg + 80 g	Nz. Man. N. P. (1,5 · 1,5) (Beiladung) Digl. Bl. P. — 10,5 — (3,3 · 0,8) (Grundladung) Digl. Rg. P. — 10,5 — (1,9 · 15/4) Bleidraht
Teilkart. 2	530 g	Digl. Rg. P. — 10,5 — (1,9 · 15/4)
Teilkart. 3	710 g	,, ,, ,,
Teilkart. 4	1,490 kg	,, ,, ,,
Teilkart. 5	2,140 kg	,, ,, ,,
Sonderkart. 6	100 g + etwa 15,7 kg	Nz. Man. N. P. (1,5 · 1,5) (Beiladung) Digl. R. P. — G 1 — (500 · 5,6/3)
	c) Ngl.-Ladungsaufbau (Ersatzladungsaufbau)	
Teilkart. 1	50 g + 895 g + 1,250 kg + 80 g	Nz. Man. N. P. (1,5 · 1,5) (Beiladung) Ngl. Bl. P. — 12,5 — (4 · 4 · 1) (Grundladung) Ngl. Rg. P. — 11,5 — (2,4 · 15/4) Bleidraht
Teilkart. 2	500 g	Ngl. Rg. P. — 11,5 — (2,4 · 15/4)
Teilkart. 3	650 g	,, ,, ,,
Teilkart. 4	1,380 kg	,, ,, ,,
Teilkart. 5	2,020 kg	,, ,, ,,
Sonderkart. 6	100 g + etwa 13,95 kg	Nz. Man. N. P. (1,5 · 1,5) (Beiladung) Ngl. R. P. — 8,2 — (360 · 6,5/3)

Kennblatt der Munition des deutschen 21 cm Mörsers 18 mit Angaben zu Zündern und Treibladungen (Vorblatt).

Die Treibladung kann ihr Pulver in zwei verschiedenen Formen einbringen. Ist dieses in einer Metallhülse, der Kartuschhülse, untergebracht, spricht man von einer *Hülsenkartusche*. Diese hat außer der Aufnahme der Treibladung noch eine weitere Funktion. Sie übernimmt beim Schuss die *Liderung*. Darunter versteht man den gasdichten Abschluss in Richtung des Verschlusses. Der Gasdruck presst die Hülse an die Wand der Kammer und verhindert so den Durchtritt der Pulvergase nach hinten. Daraus ergeben sich mehrere Anforderungen an die Hülse: Einerseits muss sie eine ausreichende Festigkeit aufweisen, um nicht durch den Gasdruck zerstört zu werden, andererseits aber derartige Elastizität, um durch das Andrücken an die Wand der Kammer die Gasdichtheit zu erzielen und nach dem Abfall des Gasdrucks zurückzufedern um ihr Ausziehen zu ermöglichen, also nicht zu klemmen. Das am Besten hierfür geeignete Material ist auf Grund seiner Eigenschaften Messing. Als im Zweiten Weltkrieg infolge des Kupfermangels in Deutschland trotz Rücklieferung der beschossenen Kartusch- und Patronenhülsen Engpässe in der Versorgung auftraten, wurde nach einem Ersatzwerkstoff gesucht. Nach langen Versuchen wurden Kartuschhülsen aus Stahl gefertigt. Trotzdem verfolgte das Problem von Hülsenklemmern, die nicht ausgeworfen wurden oder ausgezogen werden konnten, die deutsche Artillerie bis zum Ende des Krieges.

Die andere Möglichkeit ist die der *Beutelkartusche*. Bei ihr sind die einzelnen Treibladungsteile in Beuteln aus Seide hintereinander im Treibladungsbehälter untergebracht. Sie werden dann in der jeweils erforderlichen Ladungszahl entnommen und hinter dem Geschoss ins Rohr eingeführt. Danach wird der Verschluss geschlossen und der Treibladungsanzünder von außen in ihm eingesetzt. Da sich auch bei der Beschaffung der für die Beutel notwendigen Seidenmengen Engpässe in Deutschland ergaben, wurden auch hier Ersatzwerkstoffe gesucht. Die wohl wichtigste Anforderung war dabei eine möglichst rückstandsfreie Verbrennung, um ein Verkoken im Verschlussbereich zu verhindern. Ein Nachteil aller Beutelkartuschen gegenüber den Hülsenkartuschen ist zweifellos ihr nicht vorhandener Schutz gegen mechanische Beschädigungen beim Laden. Schon ein schräges Einführen in das Rohr kann beim Anstreifen an Verschlussteilen die Umhüllung anreißen und die Treibladung unbrauchbar machen.

Die Wahl zwischen Hülsenkartuschen und Beutelkartuschen steht dem Konstrukteur nicht frei. Er ist an die vorgegebene Form des Verschlusses gebunden. Bei Keilverschlüssen war früher die Gasdichtheit nur durch die Hülsenliderung zu erreichen. Bei Schraubverschlüssen, die mit Ausnahme Deutschlands von den anderen Nationen bei großen Kalibern vorwiegend verwendet werden, muss bei Beutelkartuschen die Liderung durch eigene elastische Bauteile im Verschluss gewährleistet werden.

Eine weitere Frage ist die nach der *Anzahl der Teilladungen.* Diese variiert mit den an die Waffe gestellten Anforderungen. Bei Kanonen steht die große Schussweite im Vordergrund. Daher ist eine hohe Zahl von Teilladungen nicht erforderlich. Allgemein genügen hier höchstens drei verschiedene Teilladungen. Anders ist die Lage bei den Steilfeuergeschützen, die bereits früher angesprochen wurde. Besonders in Frankreich und Italien wurde größter Wert auf eine schmiegsame Flugbahn gelegt. Daher sind in diesen Ländern um die Wende vom 19. zum 20. Jahrhundert bis zu 17 verschiedene Teilladungen verwendet worden, die vielfach unterschiedliche Ladungsgewichte besaßen. Erst vor dem 2. Weltkrieg verringerte die Artillerie bei den Steilfeuergeschützen die Höchstzahl auf zwölf Ladungen.

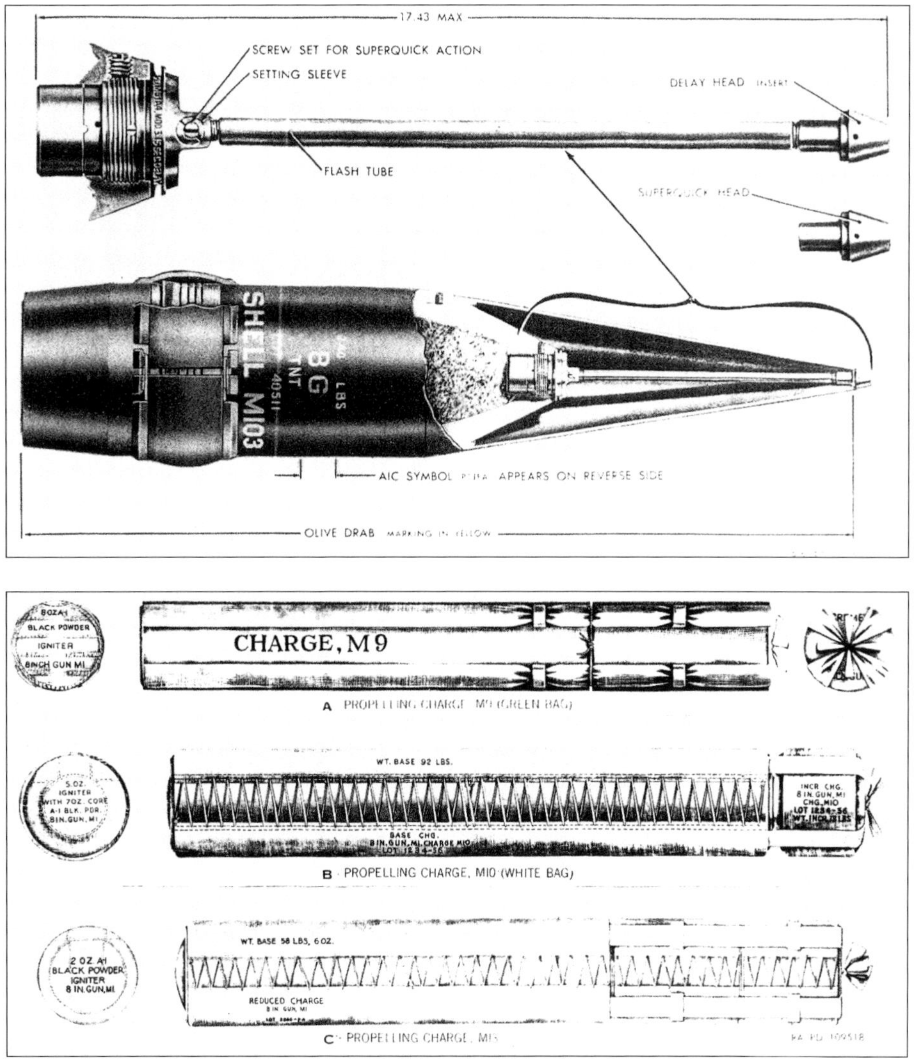

Sprenggeschoss und die drei verschiedenen Treibladungen der amerikanischen 8″ Kanone M1 mit deren einzelnen Teilladungen.

Die Geschosse

Der Wunsch jedes Artilleristen und damit die Forderung an den Hersteller geht dahin, ein möglichst schweres Geschoss über eine möglichst große Entfernung zu schießen. Die Physik setzt aber beidem Grenzen.

Die *Geschossmasse* hängt im Wesentlichen vom Kaliber ab. Das Volumen und damit die Masse ergibt sich aus der 3. Potenz des Kalibers. Eine Verdopplung des Kalibers ergibt also die achtfache Geschossmasse. Eine Variationsmöglichkeit wäre noch durch die Verlängerung des Geschosses gegeben. Dem steht aber wieder die Stabilität im Flug entgegen, so dass praktisch die Geschosslänge allgemein zwischen dem 2,5- und 4,5-fachen des Kalibers liegt. Erst mit der Einführung flügelstabilisierter Geschosse konnte bei überlangen Geschossen deren Überschlagen während des Fluges verhindert werden.

Die *Schussweite* ist abhängig von der Anfangsgeschwindigkeit, die dem Geschoss erteilt wird, und seinem Luftwiderstand während des Fluges. Erstere kann wohl durch die Vergrößerung der Treibladung erhöht werden, Grenzen sind hier aber durch die Rohrbeanspruchung infolge des angestiegenen Gasdrucks gezogen. Es bleibt daher noch die Verringerung des Luftwiderstandes durch die Verbesserung der Geschossform. Zu den wichtigsten Faktoren zählt hier der Krümmungsradius der Geschoss-Spitze. Ausgedrückt wird er allgemein als ein Vielfaches des Kalibers und im Englischen als *»calibre radius head« (crh).* Besonders in Großbritannien wurde auf diesem Gebiet viel Versuchsarbeit geleistet und es steht hierfür entsprechendes Zahlenmaterial zur Verfügung. Die alten Geschosse hatten vorwiegend Krümmungsradien der Geschoss-Spitzen etwa um das Zweifache des Kalibers. Eine Vergrößerung auf das Vierfache erbrachte bereits Schussweitensteigerungen von etwa 8,5 bis 9%. Eine weitere Vergrößerung auf das Sechsfache ergab nochmals etwa 8%. Grenzen sind hier durch die Festigkeit des Geschosses gesetzt, damit es nicht zerbricht bevor es in das Ziel eindringen kann.

Eine Lösung dieses Problems wurde darin gefunden, dass auf das Geschoss eine aus Leichtmetall oder Stahlblech gefertigte Verlängerung aufgesetzt wurde, die eine schlankere Spitze simulierte. Im deutschen Sprachgebrauch hat sich dafür der

Deutsche 42-cm-Granate des Ersten Weltkrieges.

Ausdruck *Haube* oder *ballistische Haube* gefunden. Im Englischen findet sich der Ausdruck *»ballistic cap«* und im Französischen am zutreffendsten *»à fausse ogive«*, also mit falscher Krümmung.

Erst nach dem Zweiten Weltkrieg wurden Geschosse entwickelt, die über die gesamte Länge aerodynamisch geformt waren (ERFB) und damit den Luftwiderstand erheblich verringerten. Dazu kam dann noch ein pyrotechnischer Satz im hohlen Boden, der während des Fluges einen Gaskegel ausstieß und solcherart die bremsenden Luftwirbel des flachen Bodens vermied (ERFB-BB). Durch beide Maßnahmen sind nunmehr bei 203-mm-Geschützen Schussweiten bis 50 km möglich geworden.

Geschosse gegen ungepanzerte Ziele

Gerade bei den vorwiegend als Steilfeuerwaffe ausgebildeten schweren Geschützen sind die **Sprenggranaten** vorwiegend als **Panzersprenggranaten** (englisch: *»semi armour piercing shell«*) ausgebildet. Ihre Wandungen sind verstärkt und ihre Zünder sind nicht dafür ausgelegt, sofort beim Aufschlag zu detonieren, sondern erst nach einem gewissen Eindringen in das Ziel. Erst dann soll ein Verzögerungssatz die im Geschoss eingefüllte Sprengladung detonieren lassen. Deren Wirkung erfolgt auf zwei Arten: Einmal soll die Sprengladung die Geschosshülle in Splitter unterschiedlicher Größe zerlegen und auch eine Druckwelle (Gasschlagwirkung) erzeugen. Die konstruktive Auslegung eines Geschosses hängt davon ab, welcher der beiden Wirkungsmöglichkeiten der jeweilige Staat den Vorzug gibt. Für eine hohe Splitterwirkung ist eine dickwandige Geschosshülle erforderlich, während für die Gasschlagwirkung die Sprengstoffmenge zu Lasten der Wanddicke gesteigert wird. Dem ist aber durch die Beschleunigung beim Abschuss und die dabei auf das Geschoss einwirkenden Kräften eine Grenze gesetzt.

Welchen Wert die einzelnen Staaten den beiden Wirkungsmöglichkeiten beimessen, zeigt am besten ein Vergleich des Sprengstoffanteils an der Geschossmasse. Dabei muss aber auch das Konstruktionsjahr und die erteilte Anfangsgeschwindigkeit in Betracht gezogen werden. Bei Geschossen des ausgehenden 19. Jahrhunderts wurden nach dem Schwarzpulver als Geschossfüllung Sprengstoffe älterer Art wie Schießwolle und später Pikrinsäure unter Bezeichnungen wie *Granatfül-*

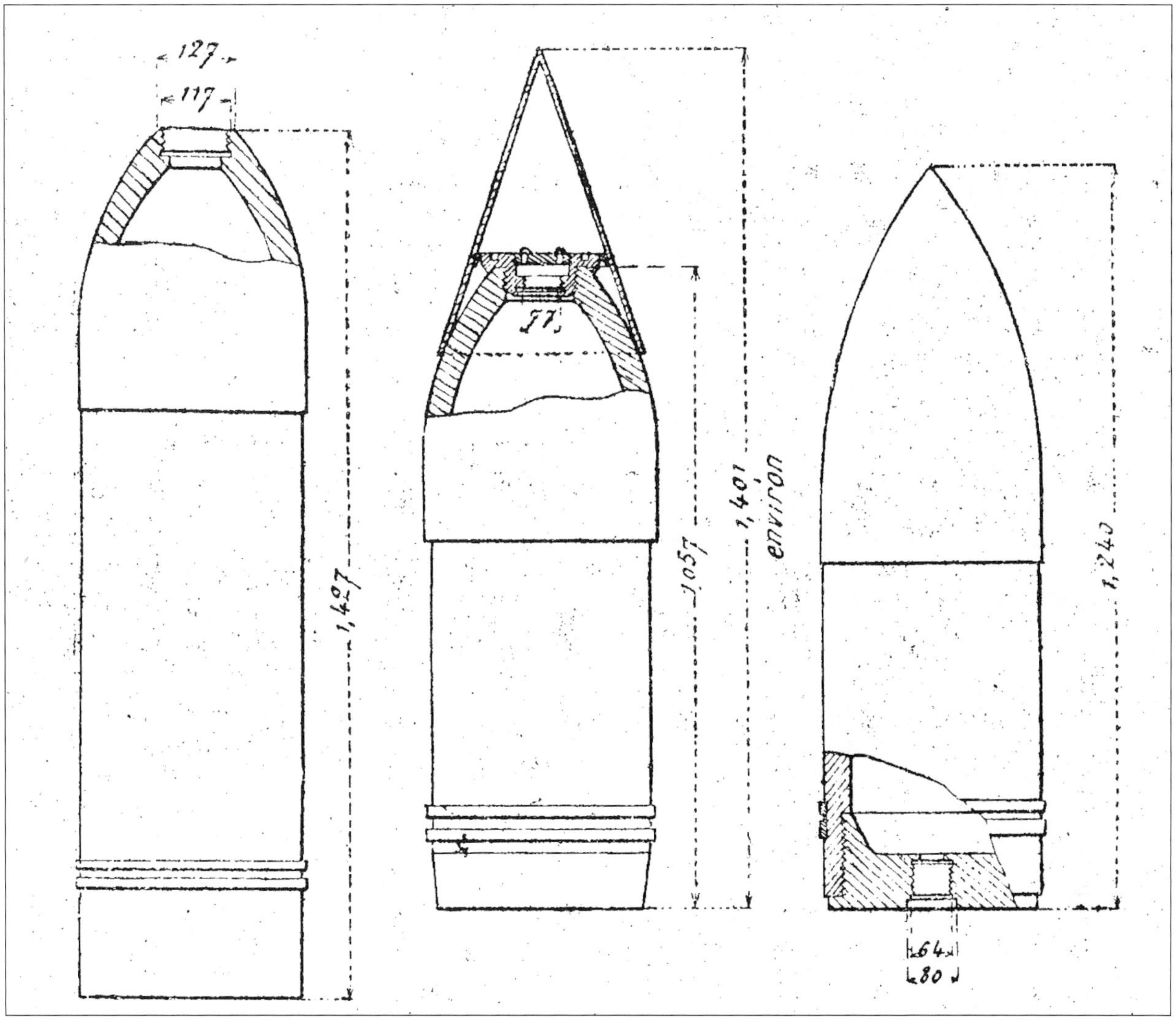

Geschosse des französischen Mörsers 370 mm. Von links nach rechts: Lange Sprenggranate mit Kopfzünder, kurze Sprenggranate mit ballistischer Haube über dem Kopfzünder, Panzergranate mit Bodenzünder.

lung 88, Ekrasit oder *Melanit* verwendet. Da überdies die Anfangsgeschwindigkeit noch gering war (häufig unter 300 m/s), kamen hier wesentlich größere Sprengstoffmengen zum Einsatz. Spitzenwerte zeigen hier vor allem französische Geschosse mit Werten von 24 bis 31%. In Deutschland hingegen begnügte man sich mit 9 bis 15%. Mit dem Ansteigen der Anfangsgeschwindigkeiten und der Einführung anderer brisanter Nitrosprengstoffe, die gleichzeitig eine größere Unempfindlichkeit gegen Stoß aufwiesen und unter den Bezeichnungen *Trinitrotoluol (TNT), Füllpulver 02, Toluol, Trotyl, Tritol* u.Ä. bekannt wurden, verringerten sich diese Werte. So lagen sie in Österreich-Ungarn im Ersten Weltkrieg zwischen 9 und 13%. Später pendelte sich der Anteil allgemein auf 9 bis 15% ein. Eine Ausnahme bilden die Vereinigten Staaten, die bis zuletzt noch Geschosse mit bis zu 20% Sprengstoffanteil verwendeten. Geringer war der Prozentsatz natürlich weiterhin bei den Flachfeuerwaffen (Kanonen), deren Geschosse aus Festigkeitsgründen (höhere Anfangsgeschwindigkeit) nur Werte zwischen 10 und 15% aufwiesen.

Wie ein Geschoss wirken soll, lässt sich bereits am **Zünder** erkennen. Kopfzünder in Stellung »ohne Verzögerung« wirken sofort beim Aufprall, solche in der Stellung »Verzögerung« erst nach einem gewissen Eindringen. Tiefes Eindringen in harte Zielmedien erfordert Bodenzünder, da Kopfzünder beim Auftreffen auf Stahl oder Beton zerstört werden können. In Sonderfällen kann der Einbau sowohl von Kopf- wie Bodenzünder notwendig werden. Dies war z.B. beim 21-cm-Geschoss für das deutsche Parisgeschütz der Fall, bei dem man einen überstabilisierten Seitenaufschlag auf den Boden befürchtete.

Betongranate eines deutschen 60 cm Mörsers »Karl« (Gerät 040) mit hohlem Geschossboden zur Aufnahme der Treibladung.

Geschosse gegen gepanzerte Ziele

Wie schon ausgeführt, kommt den panzerbrechenden Geschossen bei den schweren Geschützen nicht die gleiche Bedeutung zu wie bei anderen Geschützarten. Das Erfordernis ist zwar die Panzerung von betonierten Bunkern, Forts und Panzerkuppeln zu durchdringen, wichtiger ist aber die Wirkung hinter diesem Schutz. Daher sind reine **Panzergranaten** nur vereinzelt und dann in der Form von **Betongranaten** aufgetreten. Sie sind schwerer als die Sprenggranaten. Der Grund dafür ist eine physikalische Gegebenheit: Das spezifische Gewicht des Sprengstoffs ist geringer als das des Stahls der Geschosshülle. Bei gleicher Geschosslänge ergibt sich daraus zwangsläufig, dass dickwandigere Panzergeschosse eine höhere Masse aufweisen.

Allerdings werden solche Geschosse nicht oft eingesetzt. Gekennzeichnet sind sie dadurch, dass sie ausschließlich Bodenzünder verwenden. Dazu kommt, dass ihr Sprengstoffanteil wesentlich geringer ist als jener der Sprenggranaten. Normalerweise liegt er unter 10%. Ein Extremfall einer deutschen Betongranate weist sogar nur eine Ladung von 1,4% auf!

Sondergeschosse

Auf diese Geschosse soll hier nur kurz eingegangen werden, da sie meist nur in einzelnen Ländern entwickelt wurden. Manche von ihnen schafften es nicht einmal bis zur Einführung.

Fast alle Staaten verwendeten bis in den Ersten Weltkrieg hinein das **Schrapnell**, so benannt nach seinem britischen Erfinder. Diese Geschosse enthielten eine große Zahl von Füllstücken, meist Kugeln aus antimonlegiertem Blei, die schon auf der Flugbahn vor dem Ziel durch eine Treibladung ausgestoßen wurden und dadurch gegen menschliche Ziele wirkten. Eine Variante davon sollte als »Einheitsgeschoss« die Wirkung von Sprenggranate und Schrapnell vereinen. In Österreich-Ungarn wurden derartige Geschosse unter der Bezeichnung *Granat-Schrapnell* selbst für die größten Kaliber verwendet.

In Deutschland wurde im Zweiten Weltkrieg die **Röchling-Granate** entwickelt. Dieses auf ein tschechisches Patent zurückgehende Geschoss war gegen betonierte Festungsanlagen gedacht. Es handelte sich um ein Unterkalibergeschoss, dessen Durchmesser nur wenig über der Hälfte des Geschützkalibers lag. Die Länge von Röchling-Granaten betrug in der Regel mehr als das Doppelte der normalen Geschosse. Die Stabilisierung im Flug erfolgte mittels eines Wickelleitwerkes. Mit besonderen Treibladungen aus den 21-cm- und 35-cm-Mörsern mit Treibspiegeln verschossen, erreichten sie gegen armierten Beton Eindringtiefen bis über vier Meter! Nachteilig war aber die geringe Wirkung nach dem Durchdringen, da ihr Sprengladungsanteil nur (je nach Ausführung) zwischen 1,5 und 7,1% betrug. Ähnlich aufgebaut, aber mit festem Leitwerk waren die *Peenemünder Pfeilgeschosse* zur Reichweitensteigerung konzipiert.

Ein ganz besonderer Fall ist jener der **Atom-Granate**. Sie wurde nach dem Zweiten Weltkrieg in den Vereinigten Staaten für die speziell dafür gebaute 280-mm-Kanone entwickelt. Später folgten Entwicklungen für 203-mm-Geschütze in den Vereinigten Staaten und der Sowjetunion. Ihre Sprengkraft lag beim amerikanischen 280-mm-Geschütz zwischen 2 und 50 Kilotonnen (TNT-Äquivalent) und 0,5 bis 10 Kt bei der 203-mm-Haubitze. Näheres über die Entwicklung wird später bei der Beschreibung des betreffenden Geschützes ab Seite 203 selbst behandelt. Die in Russland eingeführte 203-mm-Granate soll eine Sprengkraft von 2 bis 5 Kilotonnen besitzen.

Eine andere Geschossart wurde ab der 2. Hälfte des Ersten Weltkrieges eingesetzt. Es waren **Chemische Geschosse**, mit denen verschiedene Arten von Giftgasen gegen Truppenziele verschossen wurden. Ihre Wirkung hing besonders von den atmosphärischen Bedingungen ab. Dazu zählten vor allem die Luftfeuchtigkeit und der Wind, der bei ungünstiger Richtung schlimmstenfalls die Gasschwaden sogar gegen die eigenen Linien treiben konnte!

Eine erst nach dem Zweiten Weltkrieg entwickelte Munition sind die **Trägergeschosse**. Sie enthalten eine vom Kaliber abhängige Zahl von Tochtersprengkörpern, die über dem Ziel ausgestoßen werden und eine große Fläche mit hoher Treffwahrscheinlichkeit abdecken.

Die geschichtliche Entwicklung

Die unterschiedliche Quellenlage und die nationalen Behauptungen lassen eine eindeutige Zuordnung in vielen Belangen nicht zu. Dies beginnt schon hinsichtlich der Erfindung des Schießpulvers. Es bleibt lediglich unbestritten, dass schon die *Chinesen* dieses kannten, es jedoch nicht für militärische Zwecke, sondern lediglich für ihre Feuerwerke verwendeten. Auch für die nächsten Zeiträume bleiben zahlreiche Unklarheiten. Hier ist die oft mehrmalige Übersetzung alter Dokumente nicht ohne Einfluss. So sollen auch die *Araber* das Schießpulver für militärische Zwecke eingesetzt haben.

Im europäischen Raum stehen sich zwei Lager gegenüber. Während in Großbritannien *Roger Bacon* als Erfinder des Schießpulvers gilt, ist es für Deutschland der Mönch *Berthold Schwarz.* Das einzig sichere Faktum ist, dass die Erfindung hier in der zweiten Hälfte des 13. Jahrhunderts erfolgte. Die Mischung aus Kaliumnitrat, Holzkohle und Schwefel sollte jedenfalls für mehrere Jahrhunderte das Kriegswesen beherrschen.

Auch die *Anfänge der Artillerie* sind hinsichtlich der genauen Datierung umstritten. In den Genter Annalen des Jahres 1313 sollen Feuerwaffen erstmals erwähnt worden sein. Eine Urkunde aus dem Jahre 1326 spricht dann von der Erlaubnis zur Herstellung von Messingkanonen und Eisenkugeln zur Verteidigung von Florenz. Britische Quellen führen an, dass 1327 von den Engländern im Kampf gegen die Schotten Kanonen eingesetzt wurden. Eine andere, angeblich zweifelsfreie Nachricht, spricht von Pulvergeschützen, die im Jahr 1331 in Friaul zum Einsatz kamen. Die erste belegte französische Erwähnung der Artillerie stammt aus dem Jahre 1338. Man kann also ersehen, mit welchen Unsicherheiten in dieser Beziehung gerechnet werden muss.

Unbestritten bleibt, dass um die Mitte des 14. Jahrhunderts Geschütze bereits an vielen Orten zur

Einer der letzten bekannten klassischen Glattrohr-Vorderladermörser war der 13″ Mörser »Dictator« des amerikanischen Bürgerkrieges (1861-1865). Beachte die Stärke der zylindrischen gusseisernen Rohrwand, selbst noch an der Mündung.

Die Faule Grete.

Das Legstück »Dulle Griet« aus der Zeit um 1430 in seiner Balkenbettung. Der klappbare Holzschild schützte die Bedienungsmannschaft der Stückknechte während des Ladens gegen Beschuss mit Pfeilen und Armbrustbolzen.

Verfügung standen. Im Vorteil waren vor allem Lothringen und Flandern mit ihrer damals fortschrittlichen Metallindustrie. Bekannt war aber auch die Geschützherstellung des Deutschen Ordens am Hochmeistersitz Marienburg an der Nogat um 1400.

Natürlich war es ein weiter Weg bis zu Geschützen in unserem Sinn. Die ersten Geschütze bestanden aus Holzrohren, die innen mit Blech gefüttert waren. Die nächste Stufe waren Rohre, die aus Bronze, später auch aus Eisen, gegossen oder aus Eisen als Stabringkanone auch geschmiedet wurden. Diese damals beliebte Herstellung erfolgte mittels eiserner Längsstäbe, die ringförmig zusammengelegt und mit Ringen zusammengehalten wurden, Letzteres sowohl durch warmes Aufziehen wie auch durch Verschweißen.

Waren es anfangs vor allem leichtere Geschütze, ging man in der Folge bald zu größeren Kalibern über. Praktisch war dies der Beginn der *Belagerungsartillerie.* Der Einsatz erfolgte gegen Burgen und die Mauern befestigter Städte. Damit begann aber auch der bis in das 20. Jahrhundert andauernde Kampf zwischen Verteidiger und Angreifer, also die Stärke der Befestigungen gegen die Wucht der Geschütze. Daher soll im Sinne dieses Buches auch hier vor allem auf die großkalibrigen Geschütze eingegangen werden.

Bereits 1388 wird in Nürnberg eine »Chriemhild« erwähnt, die Kugeln mit einer Masse von etwa 280 kg verschießen konnte. Aus dem Jahr 1404 stammt eine »Katharina« mit einem Kaliber von 39 cm und einer Rohrlänge von 3,65 m. Zu den bekannteren Geschützen zählt zweifellos die »Dulle Griet« aus der Zeit um 1430 mit ihrem Kaliber von 64 cm. Ihr Rohr bestand aus 32 schmiedeeisernen Barren, um die 41 starke Eisenringe gelegt und verlötet wurden. Als Masse des Rohres werden 16,4 t angegeben, für die daraus verschossenen Kugeln etwa 300 kg. Das Rohr kann noch heute in Gent bewundert werden.

Dem aus der Sicht der Weltgeschichte wohl wichtigsten Geschütz des Mittelalters soll hier der

Die durch ihre Beteiligung an der Eroberung Konstantinopels durch die Türken 1453 berühmte »Basilica« mit ihrem zusammengeschraubten Rohr im Schnitt und in Ansicht. Man beachte die schmale »Kammer«, die einen zentralen Stoß der Pulvergase auf die Steinkugel im größeren »Flug« bewirken sollte.

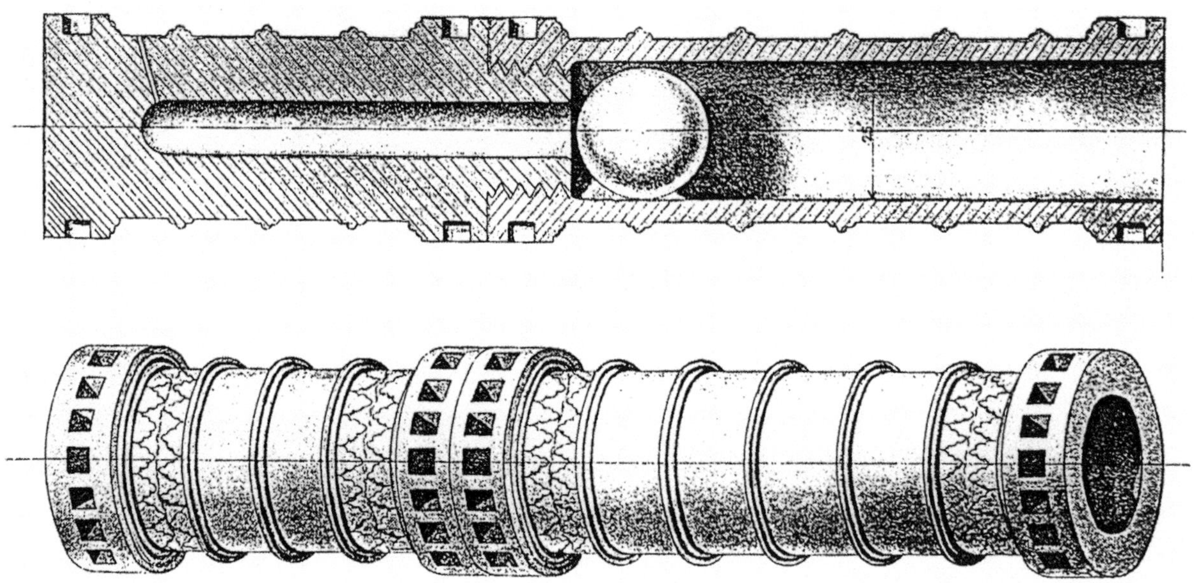

Die vor 1500 hergestellte Stabringkanone »Mons Meg« in einer neueren Radlafette, ausgestellt auf der Burg von Edinburgh.

gebührende Platz eingeräumt werden. Glücklicherweise liegen die Schriften des in türkischen Diensten stehenden Griechen Kritoboulos vor, der in über 140 Kapiteln die Geschichte dieser Kanone beschreibt. Im Jahr 1452 bot der Ungar *Urban* dem byzantinischen Kaiser gegen entsprechenden Sold seine Dienste als Geschützgießer an. Des Kaisers finanzielle Lage verhinderte dieses Engagement, so dass Urban die Front wechselte, dem Sultan Mohammed II. seine Dienste anbot und auch eingestellt wurde. In Adrianopel goss er im folgenden Jahr ein Bronzerohr für ein Geschütz mit einem Kaliber von 63,7 cm und einer Masse von 18,2 t! Es konnte 300 bis 350 kg schwere Steinkugeln auf Entfernungen bis über 1,5 km schießen. In einer weiteren Hinsicht war Urban seiner Zeit ebenfalls weit voraus. Unter Berücksichtigung der ihm zur Verfügung stehenden Transportmittel führte er das Rohr zweiteilig aus, mit einem Gewinde zum Zusammenschrauben. Erleichtert wurde dies durch an den Enden der Rohrteile angeordnete Ringe mit Öffnungen zum Einstecken von Hebeln. Das Transportproblem, das bis in unsere Zeit die schwersten Geschütze verfolgt, wurde wie folgt gelöst: Das Rohr wurde auf angeblich 50-rädrige Wagen verladen, die von je 60 Ochsen gezogen wurden. Der Marsch von Adrianopel bis vor die Mauern von Konstantinopel (etwa 240 km) benötigte zwei Monate! Dazu waren überdies 250 Mann zugeteilt, die vor dem Geschütz den Marschweg ausbesserten und Brücken verstärkten. Wie zu dieser Zeit üblich, erhielt das Geschütz einen Namen, der auf Wunsch des Sultans »Basilica« lautete. Sein Einsatz, der mit zum Fall von Konstantinopel beitrug, ging aber nicht ohne weitere Probleme vor sich. Nach einiger Zeit bemerkte Urban einen Riss im Rohr und wollte das Feuer einstellen. Als der Sultan die Fortführung befahl, beorderte Urban alle Personen aus dem Gefahrenbereich und feuerte das Geschütz selbst ab, mit dem Erfolg dass es samt seinem geistigen Vater zerstört wurde. Zu berichten ist noch, dass aus den Trümmern das Geschütz neu gegossen wurde und die Beschießung fortgesetzt werden konnte.

Schließlich sollen noch zwei weitere schwerste Geschütze des Mittelalters angeführt werden, deren Rohre noch heute zu sehen sind. Das ältere der beiden ist die auf der Burg von Edinburg ausgestellte »Mons Meg«, die vor 1500 hergestellt wurde. Bei einem Kaliber von 50,5 cm weist sie eine Länge von knapp über 4,1 m bei einer Masse von nur 5 t auf. Auch sie konnte mit den damals

Oben: Das »große Moskauer Geschütz« oder »Zarenkanone« aus dem Jahr 1586, das keinen einzigen Schuss abfeuerte.

Rechts: Dieser »hängende« Mörser, im Krimkrieg bei der Belagerung von Sewastopol eingesetzt, war ein für die Mitte des 19. Jahrhunderts typisches Belagerungsgeschütz.

üblichen Kugeln eine Schussweite von etwa 1,5 km erzielen. Sie diente bis 1680, als sie durch eine zu große Treibladung einen Rohrriss erlitt.

Das zweite erhaltene Geschütz ist als das »Große Moskauer Geschütz« oder als »Zarenkanone« bekannt. Bei einer Länge von 5,34 m und einem Kaliber von 88,7 cm konnte sie sogar Steinkugeln von etwa 750 kg und Eisenkugeln von etwa 2000 kg verfeuern. Die Masse des Bronzerohres lag bei nicht weniger als 38,4 t. Allerdings ist sie mit ihrem Baujahr von 1586 eigentlich schon als Nachläufer dieser Geschützart zu bezeichnen und überdies soll mit ihr nie geschossen worden sein. Die heutige Lafette aus Gusseisen erhielt das Geschütz erst später.

Es darf aber nicht übersehen werden, dass diese alten Geschütze nicht von den heute vorhandenen Lafetten schossen. Der Einsatz der ersten Kanonen erfolgte als Legstück in einer hölzernen Klotzlafette vor einer rücklaufhemmenden Erdbettung von Steinen mit Bohleneinfassung, die Höhenrichtung wurde durch das Unterlegen der Rohrmündung mit Keilen oder Balken vorgenommen.

Der Aufbau dieser mittelalterlichen Geschütze war praktisch immer der Gleiche. Am rückwärtigen Ende befand sich die Kammer kleineren Durchmessers zur Aufnahme der Pulverladung und das Zündloch. Nach vorne schloss sich der Flug für die Kugel mit seinem größeren Durchmesser an.

Das Schießen selbst war ziemlich umständlich. Zuerst wurde die Pulverladung in die Kammer eingebracht und festgestampft. Dann wurde die Kugel in das Rohr eingeführt und der Zwischenraum zwi-

Der 36″ (914 mm) zerlegbare Riesenmörser von Mallet. Dieses größte jemals in England gebaute Geschütz entstand für die Belagerung Sewastopols im Krimkrieg. Die beiden Mann der Bedienung veranschaulichen seine gewaltigen Abmessungen.

schen der Kugel und der Rohrwand mit Werg oder ähnlichem Material abgedichtet, um einen zu großen Leistungsverlust durch das Vorbeistreichen der Pulvergase zu vermeiden. Es darf nicht vergessen werden, dass die Steinkugeln von Hand gefertigt wurden und damit natürlich nicht jene Genauigkeit aufwiesen, die allein eine hinreichende Abdichtung gewährleistet hätte. Nach dem Schuss mussten natürlich die Kammer und der Flug erst nass und dann trocken von den Pulverresten befreit werden. Erst dann konnte erneut geladen werden. Es ist daher nicht verwunderlich, dass die Feuergeschwindigkeit kaum über sechs bis acht Schuss pro Tag hinausging.

Zwei Probleme beendeten in der Folge die Zeit der großen Kanonen. Einerseits war der Transport oft ein praktisch unlösbares Problem, andererseits war die Bedienungsmannschaft dem Feuer der Handwaffen und der leichten Geschütze des Gegners ausgesetzt.

Die Lösung fand sich im Einsatz von Mörsern, von denen der folgende Zeitabschnitt bis ins 20. Jahrhundert beherrscht wurde. Sie wiesen wegen der kürzeren Rohrlänge nicht nur eine geringere Masse auf, sondern konnten zufolge des Steilfeuers auch aus einer Deckung heraus eingesetzt werden. Ihre Wirksamkeit wurde in der Folge durch die Einführung von Sprenggeschossen gesteigert. Die

Nicht nur der (hier in die Waagrechte gekippte) Mallet-Mörser ist gewaltig. Seine Hohlgeschosse mit 914 mm Kaliber gleichen eher den Gefäßen von Ankertauminen als Mörserbomben. Die sechs Zugstangen halten die einzelnen Rohrabschnitte zusammen. Standort: Fort Nelson in Portsmouth/ England.

erste Stufe waren dabei mit Pulver gefüllte Hohlkugeln mit einer Lunte. Diese wurde anfangs besonders entzündet (Werfen mit zwei Feuern), später aber – sicherer – durch die an der Kugel vorbeistreichenden Pulvergase in Brand gesetzt (Werfen mit einem Feuer). Beide Verfahren brachten die Schwarzpulverladung in der Kugel nach Abbrennen der entsprechend geschnittenen Zündschnurlänge zur Detonation. Bekannt ist der zerlegbare 36-Zoll-Mörser (914 mm) von *Mallet* aus dem Krimkrieg, der zugleich das größte je in England gebaute Geschütz darstellt.

Als einer der letzten bekannten klassischen Mörser in diesem Sinn ist der 13-Zoll-Mörser »Dictator« des amerikanischen Bürgerkrieges zu bezeichnen. Allerdings zeigt er deutlich die Grenzen solcher Waffen auf. Sicher sind die Schussweiten von 4,8 bis 6,4 km mit einer Kugel von 99,8 kg beachtlich. Auf der anderen Seite zeigt sich aber der Preis der dafür zu zahlen war. Um dem Druck der großen Treibladung zu widerstehen, war für das gusseiserne Rohr eine Wandstärke erforderlich, die über jener des Kalibers lag! Nicht zuletzt dadurch betrug die Masse in Feuerstellung mit der Wandlafette (Schleife) nicht weniger als rund 7,7 t. Dies führte in Verbindung mit den damaligen Wegeverhältnissen dazu, dass diese Waffe schließlich mittels eines Fahrgestells zum Eisenbahngeschütz umfunktioniert wurde.

Der Stand um 1900

Diese beeindruckende Aufnahme veranschaulicht das Ansetzen des Geschosses beim Laden des 9'' Stahlmörsers 87 in einer verdeckten Feuerstellung während des Ersten Weltkriegs. Bei der Bedienmannschaft dürfte es sich um deutsche Kanoniere handeln, bei der Waffe also um ein Beutegeschütz.

Fünf Faktoren hatten die weitere Entwicklung in der zweiten Hälfte des 19. Jahrhunderts geprägt. Einerseits ging man von den aus Glattrohrvorderladern verschossenen Kugeln zum *drallstabilisierten Langgeschoss* über, womit man die Geschossmasse bei gleich bleibendem Kaliber wesentlich steigern konnte. Darüber hinaus führten die industriell gefertigten Geschosse mit einer engeren Spiel- oder gar Pressführung in den Rohren zu einer Verbesserung des Wirkungsgrades der Treibladungen durch die *Verhinderung des Vorbeistreichens der Pulvergase* und damit zu einer Erhöhung der Schussweite bei gleichzeitiger Verbesserung der Treffsicherheit. Als Drittes ist der *Übergang vom Vorder- zum Hinterlader* anzuführen, der wesentlich für der Erhöhung der Feuergeschwindigkeit maßgebend war. Daneben verbesserten die jetzt möglichen *Aufschlagzünder* gegenüber den streuenden Brennzündern die Wirkung der Geschosse im Ziel. Schließlich muss noch auf die Einführung des neuen *rauchschwachen Pulvers* hingewiesen werden.

Immerhin war bis zum Jahr 1900 die Länge der Geschosse auf das 2,8- bis 4,5-fache (bei italienischen Torpedogranaten sogar auf das 6-fache) des Kalibers angestiegen. Während also, wie im vorhergehenden Kapitel ausgeführt, ein alter 330-mm-Mörser Kugeln mit einer Masse von weniger als 100 kg verfeuerte, lag diese nunmehr schon bei einem Kaliber um 210 mm bei 83 bis 169 kg. Ähnliches gilt auch für die Anfangsgeschwindigkeiten und daraus resultierend die Höchstschussweiten. Bei Werten um 300 m/s waren bereits mehr als 7,0 km möglich.

Nach Versuchen mit den unterschiedlichsten Zugsystemen hatte sich endgültig der *schraubenförmige Zug* mit seinen Feldern und Zügen durchgesetzt. Damit wurde den Geschossen beim Durchgang durch das Rohr ein *Drall* erteilt, der nicht nur die Stabilität des Geschosses auf seinem

Flug, sondern auch die Trefferwahrscheinlichkeit erhöhte.

Maßgebend für die Einführung des Hinterladers war die Entwicklung der Verschlüsse. Hier waren zwei Schulen zu verzeichnen. Vor allem in Deutschland kam der *Keilverschluss* zur Anwendung der, vorwiegend horizontal bewegt, zusammen mit der Kartuschhülse den gasdichten Abschluss bildete. Die meisten anderen Länder bevorzugten den *Schraubverschluss* mit seinem in Segmente unterteilten Gewinde, der die Beutelkartusche ermöglichte. Diese Bauart benötigte aber ein eigenes Dichtelement und wies eine mehrdimensionale Bewegung auf.

Die neuen Zünder, als *Aufschlag- oder Zeitzünder* ausgelegt, ließen mit ihren Einstellmöglichkeiten den Zeitpunkt der Detonation genau festlegen. Damit wurde die Wirkung im Ziel verbessert.

Einen wesentlichen Fortschritt brachte die *Einführung des rauchschwachen Pulvers* mit sich. Dessen Erfindung gelang *Alfred Nobel* durch die Auflösung von Schießbaumwolle in Nitroglyzerin. Die erhöhte Leistung machte aber andererseits den Übergang von den alten Bronze- und Gusseisenrohren zu solchen aus Stahl erforderlich, um den gestiegenen Rohrbelastungen widerstehen zu können.

Organisatorisch waren fast alle Geschütze mit einem Kaliber über 200 mm der *Belagerungsartillerie* unterstellt. In den meisten Ländern standen sie in Belagerungsparks oder Festungsartillerie-Einheiten. Eine Ausnahme bildete Deutschland, wo der 21-cm-Mörser der *Fußartillerie* und damit dem Feldheer zugeteilt wurde. Der Begriff Fußartillerie rührt übrigens daher, dass die Bedienungsmannschaft zu Fuß den Geschützen folgte und nicht wie bei der Feldartillerie oder der reitenden Artillerie (die zur Kavallerie gehörte) auf der Protze oder dem Geschütz selbst aufsaß.

Auch bei den *Lafetten und Schießunterlagen* war ein gewisser Fortschritt zu verzeichnen. Wohl waren noch immer die Wand- und Bocklafetten am meisten vertreten, dazu kamen aber gewisse Neuerungen. Vor allem sind hier die fertig mitgeführten Bettungen anzuführen. Schon dies allein verringerte die Zeit, die für das Instellungbringen der Geschütze erforderlich war. Allerdings blieb noch immer einer der wesentlichsten Nachteile bestehen, das Fehlen einer Seitenrichtmöglichkeit, wenn man vom groben seitlichen Herumwuchten der Geschütze absieht.

Gegen Ende des 19. Jahrhunderts verbesserte man die *Rücklaufhemmung* auf zwei Wegen. Eine davon war die Lagerung des Rohres in einer Oberlafette, die ihrerseits auf einer nach rückwärts ansteigenden Gleit- oder Rollenbahn hoch lief und derart die beim Feuern entstehende Energie aufnahm. Die zweite Möglichkeit stand mit den neuen Geschützbettungen in Verbindung. Auf diesen befestigte Hydraulikzylinder begrenzten den Rücklauf der Lafette. Vielfach entstanden auch Mischformen, bei denen Rücklaufbremsen die Wirkung der schiefen Ebene unterstützten. Der Anlenkpunkt dieser Zylinder auf der Bettung stellte gleichzeitig einen Drehpunkt dar, um den das Geschütz geschwenkt werden konnte. Diese Maßnahmen und die später hinzukommenden Geschützplattformen aus Eisen an Stelle von Holz ergaben Schwenkbereiche bis zu 40°. Trotzdem blieb das *Seitenrichten* ein Problem, da das Schwenken selbst noch immer allein durch das Verschieben des Geschützes erfolgte.

Der endgültige Durchbruch gelang schließlich gerade in einem Land, dem man allgemein kaum einen derartigen Fortschritt zugetraut hätte, nämlich Österreich-Ungarn. Hier entwickelten die *Škoda-Werke* das erste schwere Geschütz mit Rohrrücklauf. Damit war es endgültig möglich eine Richtmaschine einzubauen, die ein genaues Seitenrichten erlaubte.

Daneben gab es aber immer noch die geradezu archaisch anmutende Rücklaufhemmung mittels zweier Radkeile, auf denen die Schießräder der Lafette auf- und wieder abliefen. Vor allem Deutschland hielt an diesem System für die älteren Modelle fest, ja 1900 wurde sogar noch ein verbessertes Modell eines 21-cm-Mörsers dieser Bauart neu eingeführt! Als einziges anderes Land verwendete noch Italien für ein älteres schweres Geschütz dieses System, wenn auch aus anderen Gründen.

Bezeichnend für diese und die nächste Periode sind aber zwei weitere Bedingungen. Um eigene Geschützentwicklungen voranzutreiben oder zumindest solche anzukaufen, musste entweder eine entsprechende industrielle Grundlage vorhanden sein oder das Land musste sich für einen Landkrieg gegen feindliche Befestigungen rüsten. Daher ist es nicht weiter verwunderlich, dass zwei Großmächte hier fehlen. Es sind dies die Vereinigten Staaten und Großbritannien, die nur in einer gewissen Notlage einige wenige schwere Geschütze im Ausland ankauften.

Dänemark

Nur wenig bekannt wurden Einzelheiten über die Erzeugung von schweren Geschützen in diesem nordischen Land. Obwohl deren Kaliber auch knapp unter dem festgelegten Grenzwert liegt, sollen sie hier angeführt werden. Es handelt sich um die **19 cm jernhaubits M.1898**, die von der *Artillerimateriel Wærkstedetne* in Kopenhagen gebaut wurde. Deren Rohr entstand aus dem auf 187,9 mm aufgebohrten Ringrohr einer älteren Kanone. Bei einer Länge von 13,5 Kalibern wog es 3150 kg. Die Konstrukteure legten es in eine neue Haubitzenlafette M. 1898 mit einer Masse von 1480 kg, die jetzt einen erweiterten Höhenrichtbereich von -10 bis +65° ermöglichte. Als Schießunterlage diente eine Holzplattform mit einem 6 mm starken Blechbeschlag, deren Masse bei 1450 kg lag. Eine hydraulische Bremse von 580 kg zwischen Lafette und Plattform zähmte den Rücklauf beim Schießen.

Die Geschosse dieser Haubitze wogen lediglich 54 kg(!), üblich wären bei diesem Kaliber knapp 100 kg gewesen. Die aus elf Teilladungen in Beutelkartuschen bestehende Treibladung verlieh diesen Geschossen Anfangsgeschwindigkeiten zwischen 115 und 305 m/s. Über die dazugehörigen Schussweiten stehen zwar leider keine Angaben zur Verfügung, doch dürften die Höchstschussweiten selbst beim wahrscheinlichen Einsatz rauchschwachen Treibladungspulvers (Konstruktionsjahr 1898) trotz der vergleichsweise niedrigen Geschossgewichte in Anbetracht der geringen Kaliberlänge von L/13,5 nur bescheiden ausgefallen sein.

Deutschland

Der 1872 eingeführte 21-cm-Mörser C/71 war in den *Technischen Instituten der Artillerie* gefertigt worden, das Rohr aus Weichbronze mit dem Verschluss in der Geschützgießerei, die Lafette und Protze in der Artilleriewerkstatt Spandau. Seine Höchstschussweite lag bei nur 4000 m. Die neue Geschossfüllung *Schießbaumwolle* ab 1883 und das nach 1888 eingeführte *rauchschwache Pulver* der Treibladungen versprachen nicht nur mehr Wirkung im Ziel, sondern auch höhere Anfangsgeschwindigkeiten der Geschosse und damit auch größere Schussweiten. Diesen erhöhten Beanspruchungen waren aber die Bronzerohre nicht mehr gewachsen. Es musste daher zum Stahl als Rohrwerkstoff übergegangen werden.

Ein erster Schritt in diese Richtung war dann der **21-cm-Bronzemörser St** mit Stahlseele und Keilverschluss. Dabei wurde in das alte Bronzerohr ein Seelenrohr aus Stahl mit einem Kaliber von 209,3 mm eingezogen, dessen Rohreinrichtung dem neuen Pulver angepasst war. An die Stelle der alten Keilzüge traten nun Parallelzüge mit zunehmenden Drall von anfangs 90 Kalibern auf einen Enddrall von nur 15. Eine derartige Zunahme des Dralls ist bei keinem anderen schweren Geschütz zu verzeichnen.

Mit diesem neuen Rohr war eine wesentliche Verbesserung der ballistischen Leistung verbunden. Die ältere Granate C/80 konnte mit 290 m/s jetzt 6,2 km erreichen. Zu vermerken ist, dass diese Granate noch einen vorderen und hinteren *Führungsring* besaß, während die folgenden vorn den heute noch üblichen *Zentrierwulst* und nur hinten einen einzigen kupfernen Führungsring erhielten.

Das Rohr der in Dänemark gefertigten 19 cm jærnhaubits M. 1898 wiegt 3150 kg. Hier nimmt die Stärke der Rohrwandung bereits dem Gasdruckverlauf entsprechend zur Mündung hin ab.

Der 1899 eingeführte 21-cm-Mörser in Feuerstellung. Die Radkeile hinter den Schießsrädern begrenzten nach dem Schuss den Rücklauf und ließen den Mörser wieder nach vorn rollen.

Als Erstes folgte die schwere *Granate C/83* mit einer Masse von nicht weniger als 144,5 kg mit 214 m/s und 4,2 km. Da sich deren zur Selbstentzündung neigende Schießwollfüllung aber nicht bewährte, folgten eine *Granate 88* von 83,3 kg mit 350 m/s und 8,2 km, sowie als schweres Geschoss die *Granate 96* mit 119 kg und 18 kg Sprengladung. Sie erreichte mit 295 m/s immerhin schon 7,2 km. Dabei musste wegen der Gefahr von Rohrdetonierern auf die 9. und 10. Ladung verzichtet werden. Die Neigung der neuen *Geschossfüllung 88* zur Bildung stoßempfindlicher Pikrate führte schließlich zur Einführung einer *Granate 14* mit TNT-Füllung, die ballistisch der *Granate 88* entsprach.

Bei den Truppenübungen wurden vor allem zwei Mängel hervorgehoben. Einerseits war dies die Notwendigkeit des Mitführens eines eigenen Hebezeuges zum Einlegen des Rohres in die Lafette, andererseits das Mitführen und Verlegen der schwerfälligen Bettung. Dadurch verlängerte sich insbesondere die Zeit für das Instellunggehen.

All diese Mängel führten dazu, dass bereits 1893 an die Konstruktion eines neuen Mörsers geschritten wurde. Dazu wurden verschiedene Rohrkonstruktionen untersucht. Die Gedanke von dessen Verlängerung wurde fallen gelassen, da sonst eine zu große Rohrmasse die Folge gewesen wäre. Die Lösung wurde in einem doppelwandigen Stahlrohr gefunden, das aus einem Kernrohr und einem bis zur Mündung reichenden Mantelrohr bestand. Mit diesem Rohraufbau konnten bei einem Kaliber von 211 mm gegenüber dem alten Bronzerohr mit Stahlseele nahezu 100 kg eingespart werden.

Die alte Lafette wurde mit geringen Änderungen übernommen. Es blieb bei einer Wandlafette mit dem Rücklauf der Schießräder auf dahinter gelegten Keilen. Auf die Achsen der kleineren Schießräder wurden für den Straßenzug an deren Stelle die größeren Speichenräder aufgesteckt.

Zu den Verbesserungen zählte ein neuer Rohrwagen mit einer Vorrichtung, mittels der das Rohr in die Schildzapfenlager überführt werden konnte und damit das Mitführen eines eigenen Hebezeuges überflüssig machte. Eine weitere Neuerung war eine Bettung, die auf zwei eigenen Bettungswagen mitgeführt wurde. Dazu kamen noch verbesserte Richtmittel. Das Seitenrichten erfolgte aber weiterhin mit zwei Rollhebeln, die unter Fortsätze am rückwärtigen Ende der Lafette geschoben wurden und nach dem Anheben ein Verschieben und damit Schwenken des ganzen Geschützes ermöglichten.

Ballistisch änderte sich nur wenig. Die Schussweiten blieben nahezu unverändert. Zu nennen sind nur die später noch eingeführten *Granaten 14A* und *17*.

Die Versuche waren 1899 zum Abschluss gebracht und der neue Mörser schließlich durch »Allerhöchste Kabinettsordre« im gleichen Jahr offiziell als **21-cm-Mörser** eingeführt worden. Auffällig ist, dass zu einem Zeitpunkt, als in anderen Ländern bereits Rohrrücklaufgeschütze gebaut wurden, im industriell hochstehenden Deutschland noch ein Lafettenrücklaufgeschütz eingeführt wurde.

Welchen Schwierigkeiten die Geschützhersteller zu dieser Zeit gegenüberstanden, beweist der folgende Mörser. Der Festungsbau hatte auf die neuen Sprengstoffe und die durch sie verursachten »Krise der Brisanzgranate« reagiert. An die Stelle der Mauerwerkforts aus Ziegeln oder Sandstein traten neue mit Betondecken und die bereits vorhandenen Gewölbe wurden durch zusätzliche Sandpolster, Granitabpflasterung und Betondecken von bis zu 2,5 m Dicke verstärkt. Die bisher offen aufgestellten Festungsgeschütze schützten nun Panzerkuppeln aus 250 mm starkem Nickelstahl. Mit den vorhandenen schweren Geschützen war gegen solche Ziele nicht anzukommen. Der Übergang zu einem größeren Kaliber war zwingend erforderlich.

Die *Artillerie-Prüfungskommission* erarbeitete daher zusammen mit der *Firma Krupp* verschiedene Vorschläge. Da zu dieser Zeit Räderlafetten derartige Geschützmassen noch nicht tragen konnten, wurde von vornherein der zerlegte Transport von Bettungsgeschützen auf Sonderwagen der Feldbahn vorgesehen. Damit war die Masse der Einzellast auf 10 t beschränkt. Da bisher die nötige Erfahrung mit Sprenggranaten größeren Kalibers fehlte, wählte man eine Panzergranate ohne Sprengladung! Diese sollten die Panzerkuppeln durchschlagen und der Beton mürbe gemacht werden. Das endgültige Vernichtungsfeuer sollten dann die 21-cm-Mörser übernehmen.

Ein erster Entwurf mit einer Schussweite von nur 5,3 km wurde abgelehnt, da das Abladen und der Zusammenbau zu nahe am Feind hätte erfol-

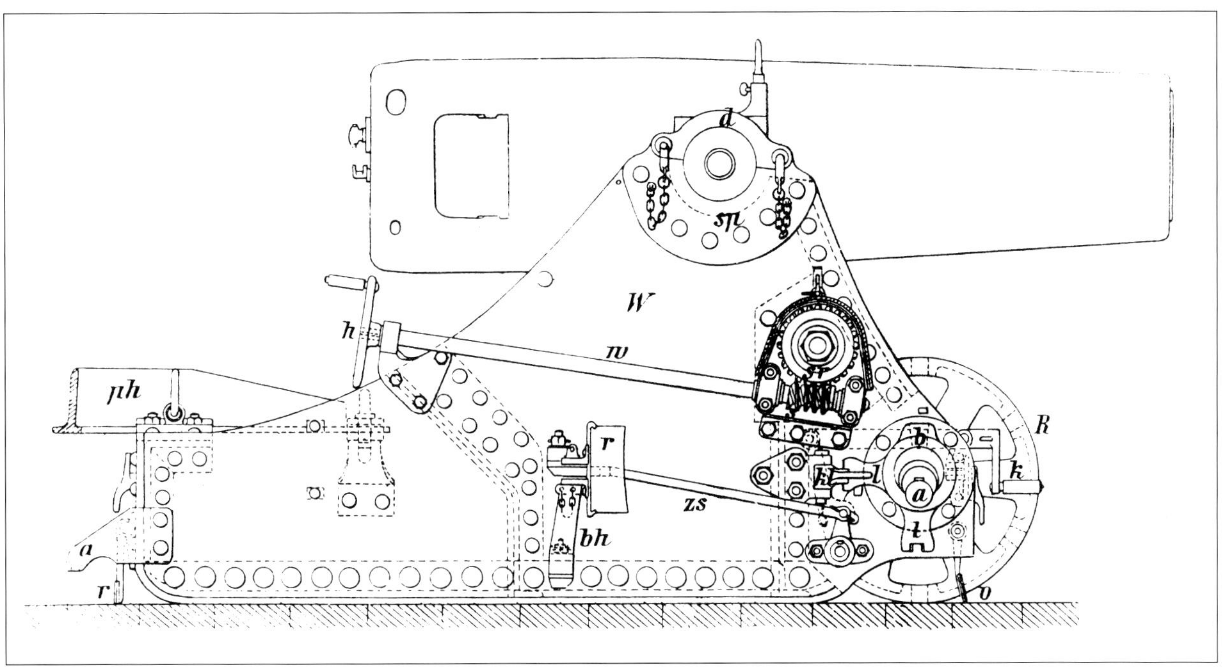

Schnittzeichnung des deutschen 21-cm-Mörsers von 1899.

gen müssen. Der nächste Vorschlag der Firma Krupp zeigte schon Elemente des später eingeführten Geschützes. Als Schießplattform diente vorerst eine Holzbettung von 4,8 m Länge und 2,7 m Breite mit einer Masse von 6400 kg. Da sich diese aber bei den Schießversuchen verschob, wählte Krupp schließlich eine Länge von 6,3 m mit einer Masse von nicht weniger als 10 t, die aus drei Holzlagen bestand.

Die Schießversuche mit einem 305-mm-Rohr fanden von 1893 bis 1896 statt. Im folgenden Jahr wurden dann drei Batterien zu je zwei dieser Geschütze als **schwerer Küstenmörser L/8 (β-Gerät)** bestellt. Die erste Lieferung erfolgte 1898. Bis 1906 folgten noch drei weitere Geschütze.

Das Rohr bestand aus einem Mantel- und einem Seelenrohr. Dazu kam ein Verstärkungsring mit den Schildzapfen und den Ansätzen für das Hebezeug, mit dem das Rohr in die Lafette eingelegt werden konnte. Da zu diesem Zeitpunkt für Geschütze dieses Kalibers noch keine ausreichenden Erfahrungen mit Keilverschlüssen vorlagen, wurde ausnahmsweise ein Schraubverschluss gewählt. Dies hatte zusätzlich den Vorteil, dass das rückwärtige Rohrende kürzer ausgeführt werden konnte. Das Rohr wies eine Masse von 8500 kg auf, bei den beiden letzten gelieferten Geschützen wurde diese auf 7800 kg gesenkt.

Die Lafette war in ihrer Art einmalig und zählt gleichzeitig zu den seltsamsten, die je im Landkrieg zur Verwendung gelangten. Es handelte sich um eine *Mittelpivotlafette,* wie sie bei Küstengeschützen verwendet wurde, die immerhin einen Seitenrichtbereich von 60° ermöglichte. Die Unterlafette drehte sich um den in der Bettung befestigten Pivotzapfen. Vier gefederte Rollen ermöglichten ein leichteres Seitenrichten. Beim Schuss wurde die Lafette auf die Bettung niedergedrückt. Abweichend von allen anderen Bauarten besaß die Unterlafette eine unter 45° nach unten geneigte Gleitbahn, auf der die Oberlafette mit dem Rohr zurückglitt. Die Rücklaufhemmung erfolgte durch eine hydraulische Bremse mit Federvorholer, der in der Folge nach Federbrüchen verstärkt werden musste.

Diese Lafettenbauart brachte aber verschiedene Nachteile mit sich. Einerseits konnte nicht unter ei-

Der 21-cm-Mörser steht hier in einem Museum auf seinen Marschrädern mit dem Rohr in der Lafette. Auf dem Marsch wurde er in zwei Lasten gefahren. Das dicke Stahlrohr war »sprengsicher« ausgeführt, d.h. es sollte bei einer etwaigen Rohrdetonation der Geschosse mit den damaligen unsicheren Sprengstoff-Füllungen (Schießwolle, Pikrinsäure) die Bedienung vor Verwundungen schützen.

Der schwere Küstenmörser L/8 (β-Gerät) wurde ab 1898 ausgeliefert. Bei ihm erfolgte – im Unterschied zu sonstigen Ausführungen – der Rücklauf auf einer Gleitbahn nach unten.

nem kleineren Winkel als +50° geschossen werden, da sich sonst die Oberlafette von der Gleitbahn abgehoben hätte, andererseits aber auch nicht mit einem über +60°, da sonst das Rohrende beim Rücklauf aufgeschlagen hätte.

Als wichtigstes Geschoss wurde nach verschiedenen Versuchen eine *Stahlpanzergranate* mit einer Länge von 3,3 Kalibern ohne Sprengladung gewählt. Bei einer Masse von 410 kg erreichte sie mit 310 m/s eine Höchstschussweite von 8,2 km. Erst eine spätere Ausführung erhielt dann eine Sprengladung von 8 kg. Um beim Einschießen eine bessere Beobachtung zu ermöglichen, wurde eine eigene 400 kg schwere *Beobachtungsgranate* eingeführt, die 8 kg Gewehrpulver enthielt. Später kam noch eine Langgranate von 333 kg mit einer Füllung von 42 kg hinzu. Sie erreichte mit 336 m/s eine Höchstschussweite von 8,8 km.

Trotz allem war mit diesem Mörser eine gewaltige Leistungssteigerung gelungen. Der Preis dafür war das Verlegen eigener Feldbahngeleise, eine Masse von 19,7 t für das Geschütz selbst und 10 t für die Bettung. Dazu kam noch ein Hebezeug von 6 t für den Zusammenbau.

Frankreich

Wenn auch die Entwicklung hier gewisse Ähnlichkeiten mit jener in Deutschland aufweist, lassen sich andererseits wieder große Unterschiede feststellen. Letzteres zeigt sich vor allem darin, dass nicht immer komplett neue Geschütze entwickelt, sondern vorhandene Muster systematisch verbessert wurden.

Grundlage war der **Mörser 220 mm Modell 1880**. Er verwendete von Anfang an ein Stahlrohr mit Parallelzügen mit einem Anfangsdrall von 89 Kalibern, der bis zur Mündung auf 25 anstieg. Die Masse konnte mit 2130 kg wesentlich verringert werden bei gleichzeitig geringerer ballistischer Leistung. Wie in Frankreich üblich, war es mit einem Schraubverschluss System *De Bange* mit seiner plastischen Liderung ausgestattet.

Wenn auch die Lafette in der damals üblichen Form als Wandlafette ausgebildet war, zeigte sie doch wieder einige besondere Eigenheiten. Als Schleife glitt sie auf der Unterlage zurück, für das Vorbringen nach dem Schuss sorgte jedoch eine eigenwillige Lösung: Auf die Achse am vorderen

Der französische Mörser 220 mm Modell 1880 mit seiner Wandlafette in Feuerstellung.

Ende wurden exzentrische Hülsen aufgesteckt, auf denen ihrerseits Rollen gelagert waren. Mittels eines Hebels ließen sich die Hülsen verdrehen, worauf die Lafette vom Boden abhob und auf den Rollen auflag. Damit ließ sich das Geschütz leichter wieder in die Schussstellung vorbringen. Unter Fortsätzen am rückwärtigen Ende wurden Rollhebel angesetzt. Dies erleichterte nicht nur das Vorbringen, sondern auch das Nehmen der Seitenrichtung.

Verhältnismäßig primitiv war hingegen das Höhenrichten. Die Schildzapfen waren im Schwerpunkt des Rohres angebracht. Damit war es möglich, mittels eines Hebels mit Mehrkant, der in eine entsprechende Öffnung im linken Schildzapfen eingesteckt wurde, das Rohr der Höhe nach zu richten. Dann konnten es die Richtkanoniere in der Schuss-Stellung festlegen.

Die Franzosen fanden eine besondere Lösung für den Ladevorgang: Das Rohrende wurde auf eine Stütze abgelegt und nahm damit automatisch die Ladestellung ein. Die Ladekanoniere legten dann das Geschoss mit einer Schwinge auf eine Ladeschale und klappten diese mit Hebeln an den außen liegenden Enden der Schwenkachse zum Verschluss hoch.

Die Masse des Geschützes in Feuerstellung betrug 4080 kg. Für den Transport in einer Einzellast wurden die Speichenräder auf die Achse und am Lafettenende zwei Zugstangen zu einer Protze montiert. In dieser Form entstand eine Gesamtmasse von 5050 kg, die zehn Pferden ziehen konnten.

Das Geschütz verschoss ursprünglich eine Langgranate von 118 kg, die nicht weniger als 36 kg Sprengstoff enthielt. Mit einer Anfangsgeschwindigkeit von 230 m/s erzielte sie Schussweiten bis zu 5,26 km.

Um spätere Wiederholungen zu vermeiden

empfiehlt es sich an dieser Stelle, auch die später eingeführten Geschosse anzuführen. Es handelte sich um die *Modelle 1909, 1914* und *1915* mit Geschossmassen zwischen 100 und 101,5 kg, die Sprengstofffüllungen von 19,5 bis 31 kg enthielten. Für deren Verschuss standen nicht weniger als 17 verschiedene Teilladungen zur Verfügung, die bei einer Anfangsgeschwindigkeit von 300 m/s Höchstschussweiten bis zu 7,15 km ergaben.

Eine erste Variation stellte die **Plattform Modell 1882** dar. Sie bestand aus drei Lagen von Pfosten und Bohlen mit einer rückwärtigen Verlängerung. Bei einer Masse von 5600 kg waren für ihren Einbau rund fünf Stunden notwendig. Lag der gewünschte Seitenrichtbereich unter 30°, konnte man auf die Verlängerung verzichten, wodurch sich der Zeitbedarf auf zwei Stunden verringerte.

Als nächste Stufe entstand der **Mörser 220 mm Modell 1880auf Rahmen und Metallplattform Modell 1901**. Das Rohr mit seinen ballistischen Leistungen wurde beibehalten, ebenso im Prinzip die alte Lafette, die nur den neuen Gegebenheiten angepasst und zur Oberlafette wurde. Die Bauart des Rahmens und der Metallplattform passten die Techniker hingegen jener des Modells 1891, des noch folgenden 270-mm-Mörsers, an.

Die nunmehrige Oberlafette wies am vorderen Ende zwei Rollen auf, die in normaler Stellung von der Gleitbahn des Chassis abgehoben waren. Am rückwärtigen Ende waren zwei Exzenterrollen vorgesehen. Die Rücklaufhemmung erfolgte einerseits mittels eines Hydraulikzylinders, der vom vorderen Rahmenende parallel zu der unter 4° nach hinten ansteigenden Gleitbahn zur Oberlafette führte. Dazu waren an deren Unterseite Bronzescheiben angebracht, die durch die Reibung auf der Gleitbahn eine zusätzliche Bremswirkung lieferten. Das Vorbringen des zurückgelaufenen Geschützes erfolgte durch Verdrehen der Exzenterrollen, wodurch die Oberlafette angehoben wurde und auf den vier Rollen in die Schuss-Stellung vorlaufen konnte.

Eine weitere Änderung betraf das Höhenrichten. Am rechten Schildzapfen saß nun eine Zahnscheibe, in die ein Ritzel eingriff. Das ausbalancierte

Der Mörser 220 mm Modell 1880 ließ sich infolge seiner geringen Masse als Einzellast fahren. Oben im Rohrschwerpunkt eine Hebeöse, letzter Rest des klassischen »Delphin«-Paares früherer Vorderladertage.

Der Mörser 220 mm auf Rahmen und Metallplattform Modell 1901 besaß bereits eine Rücklaufbremse und eine verbesserte Möglichkeit zum Seitenrichten. Die beiden Kanoniere am Ansetzkolben mussten das über 100 kg schwere Geschoss kräftig anschieben.

Rohr ließ sich damit leicht richten.

Der Rahmen bestand aus zwei doppelwandigen Längsträgern, die als Gleitbahn dienten. Am vorderen Ende waren zwei Rollen angeordnet, am hinteren wieder zwei Exzenterrollen. Zum Seitenrichten wurden Letztere verdreht und der ganze Rahmen kippte ein wenig nach vorn. Mit den vier Rollen ließ sich das Geschütz leicht schwenken.

Seitlich am Rahmen befand sich eine geänderte Ladevorrichtung. Auf einer Säule lagerte eine Ladeschale, die sich auf einer schraubenförmigen Rampe schwenken ließ und dadurch das Geschoss zum Verschluss beförderte.

Bei der Plattform handelte es sich um einen Metallkasten, der sich nach hinten verbreiterte. Im Vorderteil trug sie den Pivotzapfen, um den sich der Rahmen drehte. Zum Vermeiden des Verschiebens beim Schießen ruhte die Plattform im vorderen Bereich auf einem schweren in den Boden eingelassenen Querträger, mit dem sie verschraubt war.

Dank dieser Bauart war jetzt nicht nur ein Seitenrichtbereich von 40° möglich, sondern auch der Höhenrichtbereich konnte auf +65° gesteigert werden.

In Feuerstellung lag die Gesamtmasse des Geschützes bei 8535 kg. Diese setzte sich aus 5290 kg für das eigentliche Geschütz und 3245 kg für die Bettung zusammen. Gerade bei letzterem Wert zeigt sich, welche Gewichtseinsparungen gegenüber den früher verwendeten Holzbettungen möglich waren.

Der Transport erfolgte in drei Lasten: 1. Plattform mit Querträger, 2. Rahmen mit Oberlafette und 3. Rohr. Da die einzelnen Fahrlasten nur eine Masse zwischen 3300 und 4215 kg aufwiesen, konnte jede von acht Pferden gezogen werden. Für die Beförderung mit der besonders in Frankreich beliebten 600-mm-Feldbahn wurde jeder der drei Teile auf einen Doppelwagen verladen.

Auch hier ist ein Vorgriff erforderlich, um spätere Wiederholungen zu vermeiden. Bei der Anwendung des Kraftzuges wurde die Aufteilung in drei Lasten beibehalten. Durch die verhältnismäßig geringen Massen konnte aber ein Lastkraftwagen gleich zwei dieser Teillasten ziehen. Bei Einsatz der vorhandenen Artilleriezugmaschinen, die bis zu 15 t bewegen konnten, war in Sonderfällen sogar das Ankuppeln aller drei Bauteile an ein Fahrzeug möglich.

Die französische Artillerie besaß mit dem **Belagerungsmörser 270 mm Modell 1885** das älteste großkalibrige Geschütz, das aber beachtliche ballistische Leistungen aufwies, die sich durchaus mit denen wesentlich später eingeführter Steilfeuergeschütze messen konnten.

Das Rohr mit einer Masse von 4400 kg war zweilagig aufgebaut und der Schraubverschluss auch hier nach dem System *De Bange* ausgelegt. Abweichend von den meisten Geschützen seiner Zeit wählten die Franzosen einen gleich bleibenden Drall mit einer Dralllänge von nur 15 Kalibern. Der Grund dafür dürfte in der ursprünglich verwendeten Langgranate mit einer Länge von 4,5 Kalibern zu suchen sein, die dadurch eine bessere Stabilität beim Flug erhielt.

Die Oberlafette entsprach in ihrer Bauart der des oben beschriebenen 220-mm-Mörsers, natürlich in entsprechend verstärkter Form. Neu waren hingegen die zehn an senkrechten Achsen angebrachten Rollen, die die Seitenführung während des Rücklaufs auf dem Rahmen gewährleisteten. Bei einigen Geschützen kam auch eine verbesserte Höhenrichtmaschine zum Einsatz. Dabei war zwischen dem Handrad und dem Zahnsegment am Schildzapfen ein Untersetzungsgetriebe geschaltet. Das Festlegen in der Schuss-Stellung erfolgte dann durch eine mittels eines Handrades betätigte Bremse. Der Höhen-

Der Belagerungsmörser 270 mm Modell 1885 auf seiner Metallplattform M 1891 war um 1900 das französische Geschütz mit dem größten Kaliber. Bei fast 200 kg Geschossmasse war ein Ladekran unverzichtbar.

Mangels eigener Konstruktionen kaufte Großbritannien für den Burenkrieg bei den Škoda-Werken die 9,45" Belagerungshaubitze Mk I.

richtbereich lag zwischen -8 und +70°, wobei natürlich nur in der oberen Winkelgruppe geschossen wurde.

Abgesehen von seinen größeren Abmessungen unterschied sich der Rahmen in einer weiteren Hinsicht von denen des kleineren Kalibers. An seinem hinteren Ende befand sich nur eine Rolle für das Seitenrichten. Diese ließ sich mit einer Kurbel und einem Ritzel, das in eine Zahnstange eingriff, in der Höhe verstellen. 26 Tellerfedern dienten der Entlastung und erleichterten diese Bewegung. Damit erreichte das Geschütz einen Seitenrichtbereich von immerhin 30°.

Die Metallplattform *Modell 1891* war ebenso größer ausgelegt wie der Querbalken. Damit stieg die Masse der Bettung auf nunmehr 5900 kg an.

Die Munitionszufuhr war wegen der schwereren Geschosse geändert worden. Ein Schwenkkran mit einem Differenzialflaschenzug an der rechten Seite des Rahmens brachte die Ladeschale mit dem Geschoss hinter den Verschluss. Um die Ladestellung des Rohres sicherzustellen, wurde dieses mit dem hinteren Ende auf eine Stütze an der Oberlafette gelegt.

Wie bereits gesagt, wurde ursprünglich eine Langgranate verschossen. Diese besaß eine Masse von nicht weniger als 170 kg mit einer Sprengstoff-Füllung von 45 kg. Mit einer Anfangsgeschwindigkeit von 290 m/s erreichte sie eine Schussweite von 5,2 km. Im Jahr 1899 kam ein noch schwereres Geschoss von 232,8 kg mit 66 kg Sprengstoff hinzu. Zwischen 1901 und 1916 folgten dann weitere mit Massen zwischen 152,2 und 198,4 kg und Sprengstoff-Füllungen von 27 bis 59 kg. Mit 16 verschiedenen Treibladungen waren Anfangsgeschwindigkeiten bis 326 m/s und Höchstschussweiten bis 8,0 km möglich.

Die Masse in Feuerstellung betrug 10.725 kg, zuzüglich 5900 kg für die Bettung. Der Transport erfolgte in vier Lasten: Rohr, Oberlafette, Rahmen und Plattform mit Querträger. Diese letzte Fahrlast lag mit 7600 kg praktisch über dem für Pferdezug üblichen Wert, während die anderen Lasten nur 4200 bis 5700 kg wogen. Für die Beförderung mit der Schmalspurbahn waren je zwei Wagen für das Rohr und den Rahmen samt Oberlafette und einer für die Plattform samt Querträger erforderlich. Beim späteren Kraftzug waren wieder die gleichen vier Lasten wie für den Pferdezug vorgesehen, wobei aber jedes Zugfahrzeug gleich zwei Fahrlasten zog.

Großbritannien

Wie schon in der Einleitung dieses Zeitabschnittes angeführt, hatte das Land bis zu diesem Zeitpunkt keine derartigen Eigenentwicklungen hervorgebracht. Die Strategie war auf die Vorherrschaft zur See, die Küstenverteidigung und die Sicherung bzw. den Ausbau der Kolonialherrschaft ausgerichtet. Für alle diese Einsatzzwecke waren aber keine

Das älteste italienische Geschütz um 1900 stellte die 21 cm Belagerungshaubitze (M 78) mit ihrer hohen Bocklafette dar. Man beachte die Radgürtel.

schweren und für den Landkrieg ausgelegten Geschütze erforderlich.

Der Schock trat dann mit dem *Burenkrieg* in Südafrika ein. Für die Belagerung von Pretoria waren keine geeigneten Geschütze vorhanden! In aller Eile wurden 1900 acht der damals modernsten einschlägigen Waffen, des von *Škoda* gefertigten *24 cm M. 98* Belagerungsmörsers , angekauft und als **9,45'' Belagerungshaubitze Mk I** eingeführt. In der britischen Terminologie hieß dies dann *»Ordnance BL 9,45 in howitzer Mk I on carriage siege BL 9,45 in howitzer Mk I«*. Für den Einsatz in Südafrika kamen die Geschütze aber zu spät. Nachdem sie eine Zeit lang zur Ausbildung gedient hatten, erfolgte schließlich 1920 ihre Aussonderung.

Für die Drillexperten der britischen Armee war die Haubitze jedoch schockierend. Der Schraubverschluss öffnete nämlich nach links, statt wie bei allen anderen britischen Geschützen nach rechts! Da das Geschütz unter Österreich-Ungarn auf Seite 47 eingehend beschrieben wird, sollen hier nur die Unterschiede angeführt werden:

Der Höhenrichtbereich beschränkte sich auf den Bereich zwischen +42 und +63°, dafür vergrößerte sich der Seitenrichtbereich auf 19°. Durch Verringerung der Geschossmasse auf 127 kg ließen sich die Anfangsgeschwindigkeit auf 283 m/s und die Höchstschussweite auf 7,0 km steigern. Da die Bettung anders ausgebildet war, stieg auch die Gesamtmasse auf 8687 kg an, also um mehr als 1600 kg.

Italien

Die schweren Geschütze waren in Italien nicht dem Feldheer zugeteilt, sondern in eigenen *Festungsartilleriekommanden* in Festungsartillerieregimentern zusammengefasst, zu denen auch die *Belagerungsartillerie* gehörte. Auch hier setzte sich der Bestand vorwiegend aus Geschützen älterer Baujahre zusammen.

Das älteste hier behandelte Modell war die **210 mm Belagerungshaubitze (M 78)**. Ursprünglich trug sie die etwas umständliche Bezeichnung **Haubitze 21 GRC Ret.**. Dabei stand *G* für Gusseisen, *C* für beringt und *Ret.* für Hinterlader. Sie wur-

Der 21 cm Mörser 210/8 mit seiner Mittelpivot-Rahmenlafette zeigt deutlich den schweren Balkenunterbau und die beiden Rücklaufbremsen.

de durch das Einlegen eines Haubitzrohres in die Bocklafette der *Kanone 149G* geschaffen. Das Rohr bestand aus Gusseisen und war durch Guss-Stahlringe verstärkt. Die Drall-Länge des progressiven Dralls war von unendlich auf 20 Kaliber ausgeführt. Mit seinem Schraubverschluss brachte die Haubitze eine Masse von 2967 kg auf die Waage. Daneben gab es aber noch die nahezu gleichartige **210 mm Festungshaubitze**, die sich wie die Belagerungshaubitze einsetzen ließ. Sie unterschied sich nur durch die gleich bleibende Drall-Länge von 35 Kalibern von der Belagerungshaubitze.

Die Lafette rollte, wie bereits erwähnt, als hohe Bocklafette auf Rädern und den in Italien erfundenen Radgürteln daher. Der Höhenrichtbereich betrug -6 bis +35°. Die Rücklaufhemmung erfolgte durch einen Schleifbock mit hydraulischen Puffern. Die Masse des Geschützes in Feuerstellung lag bei 5447 kg *ohne* und 5937 kg *mit* den Radgürteln. Es konnte in einer Last gefahren werden, stand damit aber an der oberen Grenze für den Pferdezug.

Bei der Munition zeigte sich die für Italien typische große Vielfalt. So gab es eine Granate von 79,1 kg mit 4,8 kg Sprengstoff, die mit 265 m/s Schussweiten bis zu 5,6 km erzielte. Im Ersten Weltkrieg erhöhten die Italiener für dieses Geschoss die Zahl der Teilladungen und steigerten so die Höchstschussweite auf 6,7 km. Die Werte für die *kurze Torpedogranate* lagen bei 96,3 kg mit 19,2 kg, 277 m/s und 6,0 km. Die *lange Torpedogranate,* die sich nur aus der Belagerungshaubitze verschießen ließ, brachte es mit 165,3 kg und 30,5 kg Sprengstoff bei 213 m/s auf schlappe 3,9 km. Dazu kam noch ein *Schrapnell* von 95,9 kg, das bei 226 m/s nur 4,4 km erreichte. Im Ersten Weltkrieg verschoss die italienische Artillerie dann ein neues Schrapnell von 102 kg mit 299 m/s bis auf 6,7 km. Die Anfangsgeschwindigkeiten und Schussweiten bei der Festungshaubitze wichen durch den geänderten Drall etwas von den oben angeführten Werten ab.

Bei den Mörsern beschritten die Italiener einen ähnlichen Weg wie die Franzosen. Zuerst entwickelte Italien ein 21 cm-Mörserrohr, das danach in immer weiter verbesserte Lafetten eingelegt wurde. Basis war der **21 cm Mörser 210/8** mit seiner Mittelpivot-Rahmenlafette. Auch hier gab es eine alte Bezeichnung **Mörser 21 ARC Ret.**, wobei *A* für Stahl stand. Das Stahlrohr mit Verstärkungsringen besaß einen Schraubverschluss und Progressivdrall. Mit den Schildzapfen war es in die Oberlafette – eine Wandlafette aus Schweißeisen – eingelegt. Je zwei Rollen vorn und hinten übernahmen die Führung. Immerhin ermöglichte diese Bauart einen theoretischen Höhenrichtbereich von -15 bis +60°, praktisch konnte natürlich nur in der oberen Winkelgruppe geschossen werden. Für zusätzliche Rücklaufhemmung sorgten Bremsplatten aus Bronze an der Oberlafette und ein Federpuffer auf jeder Seite der Unterlafette. Diese bestand aus einem Rahmen mit zwei nach hinten ansteigenden Eisenschienen, die an ihren Enden durch Riegel verbunden waren und auf denen die Oberlafette zurücklief. Dazu kam das Bodenblech mit der Bohrung zur Aufnahme des Pivotzapfens.

Besondere Beachtung verdient die Richtmaschine: Am vorderen Ende der Schienen saß ein vorragendes Zahnkranzsegment, in das ein Ritzel eingriff, dessen Achse in der Bettung gelagert war.

Die Bettung bestand aus zwei längs und fünf quer angeordneten Schwellen aus Eichenholz. Darüber befand sich ein Beschlag aus Eisenblech mit dem darin gelagerten Pivotzapfen. Die Führung beim Schwenkvorgang übernahmen zwei auf dem Beschlag angeordnete kreisbogenförmige Führungsschienen.

Die Gesamtmasse des Geschützes setzte sich aus der des Rohres von 2095 kg, der Oberlafette von 1460 kg, der Unterlafette von 1790 kg und der Bettung von 2180 bis 2360 kg zusammen. Gefahren wurde es in zwei Lasten, dem Rohr mit der Oberlafette und der Unterlafette mit der Bettung.

Verschossen wurde die gleiche Granate und die kurze Torpedogranate wie bei der zuvor beschriebenen Haubitze. Infolge der Verwendung eines Stahlrohres an Stelle eines aus Gusseisen ließ sich die Anfangsgeschwindigkeit der Granate mit zwei zusätzlichen Teilladungen auf 294 m/s erhöhen, wodurch die Schussweite auf 6,7 km anstieg. Die *Torpedogranate* erreichte dagegen mit 268 m/s nur 5,8 km. Ein wesentlicher Anstieg ließ sich beim Schrapnell erzielen, das nun mit 282 m/s sogar 6,2 km erreichte. Die während des Ersten Weltkriegs eingeführte neue Munition brachte weitere Leistungssteigerungen. Granaten von 101,5 kg lie-

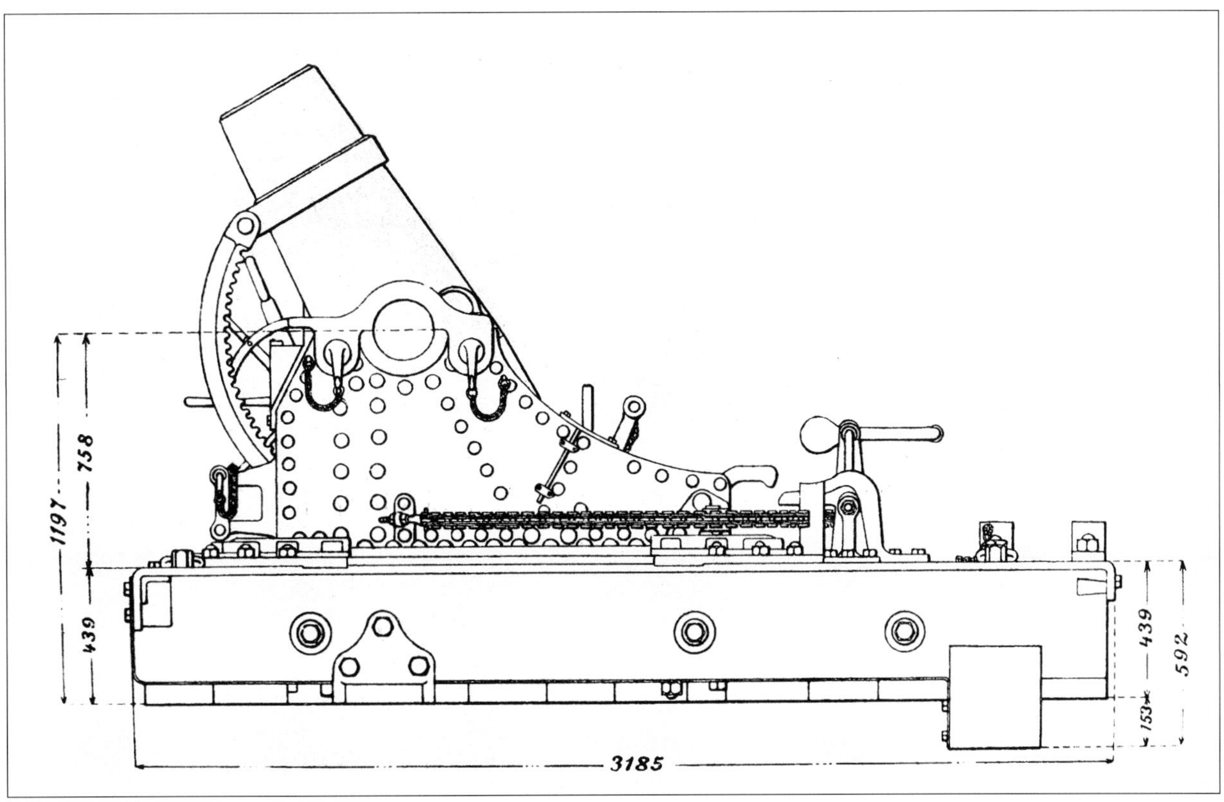

Der Mörser 240 mm von Krupp musste noch ohne jede Rücklaufeinrichtung auskommen. Die einfache Seitenrichtmaschine wirkte über eine Kette, die Höhenrichtmaschine über einen Zahnbogen.

ßen sich bei 340 m/s sogar auf 8,05 km und solche von 101 kg bei 345 m/s auf nicht weniger als 8,45 km verschießen.

Die weitere Entwicklung der Lafette gabelte sich in zwei Richtungen. Einerseits sollte die Stabilität beim Schuss und damit die Treffsicherheit verbessert werden, andererseits wurde auch die Vergrößerung des Seitenrichtbereichs angestrebt.

Beim **Mörser 210/8 PIAT** wurde die Unterlage der Bettung verstärkt, womit deren Masse auf 2955 kg anstieg. Der Seitenrichtbereich lag nunmehr bei 30°. Der Preis für diese Änderung lag in der Vermehrung der Zahl der Fahrlasten auf drei.

Eine weitere Stufe stellte schließlich der **Mörser 210/8 D.A.** dar mit seinem Seitenrichtbereich von nicht weniger als 90°. Die auftretenden starken Seitenkräfte beim Feuern erforderten eine zusätzliche Bettung von 3542 kg.

Hinsichtlich des Rohres und der ballistischen Leistungen gelten weiter alle Angaben, die bereits beim Basismodell angeführt wurden.

Das schwerste italienische Modell dieses Zeitabschnitts – und gleichzeitig eines der seltsamsten – war der **Mörser 240 mm**, der ursprünglich die Bezeichnung **Mörser 24 AR Ret.** trug. Es handelte sich um ein Modell, das von Krupp in den 80er-Jahren angekauft worden war. Das Mantelrohr mit Keilverschluss besaß nur 28 Züge. Der Progressivdrall begann mit 30 und endete mit 15 Kalibern. Die relativ geringe Masse von nur 1750 kg erklärte sich aus der Rohrlänge von lediglich 6,3 Kalibern!

Das Rohr war in die zu dieser Zeit übliche Wandlafette eingelegt. Sie wurde von zwei Stahlblechen gebildet, die ein genietetes Winkeleisengestell zusammenhielt. Den Abschluss nach unten bildete eine Bronzeplatte, in der sich die Bohrung zur Aufnahme des Pivotzapfens befand.

Die Bettung bestand aus sieben Schwellen mit einem Beschlag aus Eisenblech. Auf ihr waren die beiden radialen Führungsschienen für die Lafette angebracht. Hinzu kam hinter der Lafette eine verhältnismäßig primitive Seitenrichtmaschine, wenn dafür dieser Ausdruck überhaupt berechtigt ist. Die Richtkanoniere trieben mittels eines Hebels über eine vertikale Achse ein Kettenrad an, das seinerseits eine Kette bewegte, die zu den Seiten der Lafette führte und damit eine Drehbewegung einleitete.

Der Transport wurde in zwei Lasten durchgeführt. Die Lafette mit dem Rohr und einer Masse von 3350 kg bildete die erste von 4312 kg, die Bettung von 3420 kg die zweite mit 4408 kg.

Aus der Beschreibung geht hervor, warum von einer seltsamen Ausführung gesprochen wurde: Es handelte sich um ein Geschütz ohne jeglichen Rücklauf! Die gesamten Kräfte beim Schießen mussten Lafette und Bettung übernehmen!

Der Mörser verschoss gusseiserne *Minengranaten* von 118,9 und 121,7 kg mit Sprengstoff-Füllungen von 8 und 7,5 kg. Bei einer Anfangsgeschwindigkeit von nur 216 m/s war natürlich auch die Höchstschussweite von 4,1 km sehr bescheiden.

Es sei noch erwähnt, dass Montenegro im Jahr 1910 zwei Batterien dieser Mörser von Italien ankaufte. Sie sollten vor allem der Beschießung des österreichisch-ungarischen Marinestützpunktes in der Bucht von Cattaro *(Bocche di Cattaro)* dienen, der vom 1749 m hohen, auf montenegrinischem Gebiet liegenden Lovcen überragt wurde.

Österreich-Ungarn

Obwohl das Land in den folgenden Zeitabschnitten zu den führenden Herstellern auf dem Gebiet der schwersten Geschütze, die bis in den Zweiten Weltkrieg hinein in Verwendung standen, aufstieg, war natürlich um die Jahrhundertwende noch altes Material im Einsatz.

1880 hatte die k.u.k.-Monarchie eine ganze Baureihe von Belagerungsgeschützen neu eingeführt. Die Rohre bestanden aus der von *einem gewissen Uchatius,* Kommandant des Wiener Arsenals, entwickelten kalt verfestigten Hartbronze. Wegen ihrer mechanischen Eigenschaften, die in mancher Hinsicht denen des damaligen Krupp-Stahls überlegen waren, wurde sie auch als *Stahlbronze* bezeichnet.

Von diesem Geschützmaterial gehört der **Belagerungsmörser 21 cm M 1880** in den Rahmen dieses Buches. Das Rohr mit seinem Kaliber von 209 mm und dem Keilverschluss besaß eine Masse von 3530 kg, war also wesentlich schwerer als die meisten Fabrikate dieses Kalibers anderer Länder. Dabei muss aber berücksichtigt werden, dass die Rohrlänge von 11,4 Kalibern andererseits zum Teil erheblich über der der Konkurrenzmodelle lag.

Die Wandlafette entsprach der zu diesem Zeitpunkt üblichen Bauart. Es handelte sich um eine Nietkonstruktion, die mittels Distanzstangen und Querbalken an den Enden zusammengehalten wurde. Sie ermöglichte einen Höhenrichtbereich von -0 bis +65°, der aber zum Schießen erst ab +45°

Der Belagerungsmörser 21 cm M 1880 erhielt Rollen zum leichteren Vorbringen nach dem Rücklauf und zum Seitenrichten. Hier steht er in hinter den Erdwällen einer italienischen Festung.

genützt werden konnte. Bei dieser Schleiflafette bewirkten beim Schießen die Rückstoßkräfte ein Zurückgleiten auf der Holzplattform. Eine Eigenheit sei nachfolgend angeführt: Am vorderen Lafettenende waren – sowohl in Schussrichtung als auch quer dazu – je zwei exzentrisch gelagerte Rollen angebracht. Damit ließ sich einerseits das Geschütz nach dem Zurückgleiten wieder in die Stellung vorbringen, andererseits aber auch nach der Seite richten. Um beide Bewegungen leichter durchführen zu können, waren die Rollen an ihrem Umfang mit Bohrungen versehen, in die entsprechende Hebel eingesteckt wurden.

Der Transport des Geschützes mit seiner Gesamtmasse von 5680 kg erfolgte in zwei Lasten – dem Rohr und der Lafette.

Die Granaten von 94 und 95,3 kg wiesen einen Sprengstoffinhalt von 4,9 und 7,2 kg auf. Die Höchstschussweite von 6,6 km lag im oberen Bereich vergleichbarer Geschütze anderer Länder.

Da aber in der Folge Österreich-Ungarn bald das modernste schwere Geschütz seiner Zeit einführte ist es nicht weiter verwunderlich, dass dieses Modell noch vor dem Ersten Weltkrieg wieder ausgesondert wurde.

Ein Paukenschlag gelang den *Škoda*-Werken in Pilsen mit der Entwicklung des **24 cm M. 98 Mörsers**; der spätere **24 cm M. 98/7 Mörser** stellte eine nur geringfügig geänderte Variante dar. Das Werk »Artillerieunterricht für die k.u.k. Festungsartillerie« fasste beide Modelle daher auch unter der Bezeichnung **24 cm B. M.** zusammen, wobei *B. M.* für Bomben-Mörser stand, obwohl sich dieser Ausdruck sonst an keiner anderen Stelle fand.

Das Geschütz stach in zweierlei Hinsicht hervor. Es war nicht nur der erste schwere Mörser mit Rohrrücklauf, sondern begründete die für die *Škoda*-Werke charakteristische Bauform, die bis in den Zweiten Weltkrieg hinein schwere und schwerste Geschütze bauten, die ohne jegliches zusätzliches Hebezeug (Kran) den Zusammenbau aus den Fahrlasten bewerkstelligten!

Das Rohr aus Nickelstahl bestand in der ersten Ausführung aus dem Kernrohr, dem rückwärtigen Mantelrohr und dem Schlussring. Später kam ein vorderes Mantelrohr, das bis zur Mündung reichte, hinzu, das mit dem hinteren über eine Muffe verschraubt wurde. Je nach der Ausführung betrug daher die Masse 1750 oder 2162 kg. Im Unterschied zu anderen Geschützen erhielt der Mörser einen konstanten Drall. Da sie noch über keine aus-

Der österreichische 24 cm M. 98 Mörser war das erste schwere Geschütz mit Rohrrücklauf.

reichende Erfahrung mit Keilverschlüssen in dieser Kaliberklasse verfügten, wählten die Österreicher einen Schraubverschluss. Die Liderung erfolgte aber nicht durch einen plastischen Bauteil, sondern durch eine vorn am Verschlussstück angebrachte Liderungshülse aus Stahl.

Wie bereits erwähnt, kam hier erstmals eine Rohrwiege zum Einsatz. Der Gussteil enthielt unter dem Rohr den hydraulischen Rücklaufzylinder und daneben die beiden Vorholzylinder mit je zwei ineinander geschobenen Vorholfedern. Die Wiege besaß Bronzebüchsen für das Rohr und Führungsleisten aus Bronze für den Schlussring. Die angegossenen Schildzapfen waren hohl ausgeführt, um die Halbachsen für den Transport aufzunehmen. Winkel versteiften die Lafettenwände. An der linken Lafettenwand war die Höhenrichtmaschine und der Höhenrichtzeiger angeordnet, innen an der rechten Seite ein Anschlagbolzen zur Fixierung der Ladestellung. Geschossen werden konnte im Bereich zwischen +40 und +65°.

Die 2,9 m lange und 1,5 m breite Bettung bestand aus vier Längsbalken mit den Seiten-, Stirn- und Mittelblechen, die Winkeleisen und Nieten miteinander verbanden. Den oberen Abschluss bildete ein Deckblech. An jeder Seite befanden sich je drei senkrecht angeordnete Winkeleisenpaare, zwischen denen eiserne Bettungspflöcke eingeschlagen wurden, die zusätzlich ein Längsverschieben des Geschützes verhinderten. Im vorderen Bereich der Bettung war ein Pivotbock mit dem Pivotzapfen, im rückwärtigen ein Schleifbock mit einem Schleifblech für das Lafettenende aufgeschraubt. Auf Letzterem war links das Zahnbogensegment angebracht, in welchen das Ritzel der auf der Lafette angeordneten Seitenrichtmaschine für einen Bereich von 16° eingriff. Rechts befand sich eine Strichskala, der zugehörige Zeiger am Lafettenende. Damit war auch ein genaues Nehmen nach der Seite möglich. An den vier Ecken der Bettung war je eine Gewindebüchse eingebaut. In diese wurden Schraubspindeln eingesetzt, mit denen die Bettung angehoben und nach dem Entfernen der Transportachse und der Bettungsprotze in die Bettungsgrube abgesenkt werden konnte.

Für den Einsatz im Gebirge gab es eine eigene zerlegbare Mörserbettung. Sie bestand aus einem Mittelteil und zwei Seitenteilen, die acht lange Bolzen miteinander verbanden.

Der Transport erfolgte im Normalfall in zwei Lasten im achtspännigen Pferdezug. Eine Last bildete das Rohr mit der Wiege (4636 kg), die zweite die Bettung mit der Lafette (4664 kg). Für den Gebirgstransport wurden fünf Lasten gebildet: Mit je einer Achse konnten das Rohr, die Wiege, die Lafette, der Bettungsmittelteil und die beiden Bettungsseitenteile befördert werden. In vier Teilen war auch die Verlastung auf Schlitten möglich, wobei eine Schneehöhe von mindestens 20 cm erforderlich war. Die Seitenteile der Bettung wurden dabei mit dem Mittelteil verladen. Seltener war der Transport auf Feldbahn, wobei das vollständige Geschütz auf zwei zweiachsige Wagen gehoben werden musste. Der Zusammenbau beim Transport in zwei Lasten war ohne Hebezeug möglich. Nach

dem Verlegen der Bettung mit der Lafette wurde der Rohrwagen auf zwei am vorderen Ende mittels Zahnstangenwinden angehobene Balken hochgefahren und die Wiege und das Rohr in die Lafette eingelegt. Hinsichtlich der später durchgeführten Umstellung auf den Kraftzug wird auf den folgenden Abschnitt verwiesen.

Auch für das Laden war eine Hilfe vorgesehen. Rechts an der Lafette befand sich ein Schwenkarm mit der sogenannten Ladebüchse Auf diese legten die Kanoniere das Geschoss in seiner geöffneten Transportkiste, schwenkten es vor den geöffneten Verschluss und setzten es an. Die Ladeschale verfügte über eine Blechröhre, die in den Verschluss ragte und damit eine Beschädigung des Gewindes verhinderte.

Der Mörser verschoss ursprünglich eine Granate von 133 kg mit 16,5 kg Sprengstoff. Bei 258 m/s ließ sich eine Schussweite von 5,8 km erreichen. Bis zum Ersten Weltkrieg kamen in der Folge vier verschiedene Granaten von 133 bis 134,3 kg mit 14 bis 20 kg Sprengstoff hinzu. Durch die Erhöhung der Anfangsgeschwindigkeit auf 278 m/s kletterte die Reichweite auf 6,5 km.

Der 24 cm M. 98 Mörser im Einsatz an der Italienfront.

Die Zeichnungen zeigen den 24 cm M. 98 Mörser. Unten senken Schraubspindeln Bettung samt Unterlafette vom Lafettenwagen in die flache Bettungsgrube. Oben fährt der Rohrwagen auf den mittels Winden angehobenen Balken das Rohr samt Wiege in die Lafette ein.

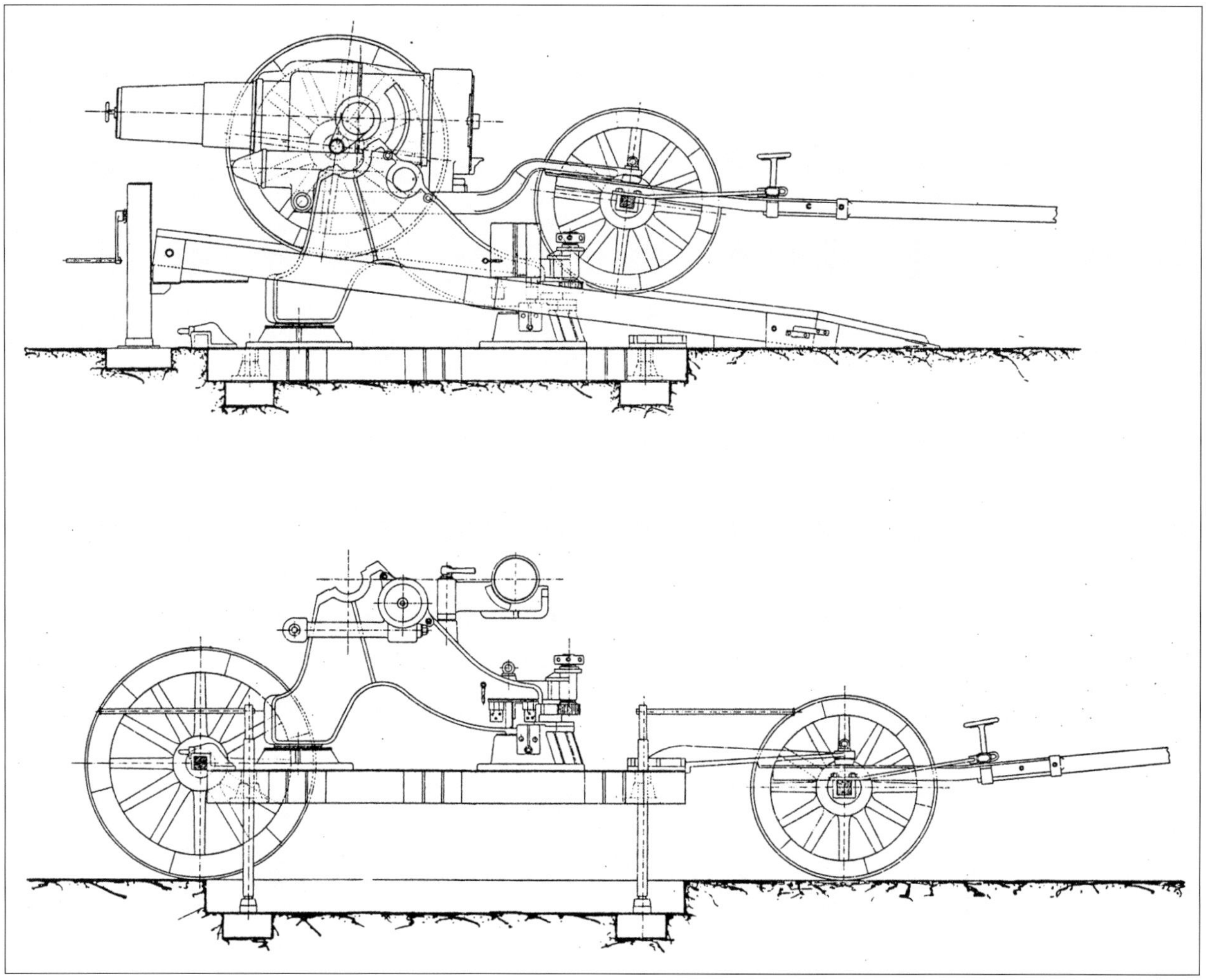

Russland

Einer der größten Schwachpunkte für die Entwicklung von Geschützen im Zarenreich war sicher das Fehlen einer leistungsfähigen Schwerindustrie. In Verbindung mit den ebenfalls fehlenden erfahrenen Konstruktionsbüros war an die Schaffung moderner Geschütze nicht zu denken. Es wurde daher vielfach auf alte Modelle zurückgegriffen und diese so weit wie möglich verbessert. Das Modernste das geboten werden konnte, waren daher die *Modelle 1892*. Vielfach wurden diese Geschütze auch als *Modell 1887* bezeichnet.

Gleich die beiden ersten nachfolgend behandelten Geschütze zeigen wieder eine russische Eigenheit. Beide waren mit Bocklafetten ausgestattet, feuerten mit den Rädern auf Holzbettungen, besaßen Achsstützen zur Entlastung der Radachsen beim Feuern und als Rücklaufhemmung einen zwischen der Bettung und dem Lafettenschwanz wirkenden Hydraulikbremszylinder. Außerdem waren sie so ausgelegt, dass sie einlastig im Pferdezug gefahren werden konnten und daher keinen umständlichen Zusammenbau in der Stellung erforderten. Das Wegesystem im Zarenreich - besser gesagt, dessen Nichtvorhandensein - dürfte bei diesen Überlegungen sicher mit eine Rolle gespielt haben.

Das leistungsfähigste Geschütz war noch die **8'' leichte Stahlkanone 92**. Im modernen Sinn handelte es sich hierbei eigentlich um eine Haubitze. Das 17 Kaliber lange Rohr bestand aus einem Kernrohr aus Guss-Stahl, das durch einen Mantel und Ringe verstärkt war und einen zunehmenden Drall aufwies. Seine Masse lag bei 3112 kg. Abweichend von den meisten Geschützen seiner Zeit besaß es einen Rundkeilverschluss mit Ringliderung.

Die hohe Bocklafette ermöglichte einen Höhenrichtbereich von +8 bis +45°. Zum Feuern wurde

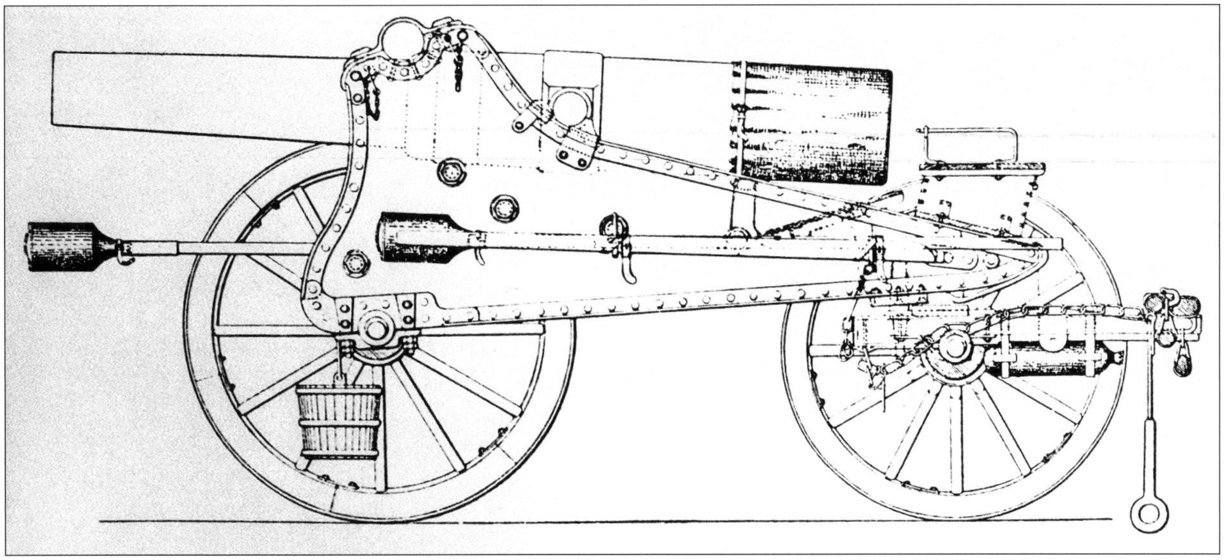

Die hohe Bocklafette der leichten 8″ Stahlkanone 92 zeigt das Rohr zur besseren Gewichtsverteilung zurückgezogen in sein Marschlager.

eine Holzbettung von 1877 kg benötigt, gegen die sich neben der Rücklaufbremse auch die Achsstützen legten. Ein interessantes Detail war, dass das Rohr für den Marsch zurückgezogen wurde und sich mit den Schildzapfen in ein eigenes Marschlager legte, um eine bessere Masseverteilung zwischen der Geschützachse und der unter den Lafettenschwanz geschobenen Protze zu erzielen. Die Masse in Fahrstellung betrug 5576 kg. Beim Marsch über größere Entfernungen konnte das Rohr aber auch getrennt befördert werden. Die Lagerung des Rücklaufzylinders stellte gleichzeitig einen Drehpunkt dar, um den sich das Geschütz auf seinen Rädern um 37° schwenken ließ.

Die *Sprenggranate* von 98,4 kg mit 16,6 kg Sprengstoff erreichte bei 305 m/s eine Höchstschussweite von 8,5 km. Dazu kam eine alte *Pulvergranate* aus Gusseisen von 78,2 kg mit nur 3,5 kg Pulver, 275 m/s und 5,3 km. Schließlich war noch ein *Schrapnell* von 79,9 kg mit den ballistischen Leistungen der Sprenggranate im Einsatz, das mit nur einer Treibladung verfeuert wurde.

Wohl eines der leichtesten Geschütze, das in diesem Buch behandelt wird, war der **8″ leichte Stahlmörser 92**. Auch dieses Rohr aus einem Kern- und einem Mantelrohr war mit einem Rundkeilverschluss ausgestattet. Eine geringe Länge, progressiver Drall und eine Masse von lediglich 1147 kg sind kennzeichnend. Verwendet wurde gleichfalls eine hohe Bocklafette, die Achsstütze und eine leichte Holzbettung von nur 1310 kg, ebenso der Hydraulikzylinder zwischen der Bettung und dem Lafettenende. Um diesen Drehpunkt war ein Seitenrichtbereich von 32° möglich. Infolge der geringen Masse von 2674 kg konnte das Geschütz auch als schweres Feldgeschütz verwendet werden. Der Höhenrichtbereich für das Feuern betrug +20 bis +65°.

Verschossen wurde eine *Sprenggranate* von 108 kg mit nur 183 m/s auf 3,7 km und eine gusseiserne *Pulvergranate* von 78,2 kg mit 6,5 kg Pulver mit 272 m/s auf 5,7 km. Dazu kam noch ein *Schrapnell* von 82 kg. Dies zeigt ganz klar, dass die ballistischen Leistungen für den vorgesehenen Verwendungszweck vollkommen unzureichend waren. Der Preis für die geringe Geschützmasse war einfach zu hoch.

Ganz aus dem Rahmen aller bisher behandelten Geschütze fällt hingegen der **9″ leichte Stahlmörser 92**. Typisch russisch war der Rohraufbau: Ein Kernrohr aus Guss-Stahl, verstärkt durch einen Mantel und Ringe. Das Gleiche gilt für die Kürze des Rohres und den Rundkeilverschluss. All dies führte zu der für sein Kaliber von 228,6 mm geringen Masse von nur 1638 kg.

Die Lafette war hingegen eine rein russische Angelegenheit. Es handelte sich bei ihr um eine Vorderpivot-Rahmenlafette. Ihr Erfinder hieß Durlacher, ein russischer Staatsbürger, auf Grund seines Namens vermutlich ein Baltendeutscher. Das Rohr ruhte in der damals üblichen Oberlafette, die mit ihren vier Rollen auf der Unterlafette zurücklief, wobei entsprechend geformte Krallen das Verlassen der Führung verhinderten. Die Unterlafette war als massiver Rahmen aus Blechen und Winkeln zusammengenietet. Die Rücklaufhemmung erfolgte

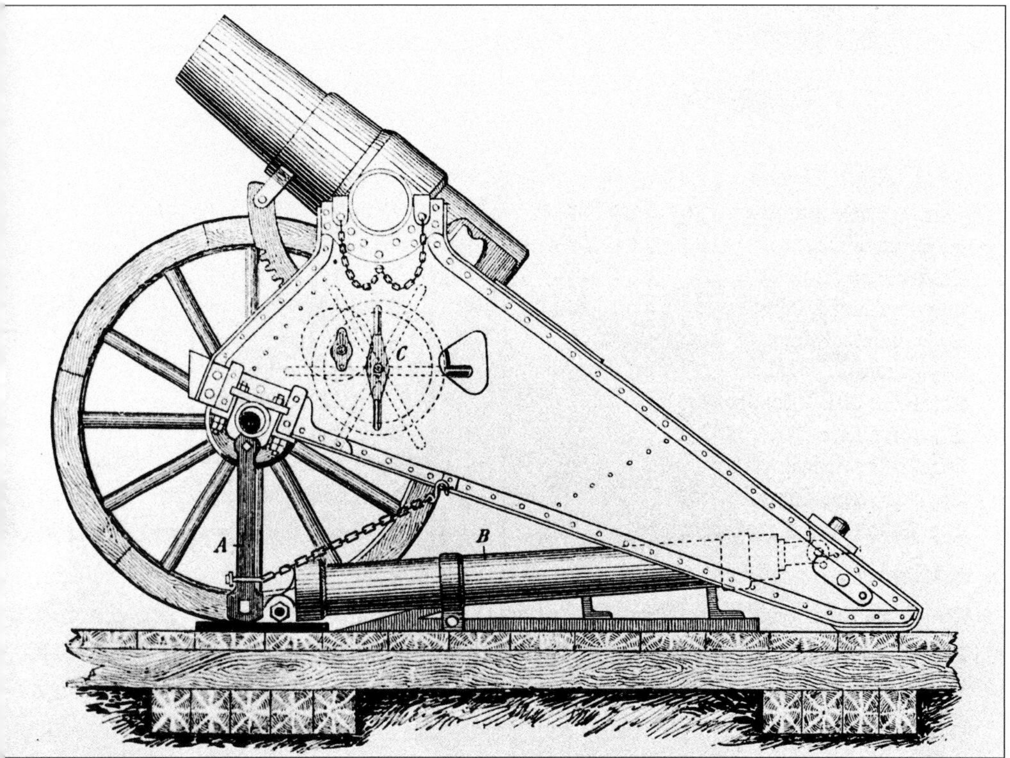

durch das Gleiten auf der nach oben ansteigenden Gleitbahn und einen Hydraulikzylinder. Die Höhe ließ sich von -0 bis +65° richten.

Neu war hingegen die Ausbildung als Vorderpivotlafette auf einem Rollendrehkranz. Am hinteren Ende nahmen zwei Rollen, die auf einer Ringbahn liefen, die vertikalen Kräfte auf. Damit war erstmals bei einem Belagerungsgeschütz ein Seitenrichtbereich von 360° möglich. Eine Seitenrichtskala erleichterte das genaue Nehmen der Schussrichtung. Der gesamte Aufbau zeigte aber deutlich die Herkunft von einem Küstengeschütz.

Ausgehend vom leichten Rohr lag auch die Gesamtmasse bei nur 4360 kg in Feuerstellung und 5450 kg beim Fahren in einer Last. Allerdings ließ sich auch hier das Rohr getrennt befördern.

Der erste Preis, der dafür bezahlt werden musste, war eine vorbereitete Bettung. Sie bestand aus zwei Lagen miteinander verschraubter starker Balken. Oben lag eine Platte, auf welcher der Rollenkranz lief, an der Unterseite war eine starke Gegenplatte angeordnet. Dazu kam noch die Ringbahn für die hinteren Rollen des Rahmens.

Der 8" leichte Stahlmörser 92 besaß eine Achsstütze und eine hydraulische Rücklaufbremse zwischen Lafettensporn und Balkenbettung.

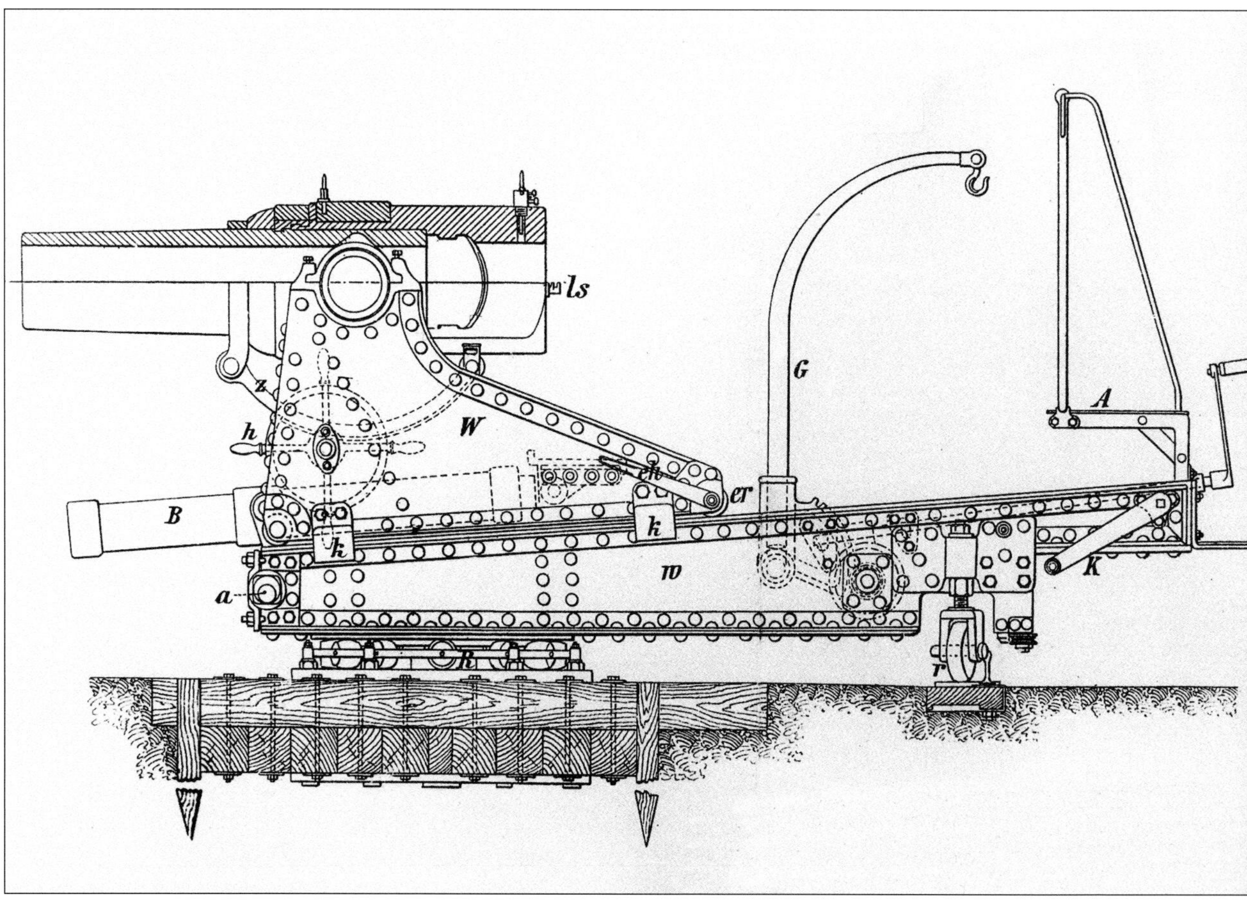

Der 9" leichte Stahlmörser 87 mit einer Vorderpivot-Rahmenlafette für einen Seitenrichtbereich von 360°. Hier ist der Rücklaufbremszylinder zwischen Unterlafette und Rücklaufgleitbahn angeordnet. »A« kennzeichnet den Auftritt für den Geschützführer, von dem er beim direkten Richten die Richtkanoniere anweist.

Das Hochheben der Munition übernahm ein am Rahmen angebrachter Kran. Zur Verfügung standen drei verschiedene Munitionsarten. Eine *Sprenggranate* von 137 kg mit 16,8 kg Sprengstoff erreichte mit einer Anfangsgeschwindigkeit von 183 m/s eine Höchstschussweite von lediglich 3,0 km. Die gusseiserne *Pulvergranate* von 110,9 kg mit 5 kg Pulverfüllung brachte es mit 244 m/s auf immerhin 4,3 km. Dazu kam noch eine ältere *Minenbombe* von 139 kg mit 28,6 kg Sprengstoff und 179 m/s Anfangsgeschwindigkeit. Wie aus den angeführten Schussweiten klar ersichtlich, waren diese schon zum Zeitpunkt der Einführung des Mörsers völlig unzureichend. Das Geschütz musste in Reichweite der gegnerischen Feldgeschütze in Stellung gebracht werden! Dies war zweifellos ein hoher Preis, den die Russen für den Vorteil einer geringen Geschützmasse bezahlt hatten.

Spanien

Nur wenig ist in der breiten Öffentlichkeit darüber bekannt geworden, dass auch Spanien zum Kreis der Hersteller schwerer Geschütze zählte. Andererseits darf nicht vergessen werden, dass das Land an der Schwelle zum 20. Jahrhundert mit seinen über die ganze Welt verstreuten Besitztümern noch zu den größeren Kolonialmächten zählte. Abweichend von den Entwicklungen in anderen Ländern sticht hervor, dass sich vor allem Offiziere in der Geschützentwicklung engagierten.

An erster Stelle ist hier *Teniente Coronel* (Oberstleutnant) *Mata* zu nennen. Er entwarf gegen Ende des 19. Jahrhunderts eine Reihe leichter Mörser, wozu auch der **Bronzemörser 21 cm Mata Modell 1895** zählte. Von diesem 1891 eingeführten Geschütz fertigte die Geschützfabrik Sevilla 16 Stück, die später in den Artillerieparks aufbewahrt wurden. Zu Beginn des Spanischen Bürgerkrieges 1936 wurden einige von ihnen mangels anderer Geschütze wieder in Dienst gestellt und mehrfach eingesetzt.

Das Rohr bestand, wie schon die Bezeichnung vermuten lässt, aus Bronze. Infolge der geringen Rohrlänge von nur 7,8 Kalibern beschränkte sich die Masse auf lediglich 815 kg. Dementsprechend konnte auch die Lafette mit 850 kg sehr leicht gehalten werden. Immerhin ermöglichte sie einen Höhenrichtbereich zwischen +20 und +60°. Das Geschoss von 78,7 kg erreichte bei einer Anfangsgeschwindigkeit von 215 m/s eine Höchstschussweite von 3,89 km. Die Gesamtmasse des Geschützes von nur 1665 kg in Feuerstellung ließ den Transport in einer einzigen Fahrlast zu.

Von größerer Bedeutung war die **Bronzehaubitze 21 cm Plasencia Modell 1885/91**. Sie war ein Kind des *Commandante* (Major) *Plasencia*. Die ersten Erprobungen fanden bereits 1882 statt. Ihre Leistungen entsprachen durchaus denen der Geschütze anderer Länder.

Das Rohr aus Schmiedebronze mit einem Schraubverschluss wies die für seine Zeit beachtliche Länge von 11,6 Kalibern auf. Dem entsprach auch die Masse von stolzen 3010 kg. Dafür konnte sie aber auch mit sechs Teilladungen ein Geschoss von 78,7 kg verfeuern, das es bei einer Anfangsgeschwindigkeit von 310 m/s auf Höchstschussweiten bis zu 6,85 km brachte.

Dabei zeigte dieses Geschütz aber auch ganz klar die Schwäche der spanischen Industrie. Die Fertigung einer eigenen Lafette lag außerhalb ihrer Möglichkeiten. Für die ursprüngliche Ausführung wurde diese daher in Belgien bei der *Société anonyme John Cockerill* in Seraing angekauft. Sie ermöglichte den Einsatz als Mörser durch einen Höhenrichtbereich bis +60°. Die Schwierigkeiten beim Transport führten schließlich dazu, dass sie die Spanier 1891 durch die von der Mailänder Firma *Lerdo* entwickelte eiserne Bocklafette mit Holzrädern ersetzten. Der Höhenrichtbereich änderte sich dabei auf -6 bis +45°. Da das Geschütz in dieser Form eine Gesamtmasse von nur 5765 kg aufwies, ließ es sich in einer Last fahren.

Geschossen wurde von einer Holzbettung. An einem Holzsockel lagerte ein Hydraulikzylinder, der zur Lafette führte. Diese Rücklaufhemmung – eine spanische Entwicklung – verwendeten auch andere Geschütze. Insgesamt stellte das Werk in Sevilla 66 solcher Zylinder her.

Die Spanier setzten das Geschütz vorwiegend im Marokko der 20er-Jahre gegen die Rif-Kabylen des Abd el Krim* ein und stellten es später in den Artillerieparks oder Festungen ab. Bei Ausbruch des Bürgerkrieges wurden einige in Pamplona und San Sebastian vorgefundene Haubitzen reaktiviert und bis zum Kriegsende an den verschiedenen Fronten eingesetzt.

* Eine eindrückliche Schilderung der blutigen und grausamen Kämpfe, zugleich eine Dokumentation der gewaltsamen Auseinandersetzung mit dem Islam, findet sich bei *Jörg Steinert: La Legion*, Motorbuch Verlag, Stuttgart 1997.

Die Zeit bis zum Ersten Weltkrieg

Kennzeichnender Weise verringerte sich in diesem Zeitabschnitt die Zahl der Länder, in denen schwere Geschütze entwickelt und gebaut wurden, weiter. Zu groß waren die Anforderungen an die industriellen Möglichkeiten, andererseits aber auch die finanziellen Lasten durch steigende Entwicklungskosten.

Im Wesentlichen setzte sich nunmehr endgültig der Rohrrücklauf durch. Ausnahmen bildeten nur noch Geschütze, bei denen alte Geschützrohre weiterverwendet wurden oder vereinzelt bei großen Kalibern, für die noch entsprechende Erfahrungen mit dem neuen System fehlten. Die Bronze hatte endgültig bei der Rohrherstellung ausgedient.

Bei den Lafetten lassen sich zwei Hauptentwicklungsrichtungen feststellen. Zum einen gingen vorerst bei den Kalibern knapp über 200 mm, später allmählich auch bei größeren, viele Länder zur Kastenlafette über. Sie ermöglichte einen, wenn auch geringen, Seitenrichtbereich. Moderne Höhen- und Seitenrichtmaschinen führten zu einer Verbesserung der Treffsicherheit. Zum anderen ging der Trend in Richtung einer Bettungslafette, bei der vermehrt Metallbauteile Verwendung fanden. Diese Lafetten wurden fast immer als *Pivotlafette* ausgeführt. Sie verhinderte das Einsinken der Räder in den Boden und damit des Auswanderns des Treffpunktes. Dazu kam noch der gegenüber der Kastenlafette wesentlich vergrößerte Seitenrichtbereich.

Einen erheblichen Einfluss übte natürlich auch der Festungsbau aus. Immer stärkere Forts aus armiertem Beton und entsprechenden Panzerkuppeln erforderten eine verbesserte Wirkung der Granaten. Die Folge waren immer größere Kaliber, die unmittelbar vor dem Kriegsausbruch zu Spitzenwerten führten, die auch später kaum mehr überschritten wurden.

Nur sehr zögernd beschäftigten sich die Länder mit dem Transportproblem. Zuerst Österreich-Un-

Das schwerste vor dem Ersten Weltkrieg gebaute Geschütz war mit einer Masse einschließlich der Bettung von 150 t die kurze Marinekanone 12 oder Gamma-Gerät mit einem Kaliber von 420 mm.

garn, später auch Frankreich und Italien, führten Kraftfahrzeuge als Zugmittel ein. Andere Länder griffen auf mehr oder weniger behelfsmäßige Zugmittel, wie großrädrige Traktoren, dampfgetriebene Schlepper oder sogar Dampfpflüge, zurück. Neben dem Vorteil höherer Marschgeschwindigkeiten und Tagesetappen konnte auch die Zerlegbarkeit zurückgenommen werden, da die Zugkraft wesentlich höher als beim Pferdezug war. Rohrmassen konnten nun in Bereiche vordringen, die ihnen früher verwehrt gewesen waren.

Deutschland

Eine nahezu klassische Entwicklung führte in Deutschland zu einem neuen 21-cm-Mörser. Praktisch gleichzeitig mit der Einführung des veralteten Modelles im Jahre 1899 konnte die *Artillerie-Prüfungskommission II* (A.P.K. II), die für die Fußartillerie zuständig war, dem Kriegsministerium berichten, dass sie mit der Firma *Krupp* und dem Armeekorps (A.K.) in Verbindung getreten war und legte gleichzeitig zwei Entwürfe mit Bettung vor. Sowohl bei *Krupp* als auch der *Artilleriewerkstatt Spandau* bestellte die A.P.K. II 1900 ein Versuchsgeschütz, das sie 1901 erprobte. Weder die *Sockellafette* der Artilleriewerkstatt noch die *Wiegenlafette Vers. 01 Kp* von Krupp genügten den Anforderungen, denn sie stellten sich beide als zu schwer und zu unhandlich heraus. Daraufhin bestellten die Artilleristen bei Krupp ein neues Modell mit Kastenlafette. Die Forderungen liefen auf die Verwendung des vorhandenen Stahlrohres und des Bettungswagens sowie eine Fahrzeugmasse von maximal 4000 kg hinaus. Der **21-cm-Versuchsmörser Nr. 1 Krupp (Kp. 03)** mit einem Kaliber von 211 mm wurde 1903 abgenommen. Das Ergebnis befriedigte abermals nicht. Es handelte sich um ein Rohrrücklaufgeschütz mit zwei unter dem Rohr liegenden Rücklaufbremsen und je zwei danebenliegenden Vorholfedern. Ein im Wiegenträger gelagerter Drehzapfen ermöglichte einen Schwenkbereich von 4°. Obwohl die Schussweite von 7,0 km mit der 120 kg schweren Granate, 17,5 kg Sprengstoff und 10 Teilladungen in Kartuschbeuteln für eine Anfangsgeschwindigkeit von 311 m/s und auch die Masse der beiden Fahrlasten, Rohrfahrzeug 3727 kg und Lafettenfahrzeug 3717 kg, den Forderungen entsprachen, traten verschiedene Mängel auf. Der Mörser war mit 5860 kg zu schwer, zu unhandlich und vor allem nicht standfest genug. Trotz Verwendung von Rohrmatten mit zwischengelegten Stahlplatten, Holzunterlagen und Radgürteln sanken die Räder zu tief ein.

Der 21-cm-Versuchsmörser L/10 Kp. Nr. 2 mit Bedienmannschaft
Seine Rücklauf- und Vorholeinrichtung lag über dem Rohr. Man beachte die Radgürtel.

Als die Artillerie-Prüfungskommission 1906 bei Krupp zwei Batterien des 21-cm-Versuchsmörsers Nr. 3 für den Truppenversuch bestellte, verfügten diese – im Unterschied zu Nr. 2 – über unten in der Trogwiege liegende Brems- und Vorholzylinder. Hinter der Mündung lässt sich die vordere Rohrklaue, die das Rohr auf der Wiege führt, gut erkennen.

Auf Antrag der A.P.K. wurde daher 1905 bei Krupp der **21-cm-Versuchsmörser L/10 Kp. Nr. 2** bestellt und 1906 abgenommen. Immerhin hatte Krupp die Masse in Feuerstellung auf 5200 kg gesenkt. Dazu kam noch, dass sich das Geschütz auch in einer Last verfahren ließ, wobei das Rohr zurückgezogen und verzurrt wurde. Die Rücklaufhemmung erfolgte mittels eines Hydraulikzylinders, um den die beiden Vorholfedern angeordnet waren. Wesentlich war hier aber die Einführung des *veränderlichen Rohrrücklaufs,* nämlich dass die Rücklauflänge von der Rohrerhöhung abhängig war. Der Mörser verschoss eine Granate von 119 kg, die bis zu 10 Teilladungen in einer Kartuschhülse bis auf 288 m/s für eine Schussweite von 7,0 km beschleunigten.

Gleichzeitig hatte Krupp aber auch zwei weitere Modelle konstruiert und gebaut: Einen **21-cm-Versuchsmörser L/10 mit veränderlichem Rohrrücklauf** und der Rohrbremse über dem Rohr, sowie einen **21-cm Versuchsmörser L/10 mit ständig langem Rohrrücklauf** mit Luft- oder Federvorholer unter dem Rohr.

Noch 1906 nahm die A.P.K. den letztgenannten Versuchsmörser ab und bestellte zwei Batterien zu je vier Geschützen für den Truppenversuch. Die Waffe lief nun unter der Bezeichnung **21-cm-Versuchsmörser Nr. 3**. Das Rohr bestand aus einem Seelenrohr mit Mantel and besaß einen Schubkurbel-Keilverschluss. Der Bremszylinder mit den beiden um ihn gelegten Vorholfedern war unter dem Rohr angeordnet. Um den Rücklauf möglichst lang halten zu können, waren die Schildzapfen weit nach hinten verlegt worden, wodurch zwei Federausgleicher gegen die Mündungslastigkeit des Rohres erforderlich wurden. Ballistisch entsprach das Geschütz dem *Versuchsmörser Nr. 2.* Die Masse in Feuerstellung war nur geringfügig auf 5384 kg angewachsen, wobei aber zusätzlich 750 kg für die beiden Radgürtel berücksichtigt werden müssen.

Gleichzeitig legte das Armeekorps drei eigene Entwürfe vor. Es waren dies Mörser mit einer Wiegenlafette mit 1000 mm Rohrrücklauf, einer Schlittenlafette mit 1100/800 mm und veränderlichem Rohrrücklauf sowie einer Wiegenlafette mit 1100/800 mm und veränderlichem Rohrrücklauf mit einem Klappsporn unter der Achse. Dazu kam noch ein Entwurf mit einer Vorrichtung zum Ausschalten der Höhenrichtmaschine, um die Ladestellung schneller einnehmen zu können. Keiner dieser Entwürfe wurde weiter verfolgt.

Da *Ehrhardt* als erster deutscher Geschützhersteller den Rohrrücklauf für Feldgeschütze entwickelt und damit verschiedene Exporterfolge erziel hatte, trat er nunmehr auch in den Wettbewerb um den 21-cm-Mörser ein. 1906 bestellte die A.P.K. daher bei dieser Firma einen erleichterten Mörser, den sie 1908 ankaufte. Dieser **21-cm-Versuchsmörser Rh. L/12 in R.L.** (R.L. = Radlafette) wies gegenüber dem Krupp-*Modell Nr. 3* mehrere Unterschiede auf. Bei gleichen ballistischen Eigenschaften fiel die Vorverlegung der Schildzapfen auf, so

Den bei Ehrhardt zum Vergleich bestellte 21-cm-Versuchsmörser Rh. L/12 in Radlafette kaufte das preußische Heer 1908 an. Er erhielt eine Jackenwiege, in die das Rohr zurücklief.

dass keine Ausgleicher erforderlich waren. Dazu kamen eine verlängerte Oberlafette, der veränderliche Rohrrücklauf und die Anordnung des Bremszylinders mit den beiden daneben liegenden Federvorholern über dem Rohr. Die Masse in Feuerstellung betrug 5710 kg plus zusätzliche 150 kg für Radunterlagen. Diese Werte lagen zwischen denen des Modells von Krupp ohne und mit Radgürtel.

Als nunmehr nach den Truppenversuchen die Einführung des neuen Mörsers unmittelbar bevor-

Auf größere Schussweiten als Rh. L/12 brachte es der 21-cm-Versuchsmörser L/15 von Ehrhardt mit dem jetzt 15 Kaliber (15 x 21 cm) langen Rohr. Auch er besaß noch keine Spreiz-, sondern eine Kastenlafette.

21-cm-Versuchsmörser L/15 mit Protze.

zustehen schien, forderte das Kriegsministerium und der Generalstab plötzlich einen 21-cm-Belagerungsmörser mit einer Schussweite von 9,0 km mit einem Geschoss von 140 kg zum Durchschlagen von 1 m starkem Beton.

Nachdem Krupp vorerst eine Radlafette wegen der hohen Belastung der Räder und Achsen abgelehnt hatte und einen Bettungsmörser vorschlug, schien die Einführung zweier Mörser bevorzustehen. Nachdem sich aber Ehrhardt zum Bau eines solchen Mörsers mit Radlafette bereit erklärt hatte, folgte dann auch Krupp. Beide Firmen erhielten 1908 einen entsprechenden Entwicklungsauftrag.

Der **Versuchsmörser Krupp** wurde 1909 erprobt. Bei einer Rohrlänge von nur 12 Kalibern erreichte er mit einem Geschoss von 120 kg bei 367 m/s eine Höchstschussweite von 9,3 km. Die Rücklaufhemmung erfolgte mittels zweier rechts und links des Luftvorholers liegender Rohrbremsen. Die Masse in Feuerstellung lag einschließlich der beiden Radgürtel (mit zusammen 830 kg) bei 7943 kg.

Der **Versuchsmörser Ehrhardt** verwendete demgegenüber ein 15 Kaliber langes Rohr. Seine Schussleistung mit dem 120-kg-Geschoss betrug 9,4 km bei 340 m/s. Die Rücklaufhemmung, ebenfalls über dem Rohr angeordnet, erfolgte durch einen Bremszylinder in der Mitte und die beiden Federvorholer an den Seiten. Auch hier wäre der Einbau von Luftvorholern möglich gewesen. Die Masse des Geschützes in Feuerstellung betrug 6554 kg, zuzüglich 150 kg für die Radunterlagen.

Während Krupp die Schildzapfen mit den Ausgleichern zurückverlegte und auf den gleich bleibende Rücklauf setzte, bevorzugte Ehrhardt die im Schwerpunkt angeordneten Schildzapfen ohne Ausgleicher sowie den veränderlichen Rücklauf. Der Höhenrichtbereich beim Krupp-Modell lag bei +6 bis +70°, beim Ehrhardt-Geschütz zwischen 0 bis und +65°. Außerdem ersetzte Ehrhardt die Holz- durch Stahlräder.

Durch Beschluss des Armee-Oberkommandos führte die deutsche Artillerie schließlich 1910 das Krupp-Modell als **Mörser** ein. Damit aber die Umbewaffnung der schweren Artillerie und der Belagerungsartillerie bis Ende 1912 durchgeführt werden konnte, erhielten sowohl Krupp als auch Ehrhardts Firma *Rheinmetall* Fertigungsaufträge. Allerdings erklärte sich Krupp nur zum Abtreten der Herstellung der Unterlafette bereit. Die Folge waren später Schwierigkeiten beim Zusammenbau. Immerhin war damit aber nach einer Entwicklungsdauer von zehn Jahren und zehn Versuchsgeschützen ein Abschluss gefunden worden.

Das Rohr mit einer Länge von 12 Kalibern mit Anfangsdrall von 32 und Enddrall von 18 Kalibern sowie seinem Keilverschluss brachte nunmehr 2620 kg auf die Waage. Sowohl der Höhenrichtbe-

Der nach den langen Versuchen schließlich 1910 eingeführte 21 cm Krupp-Mörser, der sich hier beim Schießen samt Bettungsvorderteil in den Boden grub.

reich als auch der Seitenrichtbereich von 4° entsprachen den Werten des Krupp-Modells. Das Ehrhardt-Modell steuerte den Schutzschild und die Stahlräder bei.

Die Masse in Feuerstellung mit den Radgürteln betrug nunmehr 7380 kg. Der Transport erfolgte in zwei Lasten, dem Rohr auf dem Rohrwagen mit 4065 kg und dem Lafettenfahrzeug mit 4455 kg. Die Radgürtel führte ein weiteres Fahrzeug mit.

Der Mörser verschoss die *Granate 96* mit 120 kg und 17,6 kg Sprengstoff mit neun Teilladungen und 367 m/s auf 9,4 km. Eine später eingeführte *Granate 17* gleicher Masse enthielt nur 15 kg Sprengstoff. Dazu kamen *Granaten 14* und *14A* mit 83 kg Masse und Sprengstoffinhalten von 6,3 und 7,7 kg, die allerdings nur mit der 8. Ladung verfeuert werden konnten und demzufolge nur 8,8 km erreichten. Anzuführen ist noch eine Ladevorrichtung, mit der sich auf einer Ladeschale das Geschoss mit der Geschosstrage zum Rohr hochschwenken ließ.

Da schon während der Entwicklung des 21-cm-Mörsers offensichtlich war, dass dieser mit seinen Granaten von 120 kg gegen moderne Befestigungen aus Beton und vor allem gegen bewehrten Stahlbeton keine ausreichende Wirkung erbringen konnte, musste die Artillerie zu größeren Kalibern übergehen. Da parallel an verschiedenen Kalibern gearbeitet wurde, werden nachfolgend die Geschütze nach Kaliber zusammengefasst, um eine gewisse Übersichtlichkeit zu wahren.

Vor allem die A.P.K. drängte darauf, die Geschütze größeren Kalibers mit Radlafetten auszustatten. Dies würde nicht nur den Wegfall der schweren Bettung ermöglichen, sondern gleichzeitig auch das schnellere Instellunggehen. Der erste Schritt war der Übergang zum 28-cm-Kaliber, genau genommen bedeutete dies in Deutschland ein solches von 283 mm. Bereits 1907 hatte Krupp dem *Österreichischen Technischen Militärkomitee* den Entwurf für eine 28-cm-Haubitze in Räderlafette vorgelegt, den das Komitee aber nicht angenommen hatte. Unter Berücksichtigung der mit dem 21-cm-Mörser gemachten Erfahrungen baute Krupp daraufhin das Geschütz auf eigene Rechnung. Unter der Bezeichnung **28-cm-Haubitze L/12 i.R. (Krupp)** wurde es 1910 der A.P.K. vorgeführt und nahm 1911 an Fahrversuchen teil. Als Zugfahrzeuge wurden der Heeresverwaltung gehörende 60 PS-Kraftwagen von Daimler mit Vierradantrieb verwendet. Das einzige gebaute Geschütz ging dann 1914 als *Küstenmörser-Batterie Nr. 7* an die Front.

Das Rohr verfügte über einen verschraubten Deckring, zwei aufgeschrumpfte Klauenringe und einen aufgeschrumpften Hornring, den vorne ein aufgeschraubter Ring hielt. Mit seinem Keilverschluss brachte es 6100 kg auf die Waage. Die Schildzapfen waren dabei im Schwerpunkt von Rohr und Wiege angebracht, so dass sich Ausgleicher erübrigten. Der Bremszylinder und die beiden Luftvorholer lagen über dem Rohr.

Die genietete Kastenlafette ermöglichte einen Höhenrichtbereich von -0 bis +65°, wobei aber nur über +15° gefeuert werden durfte. Die um einen Drehzapfen schwenkbare Oberlafette wies einen Schwenkbereich von nur 4° auf. Dieser ließ sich aber vergrößern, indem der Lafettenschwanz durch einen Zahnbogen mit Ritzel auf dem Bettungssporn um je 3° nach rechts und links bewegt wurde. Oben auf der Lafette saßen zwei Führungsschienen auf denen ein Wagen lief, der das Geschoss zum Verschluss brachte.

Die Masse in Feuerstellung betrug 17.000 kg. Der Transport erfolgte in zwei Lasten, dem Rohrwagen mit 10.200 kg und dem Lafettenfahrzeug mit 10.400 kg, beide Werte einschließlich der Radgürtel. Dazu kam noch ein zusätzlicher Gerätewagen mit den Radbettungen und Radschuhen.

Die *Sprenggranate* von 285 kg enthielt eine Sprengladung von 29,4 kg. Bei Verwendung aller sechs Teilladungen erreichte sie eine Anfangsgeschwindigkeit von 346 m/s und eine Höchstschussweite von 9,7 km.

Da der Zug großer Fahrlasten mit den zur Verfügung stehenden Zugmitteln erhebliche Schwierigkeiten mit sich brachte, griff Krupp 1913 auf das bei den Gebirgsgeschützen bereits bewährte Mittel der Teilung des Rohres zurück. Damit entstand die **zerlegbare 28-cm-Haubitze L/14 i.R. (Krupp)**.

Von der 28-cm-Haubitze L/12 i.R. baute Krupp nur ein einziges Stück.

Das Rohr zerfiel in zwei Teile von 2800 bzw. 2900 kg. Sie wurden durch einen Bajonettring verbunden, der acht Rippensektoren für den hinteren Teil und zwölf Rippensektoren für den vorderen Teil aufwies. Die Verbindung erfolgte durch ein Verdrehen um 30°. Damit war auch ein leichter Austausch unbrauchbar gewordener Bauteile möglich.

Die Lafette wurde durch den Verzicht auf die Oberlafette vereinfacht. Das Seitenrichten erfolgte einzig und allein durch das Schwenken um den Bettungssporn mit 6° nach jeder Seite. Das Geschütz konnte nunmehr zwischen +20 und +65° feuern. Dank der beschriebenen Änderungen senkte sich die Masse in Feuerstellung auf 15.200 kg.

Krupp baute nur eine einzige **zerlegbare 28-cm-Haubitze L/14 i.R. (Krupp)**, die an der Ostfront zum Einsatz kam.

Für den Transport waren verschiedene Möglichkeiten vorgesehen. Im Normalfall erfolgte er in vier Lasten: Rohrfahrzeug I mit 5800 kg, Rohrfahrzeug II mit 6100 kg, Lafettenfahrzeug mit 6000 kg und Sporn- und Wiegenfahrzeug mit 6100 kg. Dazu kam noch der Gürtelwagen mit 4940 kg. Das Geschütz ließ sich aber auch in zwei Lasten, Geschütz mit Sattelprotze ohne Sporn mit 13.900 kg und dem Sporn auf dem Wiegen- und Spornfahrzeug mit 13.970 kg, verfahren. Als dritte Möglichkeit waren drei Fahrlasten möglich: Rohrfahrzeug mit Rohr 9590 kg, Lafette mit Wiege und Sattelprotze ohne Sporn 8210 kg und dem Sporn auf dem Wiegen- und Spornfahrzeug 3970 kg.

Ballistisch entsprach das Geschütz der vorhin beschriebenen *L/12-Haubitze.* Auch der auf der Lafette verfahrbare Geschosswagen war beibehalten worden.

Das nächste Geschütz ist in zweierlei Hinsicht bemerkenswert. Einerseits hatte sich Krupp trotz des Beitrages von Ehrhardt zum 21-cm-Mörser das alleinige Wohlwollen der zuständigen deutschen Stellen erworben und damit weitere Aufträge an diese Firma verhindert, andererseits hatten sich Ehrhardt/Rheinmetall im Exportgeschäft bestens eingeführt. So verwundert es kaum, dass Russland in seinem Bestreben, sein veraltetes Geschützmaterial durch den Ankauf moderner Waffen zu ersetzen, sich an diese Firma wandte.

Ehrhardt konnte daher auf Grund seiner reichen Erfahrung ohne große Vorversuche die **28-cm-Haubitze L/12 i.R. (Ehrhardt)** schaffen. Wegen der russischen Wegeverhältnisse forderte der Käufer, der Beweglichkeit gegenüber der ballistischen Leistung Vorrang einzuräumen.

Das Rohr mit seinem Kaliber von 279,4 mm (11") und einem Keilverschluss war, trotz nahezu

Auch bei der zerlegbaren 28-cm-Haubitze L/14 i.R. (Krupp) blieb es beim Bau eines einzigen Geschützes.

Für Russland baute Ehrhardt diese 28-cm-Haubitze L/12 i.R.

gleicher Rohrlänge wie die der Krupp-Modelle, mit einer Masse von nur 3980 kg wesentlich leichter ausgeführt. Grund dafür war die geringere Belastung beim Schießen. Die Schildzapfen lagen im Schwerpunkt, Bremszylinder und Rohrvorholer über dem Rohr.

Die Lafette wies zahlreiche Neuerungen auf. Ihr Höhenrichtbereich lag zwar im konventionellen Bereich von +20 bis +60°, der Seitenrichtbereich war dagegen wesentlich vergrößert. Einerseits waren schon auf der Lafette 10° möglich, dazu kamen aber noch weitere 30° durch eine neue Lösung. Für die Fahrt waren Radgürtel vorgesehen, geschossen wurde aber ohne sie. Dafür waren unter den Rädern Radunterlagen vorhanden, die Zugstangen mit dem Lafettenschwanz verbanden. Durch ihre Verlängerung bzw. Verkürzung schwenkte das ganze Geschütz.

Wie bereits erwähnt, forderten die Russen vor allem eine geringere Masse. Diese in Feuerstellung von lediglich 11.200 kg. Noch klarer wird dies bei den Fahrlasten. Der Rohrwagen mit dem Rohr wog 6308 kg, die Lafette mit Protze 6516 kg und der Gerätewagen mit den Radbettungen und den Radschuhen 5990 kg.

Die Haubitze verschoss eine schwere 344-kg-*Sprenggranate* mit 30,7 kg Sprengstoff, allerdings lag die Anfangsgeschwindigkeit nur bei 259 m/s und die Höchstschussweite bei 6,0 km. Als Ladehilfe dienten Schienen für den Geschosswagen auf der Lafette, der das Geschoss einer Schwinge zuführte, die es dann hinter den Verschluss brachte.

Das einzige Geschütz lieferte Ehrhardt noch vor August 1914 an Russland. Es ging während des Ersten Weltkriegs verloren.

Die Kalibersteigerung schritt unaufhaltsam voran. Da Krupp vorerst eine Räderlafette für eine 30,5-cm-Waffe ablehnte, schlug die Firma 1907 der A.P.K. ein Geschütz auf einer Holzbettung vor. Deren Forderungen lauteten auf gleiche Wirkung und Beweglichkeit wie beim alten schweren *Küstenmörser L/8*. Die A.P.K. bestellte 1908 und 1909 je ein Geschütz.

Das Ergebnis war der **schwere Küstenmörser 09 (β-Gerät 09)**. Die Masse des Rohrs mit Schubkurbelverschluss, auf eine Länge von 16 Kalibern ausgelegt, war auf 9000 kg angewachsen. Die Rücklaufhemmung übernahmen zwei Bremszylinder und ein Luftvorholer.

Die Pivotlafette des β-Gerätes ermöglichte eine große Feuerhöhe von 2,2 m und Richtbereiche von +43 bis +67° (Ladestellung bei +7°) für die Höhe und 40° für die Seite. Der Preis war eine Masse in Feuerstellung von nicht weniger als 45.300 kg für das Geschütz und 9900 kg für die Bettung. Der Wert lag daher fast beim Dreifachen des nahe gleichzeitig gebauten österreichisch-ungarischen Mörsers gleichen Kalibers (siehe Seite 79). Der

Der schwere Küstenmörser 09 (β-Gerät 09) mit einem Kaliber von 305 mm und einer Masse in Feuerstellung von 45,3 t wurde ursprünglich auf Feldbahnwagen, später hinter Dampfpfluglokomotiven bewegt. Trotz seines Schraubverschlusses blieb Krupp bei der in Deutschland generell verwendeten Hülsenliderung mittels Metallkartuschhülse. Man beachte den Geschosswagen und -aufzug sowie die Granaten.

Transport erfolgte in fünf Lasten, ursprünglich auf Feldbahnwagen mit einer Eigenmasse von je sechs Tonnen, ab 1911 auch auf Straßenwagen von je 4,15 t Eigenmasse hinter Dampfpfluglokomotiven. Die einzelnen Lasten ohne das Transportfahrzeug lagen bei 10.000 kg für das Rohr mit Zubehör, 9700 kg für die Wiege mit Zubehör, 10.900 kg für die Lafette mit Drehscheibe, Hebezeugteilen und Zubehör, 10.000 kg für den Sockel mit Hebezeugteilen, Zubehör und Schild und 10.600 kg für die Bettung mit Hebezeugteilen und Zubehör. Für den Zusammenbau war überdies ein eigenes Hebezeug von 10 t Tragfähigkeit erforderlich. Die 0,82 m tiefe Bettungsgrube maß 7,1 m in der Länge und 3,0 m in der Breite.

Vorgesehen war eine *Panzergranate* von 410 kg mit 11 kg Sprengstoff. Sie erreichte mit acht Teilladungen eine Anfangsgeschwindigkeit von 395 m/s und eine Höchstschussweite von 11,9 km. Dazu kam eine *Langgranate* von 330 bis 333 kg mit 40 bis 42 kg Sprengladung. Sie erreichte mit 418 m/s Schussweiten bis 12,0 km.

Die inzwischen mit der *28-cm-Haubitze L/12 i.R.* gewonnenen Erfahrungen überzeugten Krupp schließlich, dass auch ein ähnliches Geschütz noch größeren Kalibers möglich war. So begann die Firma 1910 mit dem Bau der **30,5-cm-Haubitze L/17 i.R. (β i.R.)**, die 1912 fertig gestellt wurde. 1913 verlangte die A.P.K. kleine Änderungen. Obwohl der Generalstab 20 derartige Geschütze wünschte, erfolgte keine Bestellung durch die Heeresverwaltung. Das einzige vorhandene Geschütz wurde schließlich 1914 übernommen. Obwohl es sich im Krieg im Allgemeinen bewährte, wurden verschiedene Mängel festgestellt. Für das Fahren in schwerem Gelände war es zu schwer. Außerdem kam ein Zielwechsel einem Stellungswechsel gleich, so dass ein Bettungsgeschütz vorgezogen worden wäre.

Das Rohr war als Mantelrohr mit der inneren Einrichtung des *schweren Küstenmörsers 09,* aber mit einem Keilverschluss ausgebildet. Trotz des längeren Rohres sank aber die Masse auf 8760 kg. Die Wiege lagerte im Schwerpunkt und hatte oben und unten je einen Bremszylinder und einen Luftvorholer.

Die Lafette ermöglichte einen Höhenrichtbereich zum Schießen von +30 bis +75°, mit der Ladestellung bei +14°. Die Geschosszuführung erfolgte durch einen Geschosswagen, der auf ebenfalls mit 14° ansteigenden Schienen der Lafette lief, was dem Winkel der Ladestellung entsprach. Der Seitenrichtbereich der Oberlafette war auf 4° begrenzt, wozu aber zusätzliche 6° durch das Verschieben des Lafettenschwanzes auf dem Bettungssporn hinzukamen.

Die Masse in Feuerstellung betrug 24.500 kg, wozu noch Radgürtel von 1370 kg und Radunterlagen von 1400 kg kamen. Gezogen wurde das Geschütz in zwei Fahrlasten, dem Rohrwagen mit dem Sporn und den Radgürteln mit 13.500 kg sowie der Lafette mit Radgürteln mit 13.600 kg. Dazu kam noch ein zusätzlicher Gerätewagen mit 11.400 kg.

Die Haubitze verschoss die gleichen Granaten wie der *schwere Küstenmörser 09,* wobei die Anfangsgeschwindigkeit der *Langgranate* auf 400 m/s und die Höchstschussweite auf 11,7 km abfielen.

Krupp legte noch 1914 den Entwurf für eine zerlegbare 30,5-cm-Haubitze mit den Höchstlasten der β *i.R.* vor, der aber zufolge des Ausbruchs des Ersten Weltkrieges nicht mehr ausgeführt wurde.

Der A.P.K. war bereits vor 1906 klar geworden, dass selbst das 30,5-cm-Kaliber nicht mehr ausreichen würde, um die französischen Panzertürme der Festungen mit ihren 30 cm dicken Nickelstahl-Panzern und an die 3 m dicken Betondeckungen wirkungsvoll zu bekämpfen. Der Generalstab forderte deshalb ein schwerstes Geschütz, für dessen Beweglichkeit der Vollbahntransport bis in die Feuerstellung ausreichte. Der Entwurf von Krupp für einen 35-cm-Mörser wurde abgelehnt, da die A.P.K. eine Geschossmasse von 1200 kg forderte. Auf eigene Kosten entwickelte und baute die Firma dann das Geschütz und führte 1909 das erste Gerät mit einem Kaliber von 420 mm als **kurze Marinekanone 12** oder **42-cm-Mörser L/16** oder γ-**Gerät** vor. Schwierigkeiten ergaben sich vor allem bei der Wahl entsprechender Granaten, was die Einführung bis Ende 1910 verzögerte. Auf die Bestellung eines zweiten Geschützes folgte dann 1912 eine weitere über drei. Im Laufe des Ersten Weltkrieges bestellte das Heer zusätzliche Geschütze nach, wovon Krupp zehn Geschütze und 18 Rohre lieferte, Letztere als Ersatz für zerstörte Rohre.

Das Rohr bestand aus einem Seelen- und Mantelrohr, die durch einen aufgeschraubten Deckring verbunden waren. Dem Zeitpunkt der Entwicklung entsprechend war ein Schraubverschluss vorgesehen. Geändert wurde im Laufe der Fertigung der Drall. Während die beiden ersten Geschütze einen Anfangs- und Enddrall von 45 und 25 Kalibern aufwiesen, ging man später zu 40 und 20 über. Die Gesamtmasse des Rohres lag bei 22.000 kg.

Der Rücklaufhemmung dienten zwei über dem Rohr angeordnete Hydraulikzylinder, der Luftvorholer mit seinen zwei seitlichen Verdrängungszylin-

Eine wesentliche Verbesserung der Beweglichkeit stellte dank ihrer Radlafette 1912 diese 30,5-cm-Haubitze L/17 i.R. (β i.R.) von Krupp dar.

Die 30,5-cm-Haubitze L/17 i.R. in Feuerstellung an der Westfront beim Ansetzen des Geschosses.

dern lag unter dem Rohr. Da die Schildzapfen im Schwerpunkt von Rohr und Wiege lagen, konnte man auf Ausgleicher verzichten.

Die Lafette ruhte auf einer Drehscheibe, die sich auf dem Pivotsockel bewegte. Sowohl das Richten der Höhe als auch der Seite nach war mit einem schnellen und einem langsamen Gang möglich. Die Rohrerhöhung für das Feuern war mit +43 bis +66° gegeben, der Seitenrichtbereich mit 45°. Die Masse des Geschützes in Feuerstellung betrug nicht weniger als 105.000 kg, wobei noch die zweiteilige Bettung mit 45.000 kg hinzukam.

Der Transport eines derart schweren Geschützes stellte ein Problem dar. Erforderlich waren zehn Eisenbahnwagen mit einer Tragfähigkeit von 20 bis 25 t. Es waren dies je zwei für die Bettungshölzer und die Hebezeuglaufbahn sowie die Bettung, je einer für das 25 t-Hebezeug mit dem Transportgestell, den Pivotsockel mit Zubehör, die Lafette mit Drehscheibe, die Wiege mit dem Schild und einer Luftpumpe, das Rohr und schließlich den Munitionsaufzug mit der Plattform. Insgesamt ergab sich damit eine Gesamtmasse für den Transport von nicht weniger als 327,5 Tonnen.

Das Instellunggehen erforderte etwa 24 Stunden, je die Hälfte für das Ausheben der Bettungsgrube und den Zusammenbau. Nach dem Ausheben der Bettungsgrube und dem Verlegen der Gleisanlage brachten die ersten beiden Wagen die Hölzer für den Unterbau der Bettung und die Laufbahn für das Hebezeug. Mit einem Zweibein wurde das schwere Hebezeug entladen. Es folgten die hintere Bettungshälfte, die Träger für den Munitionsaufzug, die vordere Bettungshälfte, die vordere Konsole der Bettung. Dann kamen das Pivot, die Lafette mit der Drehscheibe, die Wiege, das Rohr, der Geschossaufzug, die Plattform und schließlich die Munitionsbahn. Der Munitionsaufzug war nicht zuletzt deshalb erforderlich, da die Feuerhöhe immerhin 3,4 m betrug. Die Lasten wurden vorerst hinter der Bettung abgeladen und erst dann mit dem auf den neben der Bettung liegenden Schienen laufenden Hebezeug über die Bettung gefahren.

Bei der Munition ergaben sich im Laufe der Zeit noch verschiedene Änderungen. Unverändert blieb die *Panzergranate* mit 1160 kg und 25 kg Sprengstoff. Sie erreichte mit sieben Teilladungen eine Anfangsgeschwindigkeit von 400 m/s und eine Höchstschussweite von 12,5 km. Die *Langgranate* von 920 kg wurde hingegen verkürzt, womit ihre Masse auf 800 kg abfiel. Sie erzielte bei 450 m/s Schussweiten bis 14,1 km. Schwierigkeiten ergaben sich aber mit der Sprengladung von 144 kg. Daher wurde diese in der Folge durch das Einziehen eines Zwischenbodens auf 100 kg verringert.

Ballistisch entsprach das Geschütz den Anforderungen der A.P.K. Sie bemängelte dagegen den zu geringen Seitenrichtbereich und die Abhängigkeit von der Vollbahn. Zur Behebung des letztgenannten Mangels schlug die A.P.K. vor, die Eisenbahnwagen auf Rollböcke der Feldbahn zu setzen. Insgesamt forderte die Truppe aber den Ersatz durch 42-cm-Waffen in Räderlafette.

Die letzte hier behandelte Konstruktion aus der Zeit vor dem Ersten Weltkrieg stellte schließlich die **kurze Marinekanone 14** dar, auch **42-cm-Mörser i.R.** oder **M-Gerät** genannt. Das Geschütz hatte eine turbulente Vorgeschichte. Die erste Planung sah einen Minenwerfer mit einem dünnwandigen Geschoss und großer Sprengladung zur Zerstörung von Drahthindernissen vor (daher der Buchstabe »M«, er stand ursprünglich für *Minenwerfer*. Diese Bezeichnung wurde aus Tarngründen ebenso beibehalten wie »Marinekanone«). Krupp schlug vorerst ein Minenwerfergeschütz mit Rohrrücklauf von 2500 kg vor, das 125 kg schwere Geschosse mit 50 kg Sprengladung auf 3000 m verfeuern konnte. Die nächste Stufe waren drei 30,5-cm-Minenwerfer-Mörser mit Rohrrücklauf, die bei einer Masse von 3300, 3140 und 3000 kg Geschosse von 255 kg und 100 kg Sprengladung auf Entfernungen von 1,8, 1,4 und 1,0 km werfen konnten. Dazu sollten vorhandene 24-cm-Rohre aufgebohrt werden. Es folgte der Vorschlag eines 42-cm-Minenwerfers von 21.950 kg für Geschosse von 700 kg mit 200 kg Sprengladung. Als die A.P.K. schließlich eine Schussweite von über 7,0 km forderte, schlug Krupp einen 42-cm-Minenwerfer (oder 42-cm-Bom-

Erst unmittelbar vor Beginn des Ersten Weltkrieges wurde die kurze Marinekanone 14 oder das M-Gerät ebenfalls im Kaliber 420 mm fertig gestellt. Die dankbare Infanterie taufte sie nach Bertha von Krupp »Dicke Bertha«. Man beachte die klappbaren Stützen, die ein Vorkippen des Geschützes beim Rohrvorlauf verhindern sollten.

bengeschütz) vor. Dieser sollte bei einer Masse in Feuerstellung von 32.300 kg nunmehr Geschosse von 820 oder 600 kg mit Sprengladungen von 150 oder 100 kg auf Schussweiten von 9,0 und 10,5 km verschießen. Als Vorbild für diese Entwicklung diente die *30,5-cm-Haubitze L/17 i.R.*

Nach Prüfung dieses Vorschlages bestellte die A.P.K. dann 1912 das erste *M-Gerät*, das zweite ein Jahr später. Im Verlauf des Krieges kamen noch zehn weitere hinzu. Das Steilfeuergeschütz mit Räderlafette wurde 1914 zur legendären »Dikken Bertha«, wie die Truppe den schweren Mörser nach der Frau des Industriellen Alfred Krupp liebevoll taufte.

Die Wahl der Geschosse bereitete Schwierigkeiten. Nachdem sich eine Granate mit einer Länge von 3,9 Kalibern nicht bewährt hatte, wurden schließlich eine *Langgranate L/3,6* mit 810 kg, 144 kg Sprengladung ohne Zwischenboden und die *M-Granate n/A* mit 800 kg und 100 kg Sprengladung mit Zwischenboden eingeführt. Beide erreichten mit einer Anfangsgeschwindigkeit von 333 m/s eine Höchstschussweite von 9,3 km. Ab 1917 kam dann noch eine *kurze M-Granate* mit Haube von 400 kg und 50 kg Sprengstoff hinzu, bei der sich bei 500 m/s eine Schussweite von 12,25 km ergab.

Das 13.400 kg schwere Vollrohr besaß einen Keilverschluss. Die im Schwerpunkt gelagerten Schildzapfen waren mit einer Schildzapfenentlastung ausgestattet, wie sie vor allem von französischen Geschützen bekannt war. Oberhalb und unterhalb des Rohres befanden sich je ein Bremszylinder und ein Luftvorholer.

Die einteilige Lafette ermöglichte einen Höhenrichtbereich von -0 bis +65°, wobei -0° gleichzeitig die Ladestellung war. Das Richten nach der Seite über einen Bereich von 20° nahm die Bedienung ausschließlich durch Schwenken auf dem breiten Sporn vor. Beide Bewegungen ließen sich mit einem schnellen und einem langsamen Gang ausführen. Beim Feuern stand das Geschütz mit seinen Rädern, mit oder ohne Radgürteln, auf einer kleinen Bettung, die Drahtseile mit dem Sporn verbanden. Diese Eisenbettung war erst eingeführt worden, nachdem sich Rohrmatten mit 30-mm-Blechen nicht bewährt hatten. Ein an der linken Lafettenseite angeordneter Drehkran hob die Geschosse. Ein Kuriosum stellten die beiden klappbaren Stützen vorn an der Lafette dar, die ein Kippen des Geschützes beim Rohrvorlauf verhindern sollten.

1914 bestätigten Fahrversuche, dass nur die Dampfpfluglokomotiven die Einzellasten bewegen konnten. Da das Heer aber keine besaß, glaubte man für die wenigen schwersten Geschütze mit derartigen aus dem zivilen Bereich stammenden Zugmitteln auszukommen. Dabei wählte man für die Lafette eine Protze, die auch für den Pferdezug eingerichtet war! Die Massen der einzelnen Fahrlasten betrugen ohne die Radgürtel (mit diesen in Klammer), Rohrwagen 17.800 kg (19.900), Lafettenfahrzeug mit Protze 15.500 kg (18.300) und das Spornfahrzeug mit der Wiege 18.100 kg (21.000). Dazu kam noch der Bettungswagen mit 17.200 kg.

Interessant ist aber auch, welchen Stellenwert die deutsche Artillerie ihren schwersten Geschützen einräumte. Allgemein bekannt ist, dass praktisch in allen Heeren der Munitionsverbrauch in den Anfangsmonaten des Ersten Weltkrieges weit über den früher eingeschätzten Werten lag. So besaß das deutsche Heer für seine insgesamt zehn schweren Küstenmörser der beiden Modelle des Kalibers 30,5 cm lediglich 1000 Schuss, damit also 100 pro Rohr. Beinahe noch krasser waren die Verhältnisse bei den beiden Modellen der *kurzen Marinekanonen* des Kalibers 42 cm. Hier standen für die fünf plus zwei Geschütze nur 330 Schuss zur Verfügung, also ganze 47 pro Geschütz.

Diese genügten aber durchaus, um 1914 die gefährlichen belgischen und französischen Sperrforts niederzuringen. So zertrümmerten betonbrechende Granaten die massiven Aufbauten der Festungen und pulverisierten ihre Ziegelsteinmauern förmlich. Die »Dicke Bertha« (*kurze Marinekanone 14* oder *M-Gerät*) verdankt einen wesentlichen Teil

Die »Dicke Bertha«, auch 42-cm-Mörser (Krupp) genannt, mit höchster Rohrerhöhung. Das schwere Geschütz sprach 1914 bei der Zerschlagung der als schier uneinnehmbar geltenden belgischen und französischen Sperrforts ein gewichtiges Wort.

ihres Ruhms dem Einsatz bei der fahrbaren *Batterie Wesener*, die von August bis Oktober 1914 zehn Forts, darunter Lüttich, durch genauen und taktisch durchdachten Beschuss ausschaltete. Auch die beiden Batterien *Solf* und *Becker* , die aufgrund ihrer festen Bettungen wesentlich unbeweglicher waren, schrieben in Belgien und Lothringen mit ihren γ-Geräten (*kurze Marinekanone 12*) Artilleriegeschichte, wobei aber nicht die Hilfe der österreichisch-ungarischen Armee mit acht 30,5-cm-Mörsern vergessen werden soll!

Frankreich

Im Unterschied zu Deutschland fand in Frankreich zwischen 1900 und dem Ausbruch des Ersten Weltkrieges keine systematische Entwicklung schwerer Geschütze zu eigenen Zwecken statt. Vielmehr entwickelten die Franzosen Geschütze für das Zarenreich, was zweifellos in den Leistungsmängeln der russischen Industrie begründet lag. Nach dem russisch-japanischen Krieg 1904 war deren Schwäche derart offensichtlich geworden, dass der Ankauf schwerer Geschütze im Ausland erforderlich wurde. Wie geschaffen als Ansprechpartner war natürlich Frankreich, das nach der Bismarck-Ära Gelegenheit erhielt, sich mit Russland zu verbünden und dadurch Deutschland und Österreich einzukreisen. Selbst die französische Literatur führt an, dass dies ein Glücksfall war, da die derart entwickelten Modelle die Grundlage für mehrere später für die französische Armee gefertigte Geschütze des Ersten Weltkrieges bildeten.

Die 1911 vorgestellte Artilleriezugmaschine von Chatillon-Panhard konnte Lasten bis 15 t befördern.

Die Wurzeln der ersten hier behandelten Waffe liegen aber an anderer Stelle. Sie entstand durch die Einführung des Motorkraftzuges. Auf Anregung des bekannten Oberst *Deport* arbeitete die französische Industrie ab 1910 an Artilleriezugfahrzeugen. Bereits 1911 stellte die Firma *Chatillon-Panhard* eine allradgetriebene Zugmaschine vor. Angetrieben von einem 29 kW (40 PS)-Motor erreichte sie eine Höchstgeschwindigkeit von 17 km/h. Sie zog Lasten bis zu 15 t, allerdings fiel dabei die Geschwindigkeit auf 8 km/h ab. Eine erste Bestellung der Armee umfasste dann gleich 50 Stück. Dieses Fahrzeug bewährte sich im Krieg sehr gut. Ergänzt wurde es später durch Artilleriezugmaschinen von *Latil,* einer Firma, die bis zum Zweiten Weltkrieg derartige Fahrzeuge in laufend verbesserter Form fertigte.

Auch dem **Mörser 220 mm Mle. 1880 auf Plattform Schneider** lag die Nutzung des neuen Kraftzuges mit seinen maximal zulässigen Lasten von bis zu 15 t zu Grunde. Damit wurde also die Zerlegung in mehrere Fahrlasten überflüssig. Es handelte sich um eine typisch französische Konstruktion. Einerseits wurden vorhandene alte Bauteile – darunter das Rohr – verwendet, andererseits kamen neue Ideen zur Verbesserung hinzu. Die Oberlafette erfuhr geringe Änderungen, wodurch ihre Masse um 570 kg anstieg. Der Höhenrichtbereich ging nun bis +65°. Dazu kam ein Rahmen, der einen Rücklauf bis zu 1,31 m Länge zuließ. Den Rücklauf bremste einerseits die nach rückwärts ansteigende Laufbahn auf dem Rahmen, andererseits ein Hydraulikzylinder. Ein neues Bauelement war dagegen ein hydraulischer Puffer, der den Vorlauf in die Schuss-Stellung einleitete. Das Wichtigste war aber die Ausbildung als Mittelpivotlafette. Dabei bewegte sich der Rahmen mittels zweier gefederter Rollenpaare auf der Plattform um den Pivotzapfen. Beim Schuss wurden die Federn zusammengedrückt und der Rahmen lag damit satt auf der Plattform auf.

Wesentlich waren drei auf Spindeln gelagerte Räderpaare am Rahmen, zwei auf der Rohrmündungsseite und eines am rückwärtigen Ende. Alle drei waren gefedert, um Stöße beim Fahren abzufangen. Mittels Ratschen konnten die Spindeln gedreht werden und bewirkten so das Absenken und Abheben des Geschützes mit seiner Plattform vom Boden. Als Sicherung gegen Verschieben war Letztere mit Spaten versehen, die durch die Plattform-

Dank des Kraftzuges ließ sich der hier in Feuerstellung gezeigte Mörser 220 mm Mle. 1880 auf Plattform Schneider in einer einzigen Last befördern.

masse in den Boden gedrückt wurden. Gleichzeitig ergab sich aber noch ein weiterer Vorteil. Nach dem Absenken der Räder, und damit dem Abheben der Plattform vom Boden, konnte diese unter dem Rahmen um 90° nach jeder Seite verdreht werden, so dass sich in jeder Feuerstellung ein Seitenrichtbereich von insgesamt 204° ergab.

Die Gesamtmasse lag sowohl in Feuer- als auch in Fahrstellung bei 12.600 kg. Sie setzte sich zusammen aus dem Rohr mit 2150 kg, der Oberlafette mit 2000 kg, dem Rahmen mit den Rädern mit 5700 kg und der Plattform mit 2750 kg. Der Gesamtwert lag damit unter den 15 t, die von der Zugmaschine bewegt werden konnten. Die höchstzulässige Fahrgeschwindigkeit war 10 km/h.

Der russische Auftrag ging 1907 bei der Firma *Schneider* ein. Er lautete auf die Konstruktion einer *8'' (203 mm) Belagerungshaubitze* und je eines *9'' (228,6 mm)* und *11'' (279,4 mm) Belagerungsmörsers.* Bei Schneider liefen dann die Geschütze unter den Kaliberbezeichnungen *21, 24* und *28 cm* und als *Modell 09.* Schneider stellte alle drei Prototypen bis 1913 fertig, einschließlich der Erprobung. Russland kaufte 1912 ein Geschütz des größten Kalibers und bestellte je weitere acht im Herbst 1912 und Sommer 1913. Nach den vorliegenden Unterlagen dürfte aber nur das erste Geschütz das Zarenreich erreicht haben, wo es 1913 in Otchakoff erprobt wurde. Die beiden Prototypen der kleineren Kaliber wurden dagegen nicht angekauft und im Ersten Weltkrieg an die belgische Armee abgegeben. Im Folgenden werden die drei Geschütze unter der Werksbezeichnung behandelt.

Maßgebend und charakteristisch für russische Verhältnisse war vor allem die Forderung nach einer geringen Masse, wie dies schon die **21 cm Belagerungshaubitze L/13** zeigt. Das Rohr mit seinem Schraubverschluss wog nur 2135 kg, war also wesentlich leichter als die vergleichbaren Geschütze anderer Länder. Auch die Wiege wich von anderen Konstruktionen ab. An Stelle der sonst üblichen *Jackenwiege* war eine *Trogwiege* großer Länge vorgesehen, die gleichzeitig Rücklaufbremse und Vorholer aufnahm. Dazu kam ein 6 mm starker Schutzschild, der damals bei derartigen schweren Geschützen noch nicht die Regel war.

Die Oberseite der Kastenlafette war an der Oberseite sehr weit nach hinten ausgeschnitten, da nicht nur das rücklaufende Rohr, sondern auch die Wiege zwischen den Lafettenwänden bewegt werden musste. Dazu kam, dass der Seitenrichtbereich mit 6° größer als bei den etwa gleichzeitig ge-

Für Russland entwickelte Schneider eine 8" Belagerungshaubitze, die die Werksbezeichnung 210 mm Modell 09 erhielt. Trotz ihres Schraubverschlusses liderte auch sie mittels der im Vordergrund sichtbaren Metallkartuschhülsen.

bauten 21-cm-Mörsern anderer Länder ausfiel. Der Höhenrichtbereich ging von -0 bis +43°, mit Ladestellung bei +10°. Interessant waren auch noch zwei Plattformen an jeder Lafettenseite, die der Bedienung einen leichteren Zugang gewährten. Die sehr breiten Räder ermöglichten ein Feuern ohne Radunterlage.

Die Masse in Feuerstellung war mit 5375 kg verhältnismäßig gering, vor allem, wenn man die (nachfolgend geschilderten) ballistischen Leistungen berücksichtigt. Der Transport erfolgte natürlich im Pferdezug in zwei Lasten. Mit den zugehörigen Protzen lagen die Massen bei 3870 kg für das Rohrfahrzeug und 3895 kg für das Lafettenfahrzeug.

Die ballistischen Leistungen waren trotz der geringen Geschützmasse beachtlich. Wenn auch die Geschossmasse mit nur 98 kg unter den üblichen Werten lag, konnten dafür bei 335 m/s Anfangsgeschwindigkeit Schussweiten bis 8,6 km erreicht werden.

In seinem Aufbau unterschied sich der **24 cm Belagerungsmörser L/12** nur wenig von der oben beschriebenen Haubitze. Natürlich waren die Massen angestiegen, aber nicht wesentlich. Die des Rohres lag nun bei 2200 kg, die des Geschützes in Feuerstellung bei 5600 kg. Selbst der Seitenrichtbereich blieb gleich, lediglich der Höhenrichtbereich lag jetzt entsprechend der Auslegung als Mörser bei +10 bis +60°. Im Unterschied zum 21-cm-Mörser waren die Räder schmäler ausgebildet, weshalb beim Feuern Radunterlagen vonnöten waren, da überdies bei der großen Rohrerhöhung die Vertikalkomponente der Kräfte anstieg.

Bei den Massen der Fahrlasten gelangen sogar geringfügige Reduzierungen. So lag die Masse des Rohrfahrzeugs bei 3250 kg, des Lafettenfahrzeugs bei 3850 kg. Der Preis für all diese Einsparungen zeigte sich in der Leistung: Ein Geschoss von 140 kg erreichte bei einer Anfangsgeschwindigkeit von nur 275 m/s eine Höchstschussweite von lediglich 6,4 km.

Auch für den **28 cm Belagerungsmörser L/12** (genaues Kaliber: 279,4 mm) gelten die angeführten Kriterien. Die geringe Masse der Fahrlasten stand an erster Stelle. Das Rohr, bestehend aus einem Seelenrohr mit einem vorderen und hinteren Mantelrohr, wies samt seinem Schraubverschluss eine Masse von lediglich 3936 kg auf. Die unter dem Rohr angeordnete Wiege mit 3874 kg enthielt die beiden Bremszylinder und dazwischen den Luftvorholer. Auch die Lafette war mit 3030 kg sehr leicht gehalten, ermöglichte aber mit einer Ladestellung bei +10° einen Höhenrichtbereich von +20 bis +60°. Der Bereich der Seite nach lag bei 20°. Das Geschütz war als Pivotlafette ausgebildet. Eine nähere Beschreibung kann hier entfallen, da der nachfolgend behandelte Mörser der französischen Armee praktisch baugleich war.

Entsprechend den geringen Einzelmassen der vier Fahrlasten kam der Pferdezug infrage: 4916 kg für das Rohrfahrzeug, 4830 kg für das Wiegenfahrzeug, 3960 kg für das Lafettenfahrzeug und 5090 kg für das Bettungsfahrzeug. Der Masse in Feuerstellung von 15.236 kg standen 18.796 in Fahrstellung gegenüber.

Größeren Wert legten die Konstrukteure hingegen auf eine hohe Geschossmasse. So gab es eine 275 kg schwere *Sprenggranate,* die es bei 320 m/s auf 8,3 km brachte. Eine 344 kg schwere *Panzergranate* erreichte mit 256 m/s noch 6,2 km. Der Vergleich mit dem Modell der französischen Armee zeigt, dass die Russen eine höhere Geschossmasse einer größeren Schussweite vorzogen.

Der auf dem für Russland entwickelten Modell basierende **Mörser 280 mm Mle. 1914** hatte gleichfalls ein Kaliber von 279,4 mm. Obwohl ihn die französische Armee bereits 1914 eingeführt hatte und das erste Geschütz bei Kriegsbeginn zum Einsatz kam, folgten die Seriengeschütze erst ab 1916. Immerhin waren im Juli 1918 bereits 117 Stück vorhanden, von denen 1940 noch 109 zur Verfügung standen.

Im Vergleich zu der für Russland gebauten Ausführung wurde der Aufbau des Rohres und der Wiege beibehalten, die gesamte Ausführung aber verstärkt, was sich in einer Rohrmasse von 4100 kg und einer Masse in Feuerstellung von 16.220 kg auswirkte.

Angestiegen waren der Höhenrichtbereich bis auf +65° und der nach der Seite auf insgesamt 44°. Das Geschütz zeigte wieder typisch französische Eigenheiten; darunter durch Tellerfedern gefederte Schildzapfen, die sich erst beim Schuss auf ihre Lager legten. Ähnliches galt für den in der Plattform gelagerten Pivotzapfen, der mittels umgebender Tellerfedern die Lafette anhob, um deren Reibung beim Schwenken zu verringern. Auch die beiden Rollen am hinteren Lafettenende, die auf einer Rollbahn liefen, federten Tellerfedern ab. Für das Seitenrichten sorgte die Richtmaschine am linken Lafettenende. Sie trieb über ein Winkelgetriebe das Ritzel an, das in das Zahnkranzsegment an der Plattform eingriff.

Die Plattform bestand aus einem Stahlkasten, der auf den Boden gelegt wurde. An der Unterseite

Oben: Ebenfalls für Russland baute Schneider den 9″ Belagerungsmörser, der unter der Bezeichnung 240 mm M 09 lief.

Unten: Aus diesem von Russland bei Schneider bestellten 11″ Belagerungsmörser mit Ladekran entstand später der französische Mörser 280 mm Mle. 1914. Man beachte den Ladekran und den gewaltigen Schutzschild.

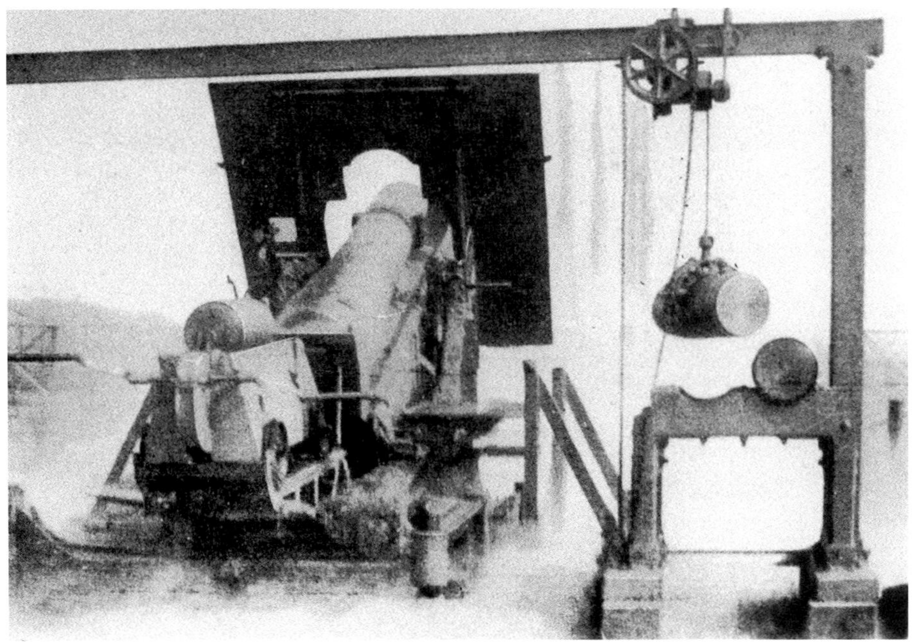

Der französische Mörser 280 mm Mle. 1914 mit Geschosstransportwagen baute auf dem für Russland entwickelten Belagerungsmörser auf.

befand sich ein leichter Zusatzkasten, der in eine vorher ausgehobene Grube gesenkt wurde und so die Aufgabe eines Sporns zur Aufnahme der Längskräfte übernahm. Zusätzlich waren an den rückwärtigen Enden der Plattform noch ausschwenkbare Stützarme mit Spindeln und großen Stütztellern zur Entlastung angebracht.

Die Ladehilfe am Lafettenende bestand aus einer Konsole mit Schwenkkran und Schienen. Auf einem Schmalspurgleis führte ein Fahrwagens das Geschoss heran und hob es mit dem Kran auf einen Ladewagen. Die Ladekanoniere schoben ihn auf Schienen auf der Rohrwiege bis zum Verschluss. Das Einführen des Geschosses erfolgte mittels einer Gelenkkette *Bauart Gall,* die über ein mit Handrädern angetriebenes Kettenrad bewegt wurde.

Bei der Munition räumten die Franzosen – im Unterschied zu den Russen – der Schussweite den Vorrang ein. Zur Verfügung standen zwei *Sprenggranaten* von 205 kg, aber mit unterschiedlichen Sprengladungen von 36,3 und 63,6 kg. Bei 13 Teilladungen und einer Anfangsgeschwindigkeit von 418 m/s erreichten sie eine Schussweite von 10,95 km. Eine *Panzergranate* von 275 kg mit 49,4 kg Sprengladung und neun Teilladungen kam hingegen nur auf 315 m/s und 8,3 km.

Zum Transport wurde das Geschütz in vier Fahrlasten zerlegt, wobei aber – dank des Kraftzugs – die Einzelmassen nicht mehr stark beschränkt waren. Mit einem Rohrfahrzeug von 6150 kg, dem Wiegenfahrzeug von 6180 kg, dem Lafettenfahrzeug von 5710 kg und dem Plattformfahrzeug von 6780 kg ergab sich eine Gesamtmasse von 24.820 kg. Alle vier Bauteile wurden auf je einer Achse und mit einer kleinen Protze befördert.

Das Instellunggehen verlief recht umständlich. Nach dem Ausheben der Grube für den Unterkasten stellte die Bedienung ein eigenes Hebezeug auf, bestehend aus zwei Längsplatten mit vier verspannten Stehern. Zwischen je zwei Stehern bewegten sich zwei Querträger, die über hydraulische Winden bewegt wurden und einen Bauteil nach dem anderen abhoben und einsetzten.

Das letzte vor dem Ersten Weltkrieg entwickelte schwere französische Geschütz gehört sicher zu den seltsamsten, die je gebaut wurden. Andererseits ist es mit seinen vielen eigenartigen Auslegungen typisch französisch und es erreichte mit zum Teil einfachen Mitteln erstaunliche Leistungen. Als 1909 ein schwerstes Steilfeuergeschütz gefordert wurde, legte Oberst *Filloux,* der später durch die Konstruktion der nach ihm benannten *155-mm-*

Kanone GPF berühmt wurde, einen Entwurf vor, den das Militär 1913 annahm. Daher wurde es auch als *Modell 1913* bekannt. Die offizielle Bezeichnung lautete **Mörser 370 mm**. Fast alle Quellen geben an, dass die Armee nach dem ersten Geschütz bei Beginn des Ersten Weltkrieges weitere zehn bestellte. Dies kann aber nicht stimmen, da 1940 noch zwölf vorhanden waren.

Schon das Rohr konnte einen besonderen Werdegang vorweisen: Alte 340-mm-Geschützrohre wurden in zwei Teile geschnitten und auf 370 mm aufgebohrt. Sie erhielten den üblichen französischen Schraubverschluss. Bei dem nur acht Kaliber langen Rohr mit einer Masse von 9275 kg fiel vor allem die hohe Zahl von nicht weniger als 104 Zügen auf.

Mit den üblichen gefedert gelagerten Schildzapfen war es in eine Oberlafette eingelegt. Diese lief – mit ebenfalls gefederten Rollen – bis zu 1,85 m auf der unter 6° nach hinten ansteigenden Rollenbahn des Rahmens zurück. Die Federung und der große Winkel gewährleisteten gleichzeitig einen selbsttätigen Vorlauf. Zusätzlich bremsten zwei außen liegende und parallel zur Laufbahn angebrachte Bremszylinder den Rücklauf ab. Der Höhenrichtbereich lag zwischen -8 und +60°, wobei ab +20° gefeuert werden konnte.

Der Rahmen aus Stahlguss mit Rippen brachte 9400 kg auf die Waage und trug am vorderen Ende die Widerlager für die Kolbenstangen der Bremszylinder. Das Drehen um den Pivotzapfen erleichterten vorne zwei und hinten eine gefederte Rolle. Sämtliche Federn wurden beim Schuss zusammengedrückt.

Auch das Nehmen der Seite (insgesamt 12°) erfolgte anders als bei sonstigen Geschützen. Eine im Rahmen gelagerte Spindel griff in eine auf der Plattform befestigte Mutter ein.

Selbst die 9940 kg schwere Stahlgussplattform mit Seitenauslegern wies eine Besonderheit auf.

Der vom Oberst Filloux konstruierte Mörser 370 mm, den die Armee 1913 annahm, verwendete zahlreiche Stahlgussteile. Dem am Ladekran hängenden Geschoss (im Bild ganz links angeschnitten) fehlt noch sein Kopfzünder. Die Front-Aufnahme entstand 1916.

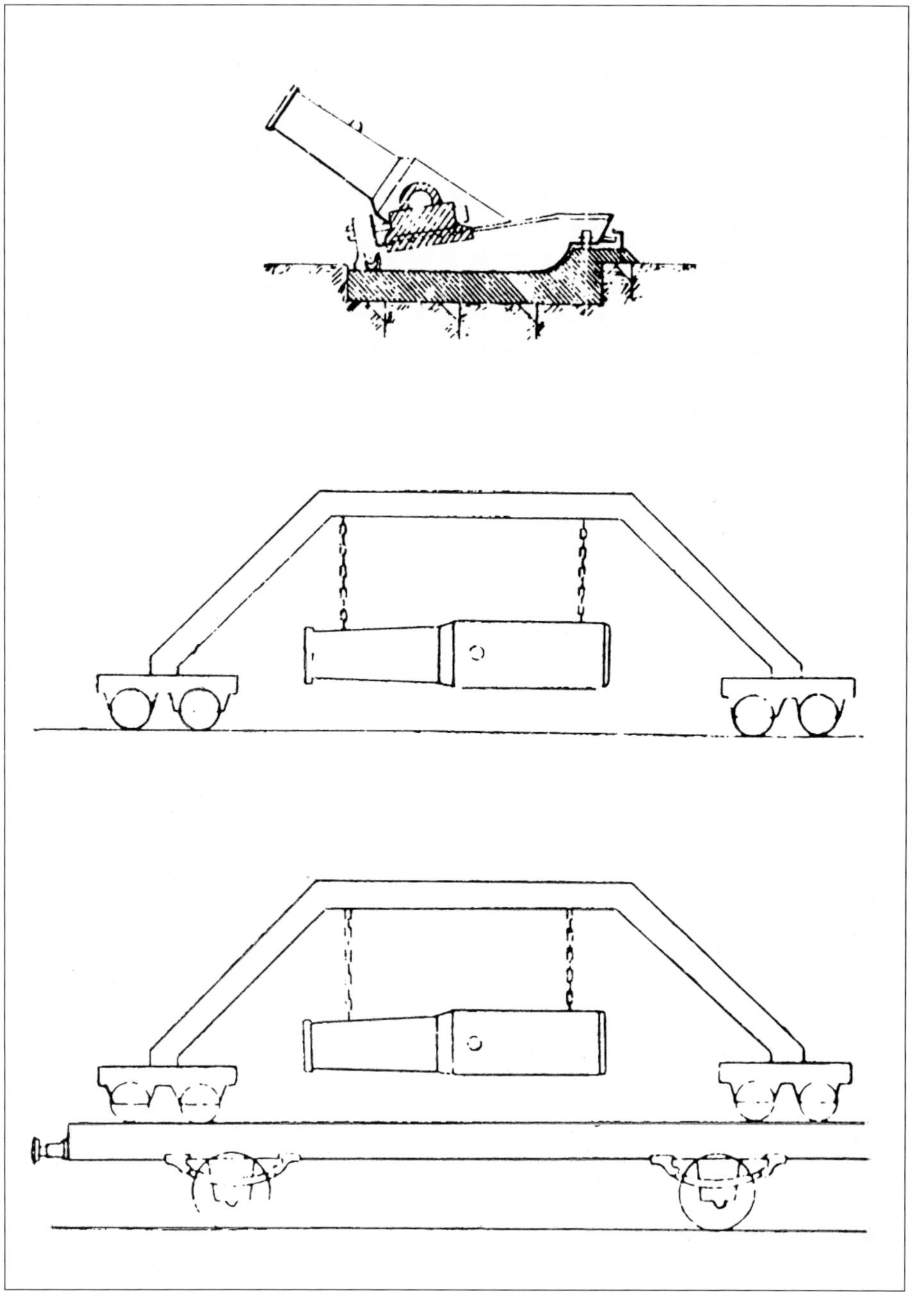

Schema des Mörsers 370 mm (oben), des Rohrtransports mittels Schmalspurwagen (Mitte) und diese verlastet auf Normalspurwagen (unten).

An der Unterseite ließen sich – in vier Reihen quer zur Schussrichtung – spatenförmige Teile anbringen, die an Stelle eines Sporns die Längskräfte aufnahmen. Ihre Zahl hing von der Festigkeit des Bodens ab, in der Regel waren es fünf bis sechs pro Reihe.

Als einmaliges Erlebnis gestaltete sich der Transport: Jeder Bauteil hing an über Handwinden bewegten Ketten unter einem trapezförmigen Träger von 2300 bis 2700 kg. Die beiden unteren Enden (Abstand: 7 m) lagerten drehbar auf zweiachsigen Schmalspurwagen (600 mm) von je 980 kg. Damit wies jede Transportlast eine Masse von 14 t auf. Jeden Schmalspurwagen zogen zwei Pferde.

Für die Beförderung auf Normalspur wurde jede Einheit mit den Schmalspurwagen auf 20-t-Wagen verladen. Dazu verlegten Pioniere im Abstand von 7,0 m Schmalspurgleise quer zur Normalspur, um die Schmalspurwagen auf Rampengleisen mittels Kettenzugwinden hochziehen zu können.

Für die Straßenfahrt wurde jeder Schmalspurwagen auf ein vierrädriges Fahrgestell verladen, das Zugstangen wiederum mit dem nächsten verbanden. Die Einzellasten wogen bis zu 15,9 t.

Die für das Schießen notwendige Bettungsgrube maß nur 3,0 m in der Länge, 2,5 m in der Breite und 0,5 m in der Tiefe. Vorn und hinten verlegten Pioniere mit einem Gleisabstand von 7,0 m Schmalspurgleise, die kleine Drehscheiben mit dem Zufahrtsgleis verbanden. Die Schmalspurwagen wurden auf sie gefahren, um 90° geschwenkt und über die Bettungsgrube geschoben. Dort wurden die Einzelteile des Geschützes nacheinander abgelassen. Der Zusammenbau erforderte nur ein bis zwei Stunden.

Die Munitionszufuhr zum Rohr übernahm ein Geschosswagen, der auf dem Rahmen lief, dessen Neigung der der Ladestellung entsprach. Der Transport bis zum Geschütz ließ sich auf zwei Arten bewerkstelligen: Entweder hob ein auf der Schmalspur laufender Drehkran das Geschoss auf den Wagen oder ein Ladewagen auf Transportwagen fuhr es hinter das Geschütz, worauf der Ladewagen über ein Übergangsgleis auf den Rahmen rollte.

Der Mörser 370 mm verschoss fünf verschiedene Munitionen: 1. Zwei *leichte Sprenggranaten* von 407 bzw. 413,5 kg mit 95 bzw. 63 kg Sprengstoff erreichten mit zehn Treibladungen bis zu 375 m/s und 10,5 km. 2. Zwei *schwere Sprenggranaten* von 489 bzw. 500 kg mit 119 bzw. 150 kg Sprengstoff flogen bei 320 m/s bis zu 8,15 km weit. Hinzu kam 3. noch eine Panzergranate von 540 kg mit 73,5 kg Sprengstoff, die mit acht Treibladungen eine Mündungsgeschwindigkeit von 290 m/s und eine Höchstschussweite von 7,7 km erreichte.

Den Mörser 370 mm hatte die französische Heeresführung in erster Linie zum offensiven Einsatz gegen die deutschen Befestigungen im Elsass vorgesehen. Die Ereignisse 1914 und die in großer Zahl in Frankreich gebauten großkalibrigen Eisenbahngeschütze verhinderten in den meisten Fällen jedoch dieses Vorhaben.

Italien

Die italienische Industrie war bis 1914 noch immer nicht in der Lage, moderne schwere Geschütze für den Feldeinsatz zu entwickeln. Das vorhandene Material stammte praktisch ausschließlich aus dem 19. Jahrhundert, daher war es notwendig, neues im Ausland anzukaufen. Da aber andererseits eine Fertigung im Lande durchaus möglich war, beschritt man den Weg des Ankaufs einer modernen Konstruktion, die dann die Firma *Ansaldo* in Lizenz nachbaute. Dabei war der Blick nach Frankreich nahe liegend. Dort hatte, wie im vorhergehenden Abschnitt beschrieben, *Schneider* eine 210-mm-Belagerungshaubitze für Russland konstruiert. Die Italiener beeindruckte vor allem die geringe Masse des Geschützes, da sie den Einsatz im Gebirge – gegen ihren Verbündeten Österreich, wohlgemerkt – schon damals durchaus ins Kalkül zogen. Das Ergebnis war die **Haubitze 210 mm (M. 14)**.

Bei ihr ging man hinsichtlich einer geringen Masse sicher zu weit. Das Geschütz dürfte nicht in allzu großer Stückzahl gefertigt worden sein und wurde bald nach dem Ersten Weltkrieg wieder ausgeschieden, während die alten 210-mm-Mörser bis in den Zweiten Weltkrieg hinein im Einsatz verblieben.

Im Aufbau entsprach die Haubitze weitgehend dem französischen Vorbild, nur wurden die Massen weiter verringert. All dies ging natürlich zu Lasten der ballistischen Leistung, die völlig unzureichend war.

Das Rohr behielt mit 13,5 Kalibern Länge annähernd die des Vorbildes bei, ebenso den Schraubverschluss. Die Masse wurde hingegen auf nunmehr 1967 kg gesenkt.

Auch der sonstige Aufbau blieb im Prinzip gleich, bis auf die wahlweise Verwendung des Radgürtels, einer italienischen Erfindung. Ohne Radgürtel kam das mit 4847 kg wohl leichteste moderne Geschütz dieser Kaliberklasse heraus. Die Haubitze ließ sich außerdem noch in zwei Fahrlasten zerlegen, ein großer Vorteil für das Fahren in bergigem und schwierigem Gelände.

Freilich ging dies alles wieder zu Lasten der ballistischen Leistung. Schon die Geschossmassen von 79,1 bzw. 96 kg (mit 7,8 bzw. 19,2 kg Sprengstoff) lagen an der unteren Grenze. Noch auffälliger machte sich dies bei der Anfangsgeschwindigkeit von nur 280 m/s bemerkbar, die nur eine Höchstschussweite von 6,0 km zuließ.

Die zu leicht gebaute Haubitze 210 mm M. 14 bewährte sich nicht.

Japan

Das fernöstliche Kaiserreich hatte sich erst Ende der 1860er-Jahre zwangsweise dem Westen geöffnet, so dass es in technischer Hinsicht einen ziemlichen Rückstand aufholen musste. An die Entwicklung moderner schwerer Geschütze konnte es vorerst nicht denken. Außerdem investierte Nippon die vorhandenen Mittel vorwiegend in die Marine und die Küstenverteidigung.

Das Land stand zu Beginn des russisch-japanischen Krieges 1904 praktisch vor dem Nichts. Die Frage war also, woher das Material für die Belagerung der russischen Festung Port Arthur und die Bekämpfung der Schiffe in diesem Hafen genommen werden sollte. Die Lösung fand sich in der Folge im Einsatz der **28 cm kurzen Haubitze**. Es handelte sich um ein Küstengeschütz, das nach den Plänen von *Arisaka* vom *Arsenal Osaka* gefertigt worden war. Im Prinzip handelte es sich dabei um die alte *Küstenhaubitze Modell 1879* von Krupp, die auch die Italienier in La Spezia als *Haubitze 280/10* oder *280C* gebaut hatten. In diesem Zusammenhang eine weitere Kuriosität: Als die russische Armee im Ersten Weltkrieg schwere Materialverluste hinnehmen musste, kaufte sie eine Anzahl dieser Küstenhaubitzen in Japan, also Geschütze, die noch wenige Jahre zuvor gegen die russischen Truppen geschossen hatten!

Der Transport nach Port Arthur ging damals nicht ohne Hindernisse vor sich. Ein schwerer Schlag war die Versenkung der Transportschiffe, mit denen 18 Haubitzen befördert wurden, durch russische Kreuzer im Juni 1904. Damit verzögerte sich der Einsatz bis in den September des gleichen Jahres, als neue Geschütze eintrafen. Baupioniere schufen Bettungen aus schnellbindendem Beton,

Bei der 28 cm kurzen Haubitze handelte es sich um die frühe Krupp-Konstruktion einer Küstenhaubitze, die die japanische Artillerie vor Port Arthur gegen russische Kriegsschiffe und die Forts einsetzte.

auf das sie die Küstenhaubitzen setzten. Letzteres gelang vergleichsweise mühelos dank der Mittelpivotlafetten, die von vornherein für den Einsatz auf festen Bettungen gedacht waren. Das Rohr mit Schraubverschluss maß nur 10,2 Kaliber in der Länge. Dementsprechend lag auch die Masse mit 10.793 kg nicht allzu hoch.

Das Rohr lagerte in der damals üblichen Oberlafette, die auf der schrägen Lauffläche der Unterlafette ohne weitere Rücklaufhemmung zurücklief. Sie ermöglichte einen Höhenrichtbereich von -6 bis +75°. Am Ende der Rollenbahn verhinderten Federpuffer ein hartes Anschlagen bei zu großer Rücklauflänge. Vorne und hinten an der Unterlafette befanden sich je zwei gefedert gelagerte Rollen, die auf der Kreisbahn der Bettung liefen und ein leichtes Verschwenken des Geschützes ermöglichten.

Auf der Bettung selbst war eine Metallplattform großen Durchmessers montiert, die über den gesamten Umfang einen Zahnkranz trug und damit ein Rundumfeuer ermöglichte. Die Richtbewegung erfolgte mit einer Seitenrichtmaschine am hinteren Ende der Unterlafette, an deren unterem Wellenende das Ritzel saß, das in diesen Zahnkranz eingriff.

Die Munitionszufuhr besorgte ein kleiner zweirädriger Wagen, für den ein Überfahrblech auf den Zahnkranz aufgelegt wurde, um Beschädigungen zu vermeiden. Aus diesem Bereich hob dann ein Drehkran das Geschoss zum Verschluss.

Die Haubitze verschoss vor allem eine *Panzergranate* von 217,7 kg mit 8 kg Sprengstoff. Überraschend ist die Beschränkung auf nur zwei Teilladungen. Immerhin wurde damit eine Anfangsgeschwindigkeit von 314 m/s und eine Höchstschussweite von 7,65 km erzielt.

Leider stehen über das danach entwickelte schwere Geschützmaterial Japans nur unzureichende Angaben zur Verfügung. Fest steht, dass sich

Das erste schwere Geschütz japanischer Konstruktion war die 24 cm Haubitze Meiji 45 aus dem Jahr 1912. Man beachte den zusätzlichen Panzerschutz rechts für die Richtkanoniere.

die Japaner auf Grundlage der bei Port Arthur gesammelten Erfahrungen an die Entwicklung schwerer Belagerungsgeschütze machten. Als erstes Ergebnis erschien die vom *Arsenal Osaka* gebaute **24 cm Haubitze Meiji 45**, die 1912 eingeführt wurde.

Das Rohr mit einer Länge von beachtlichen 16,2 Kalibern und einem Schraubverschluss wog 5139 kg. Rohrbremse und Vorholer lagen über dem Rohr. Der Höhenrichtbereich reichte von -2 bis +65°. Ein überaus langer Rahmen ragte weit über den Drehkranz, den er fast zur Gänze abdeckte. Auf dem Rahmen lief ein Geschosswagen, der die Granaten hinter den Verschluss brachte. Über die Auslegung der Bettung liegen leider keine nähere Angaben vor.

Die Masse in Feuerstellung wird mit 37.611 kg angegeben. Interessant ist auch noch der bei Geschützen dieser Klasse unübliche mehrteilige Panzerschild, der teilweise an der Wiege und teilweise am Rahmen befestigt war. Die Auslegung als Mittelpivotlafette ergab einen Seitenrichtbereich von 360°.

Für die Beförderung in vier Lasten sorgte die Feldbahn. Später folgte noch der Kraftzug, wenn auch die japanische Industrie zu jener Zeit auf dem Kraftfahrzeugsektor bei weitem noch keine großen Erfahrungen besaß.

Die Sprenggranate von 200 kg war mit nur 12,6 kg Sprengstoff gefüllt. Auffallend ist die geringe Zahl von sechs Teilladungen, die 390 m/s für 10,1 km Höchstschussweite erbrachten. Die *Panzergranate* wies die gleiche Masse und Leistungen wie die *Sprenggranate* auf.

Österreich-Ungarn

Es war die Zeit, in der die Donaumonarchie ihre höchste Blüte erreicht hatte. Gleichzeitig war auch die Firma *Škoda* in Pilsen zu einem der wichtigsten Hersteller schwerer Geschütze herangewachsen. Kaum ein anderes Land verfügte über Artilleriematerial aus diesem Zeitraum, das bis in den Zweiten Weltkrieg hinein in zahlreichen Staaten im Einsatz stand.

Ebenso bedeutend war aber auch die Entwicklung des Motorkraftzuges für schwere Geschütze, worin Österreich die Spitzenposition einnahm. Ab 1907 wurden mit dem auf Seite 47 bereits beschriebenen 24-cm-Mörser entsprechende Versuche durchgeführt. Aufgrund der dabei gewonnenen Erfahrungen gab die Heeresführung 1908 bei den Daimler-Werken in Wiener-Neustadt 36 Stück *Mörserzugwagen M. 9* in Auftrag, die im Laufe des Jahres 1909 ausgeliefert wurden. Es handelte sich um allradgetriebene Fahrzeuge mit einem 66 kW (90 PS)-Motor. Bei einer Eigenmasse von 5260 kg und einer zulässigen Gesamtmasse von 7260 kg

Die ersten Versuche für den Kraftzug des 24-cm-Mörsers M. 98 erfolgten noch mit der Artilleriezugmaschine Daimler M. 8.

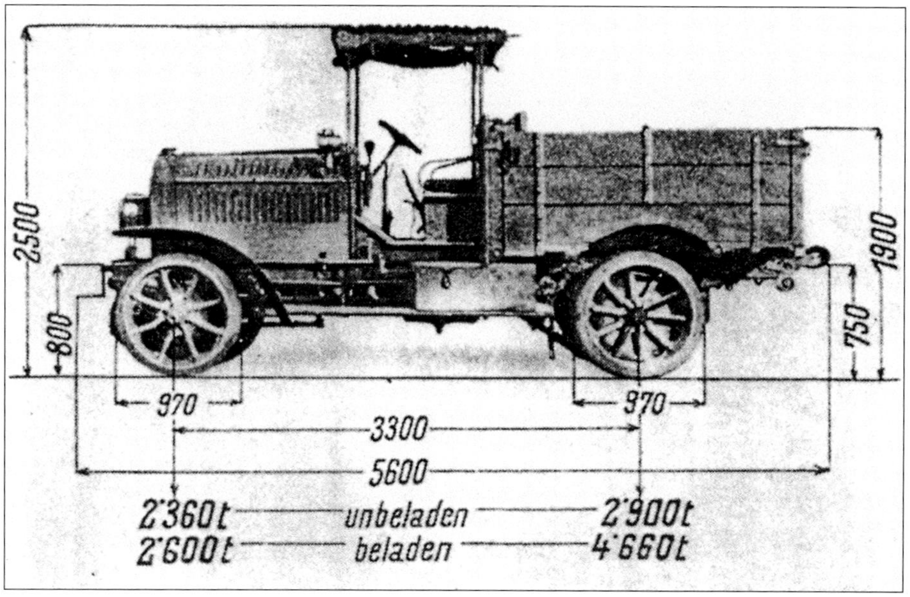

Ab 1909 lieferten die Daimler-Werke in Wiener Neustadt den Mörserzugwagen M. 9 für den 24-cm-Mörser aus.

konnten sie Lasten bis zu 24 t ziehen. Dabei lag bei voller Belastung die Höchstgeschwindigkeit bei 26 km/h und die Steigfähigkeit bei nicht weniger als 25%! Erwähnt werden soll noch eine Seilwinde mit 150 m Seil vorn und entsprechenden Abstützungen hinten, sowie ein Kran mit einer Tragfähigkeit von 1000 kg auf der Ladefläche. Damit war es möglich, beide Lasten des Mörsers hinter einem einzigen Zugfahrzeug zu befördern. Am Geschütz selbst wurde nur wenig geändert. Lediglich die in die hohlen Schildzapfen eingesteckten Achsen der Marschräder waren nun gefedert. Um übermäßige Fahrbahnstöße zu vermeiden, beschränkten die Konstrukteure die Fahrgeschwindigkeit auf höchstens 6 km/h.

Die Erfahrungen des russisch-japanischen Krieges hatten bereits gezeigt, dass ein Kaliber von 24 cm nicht mehr ausreichte. Der k.u.k.-Generalstab dachte dabei besonders an die italienischen Grenzbefestigungen an der Südgrenze. Daher erhielt 1907 das *Technische Militärkomitee* den Auftrag, die wesentlichen Daten einer Neukonstruktion unter Berücksichtigung der Wirkung, der Masseverhältnisse und des Transports durch spezielle Zugfahrzeuge zu umreißen. Das Ergebnis war der Vorschlag, einen 305-mm-Mörser mit einem Geschoss von 300 kg, einer Anfangsgeschwindigkeit von 305 m/s und einer Schussweite von 8,0 km zu entwickeln. Dessen Rohrmasse wurde mit 6000 kg festgelegt, der Seitenrichtbereich der Mittelpivotlafette mit 120°. Der Transport sollte in drei Lasten erfolgen: Ein Rohrwagen mit Zugfahrzeug und der Lafetten- und Bettungswagen hinter einem gemeinsamen Zugfahrzeug. Der Entwicklungsauftrag ging Anfang 1908 an die *Škoda*-Werke, die noch im gleichen Jahr ihren Entwurf vorlegten. Inzwischen hatte das *Technische Militärkomitee* noch eine neue Forderung hinzugefügt:

Auf hartem Boden sollte das Geschütz auch ohne Bettung feuern können.

Auf Anfrage legte Krupp eine Beschreibung seiner neuen 28-cm-Haubitze in Räderlafette vor, die jedoch zufolge eines zu hohen Achsdruckes abgelehnt wurde. Daraufhin wurde reichte auch Škoda den gewünschten neuen Entwurf eines derartigen Geschützes ein. Die Entscheidung fiel aber nun trotzdem endgültig für ein Bettungsgeschütz. Der Auftrag für einen 30,5-cm-Versuchsmörser mit einer Geschossmasse von 340 kg und einer Anfangsgeschwindigkeit von 340 m/s folgte 1909. Mitte 1910 war dieser Mörser fertig. Die Fahr- und Schießversuche führten zu mehreren Verbesserungen. Anfang 1912 erfolgte der Auftrag für die Fertigung von 24 Stück **30,5-cm-Mörsern M. 11**. Er wurde ohne parlamentarische Genehmigung auf persönliche Verantwortung des Kriegsministers erteilt. Škoda lieferte die ersten acht Mörser noch im gleichen Jahr und erfüllte den gesamten Auftrag bis 1914. Während des Ersten Weltkrieges folgten weitere 44 Stück. Der *Artil-*

Ein großer Wurf gelang Škoda mit dem 30,5-cm-Mörser M. 11.

Bestens bewährte sich der Mörserzugwagen M. 12 für den 30,5-cm-Mörser.

lerieunterricht für die k.u.k.-Festungsartillerie verwendete übrigens die Bezeichnung **30,5 cm B. M.** (B. M. = Bomben-Mörser), die sonst nirgends zu finden ist.

Das Rohr war aus Stahl als Mantelringkonstruktion mit Hülsenliderung, konstantem Drall mit einer Länge von 30 Kalibern und einem Flachkeilverschluss gefertigt. Seine Masse lag bei 5930 kg. Es glitt mit seinem abgestuften Mittelstück in einer mit Bronzebüchsen gefütterten Jackenwiege. Die beiden Bremszylinder waren oberhalb, die Luftvorholer unterhalb des Rohres angeordnet.

Die beiden Seitenwände der Oberlafette waren zusammen mit dem Laufring, der auf der Gleitbahn der Unterlafette ruhte, in einem Stück gegossen. Die Höhenrichtmaschine war vorne an der linken Seite der Lafette angeordnet, die Seitenrichtmaschine hinten. Beide bewegten ein Schneckengetriebe. Die Richtbereiche lagen der Höhe nach bei -0° für das Laden und von +40 bis +75° für das Schießen. Der Seite nach waren 60° beidseits der Längsachse möglich. Rückwärts war noch eine Plattform eingehängt, zwischen deren Längsträgern sich die Ladevorrichtung bewegte.

Die dreiteilige, 4800 kg schwere Bettung war 3,7 m lang, 3,5 m breit und 0,25 m hoch. Sie bestand aus einem Mittelteil aus fünf Pfosten und zwei klappbaren Seitenteilen aus je zwei Pfosten, alle durch Winkel und Bleche versteift, wobei je vier Scharniere die Teile miteinander verbanden. Auf der Oberseite waren die Schrauben für die Befestigung der Unterlafette eingesetzt.

Der Transport des Geschützes mit seiner Masse von 18.730 kg (einschließlich Bettung) erfolgte in drei Lasten: Rohrfahrzeug mit 9350 kg, Lafettenfahrzeug mit 10.450 kg und Bettungsfahrzeug mit 8150 kg. Das Kernstück des Systems war natürlich das Zugfahrzeug. Ab 1912 stellte Daimler in Wiener-Neustadt 34 allradgetriebene *Mörserzugwagen M. 12* her. Ein 74 kW (100 PS)-Motor trieb sie an, für das Ziehen von Lasten bis zu 24 t mit einer Eigenmasse von 10.140 kg leer und 15.770 kg beladen mit elf Granaten. Die Steigfähigkeit lag bei 15%. Ursprünglich war gedacht alle drei Fahrlasten hinter einem einzigen Zugfahrzeug zu ziehen. Später ging man zu drei Zugfahrzeugen für eine Batterie zu zwei Geschützen über (in je zwei Fahrlasten) und schließlich zu einem einzigem für jede Last.

Das Instellunggehen erfolgte ohne zusätzliche Hilfsmittel. Der Bettungswagen fuhr über die Bettungsgrube, vier Zahnstangenwinden hoben die Bettung an, die sich nach dem Wegfahren ihres Wagens absenkte. Auf die gleiche Art und Weise wurde die Lafette auf die Bettung niedergelassen. Am Schluss fuhr der Rohrwagen an die Lafette heran und zog das Rohr in die Wiege.

Der Mörser verschoss ursprünglich eine *Granate M. 11/9* mit 385,3 kg und 38,3 kg Sprengstoff mit vier Teilladungen mit bis zu 370 m/s auf bis zu 9,6 km Entfernung. Später folgten eine *leichte Granate M. 15/9* mit 290,8 kg und 34,8 kg Sprengstoff sowie das *Granatschrapnell M. 15* mit 300 kg, 2200 Schrapnellkugeln und 16,4 kg Sprengstoff. Beide erreichten mit 407 bzw. 400 m/s eine Höchstschussweite von 11,0 km. Die Geschosse selbst wurden mittels eines Geschosstransportwagens herangefahren, auf die Ladeschale geschoben und mit der federunterstützten Ladevorrichtung vor den Verschluss gehoben. Die Treibladungsbeutel folgten in einer Kartuschhülse dem angesetzten Geschoss.

Ein kurzes Beispiel dokumentiert das schnelle Instellunggehen: Während der Isonzo-Schlachten 1917 ging eines schönen Tages nach Einbruch der Dunkelheit ein 30,5-cm-Mörser zwei Kilometer vor den eigenen Infanteriestellungen in Stellung, zerstörte mit 15 Schüssen einen italienischen Entladebahnhof, wurde wieder abgebaut und war noch vor der Morgendämmerung wieder hinter den eigenen Linien!

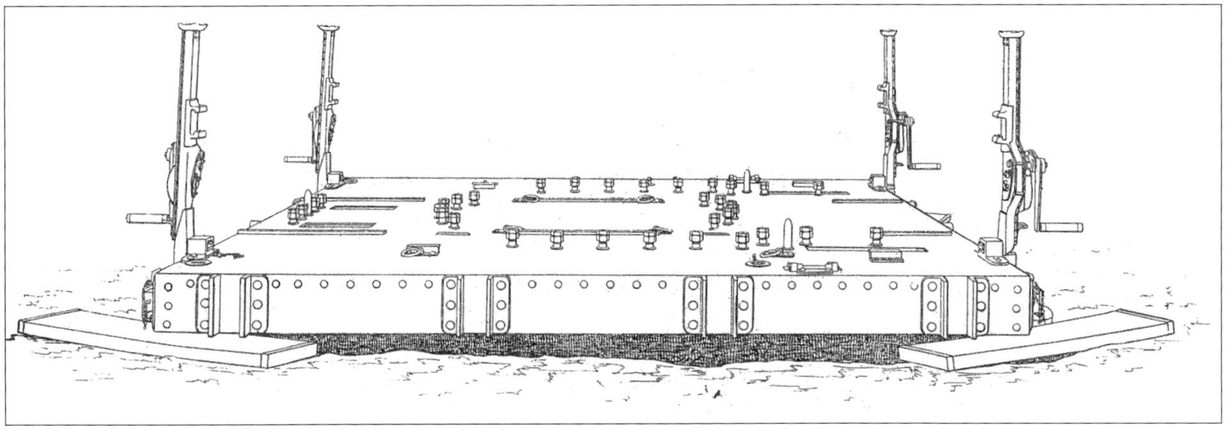

Der 30,5-cm-Mörser benötigte keinen Kran, um seine Feuerstellung zu beziehen.

Zahnstangenwinden senkten die Bettung in ihre Grube.

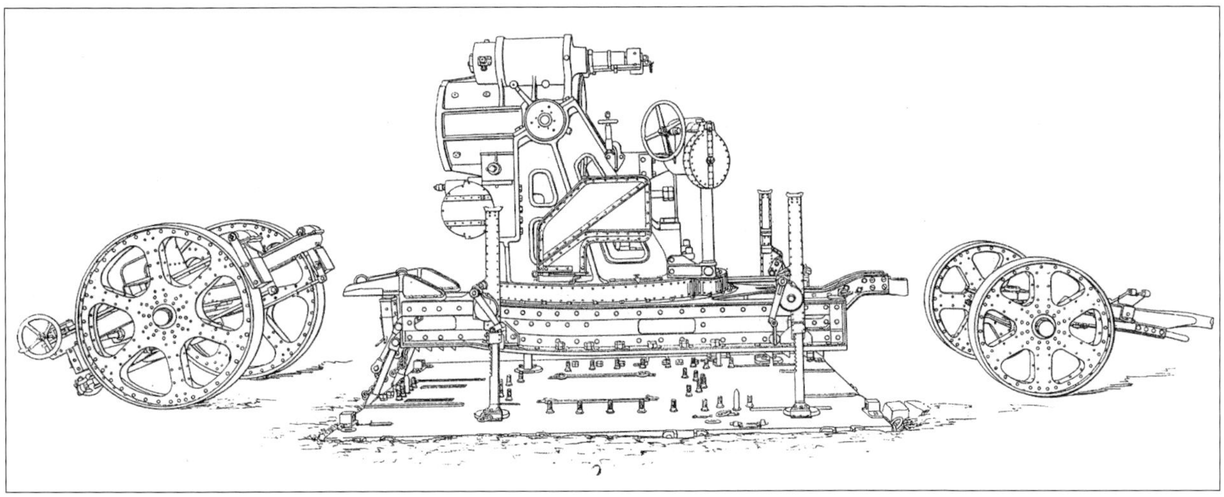

Der Lafettenwagen fuhr heran, die Winden hoben seine Last an, die sie nach dem Wegfahren der Achsen auf die Bettung niederließen.

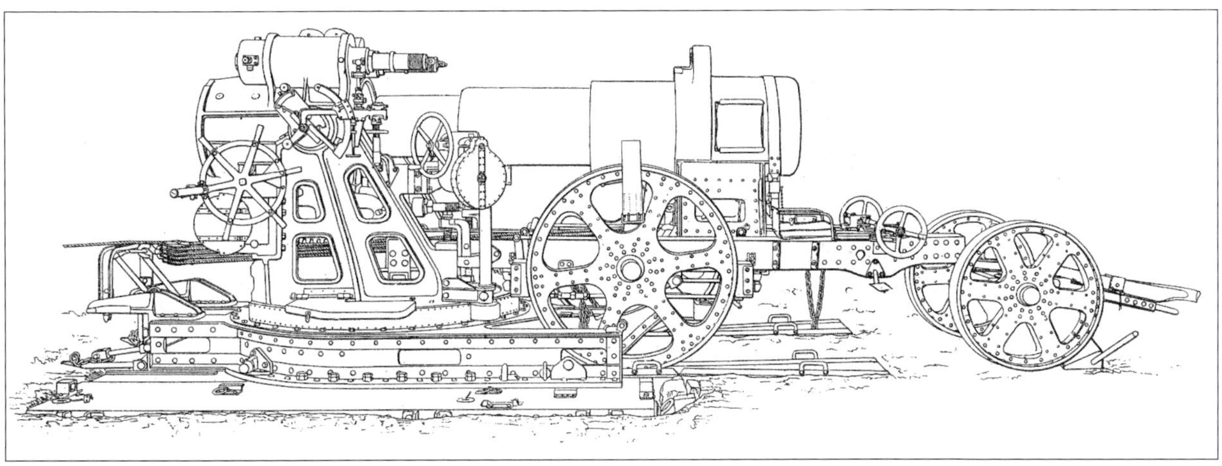

Dann brachte der Rohrwagen das Rohr mit Bodenstück und Keilverschluss, das eine Seilwinde von hinten in die Jackenwiege zog.

Der I. Weltkrieg 1914 bis 1918

24 cm M. 16 Kanone mit ihrer Bedienmannschaft.

Der Ausbruch des Ersten Weltkrieges war für die schwere und schwerste Artillerie der Mehrzahl der beteiligten Länder ein Schock. Innerhalb kürzester Zeit wurde klar, dass die vorhandenen Geschütze nicht nur in Bezug auf ihre Anzahl, sondern vielfach auch in ihren Leistungen unzureichend waren.

Die Heere versuchten mit allen Mitteln, diese Mängel zu beheben. Mehrere Wege standen offen, die sich von Land zu Land unterschieden. Aufgrund der Lage zogen z.B. Italien und Frankreich eine große Zahl von *Küstengeschützen* ab, die für diese Aufgabe überflüssig waren, und setzten sie meist behelfsmäßig für den Feldkrieg ein. In Frankreich hielt sich dies in Grenzen, da man bald in großem Umfang daran ging, diese Rohre und Lafetten für *Eisenbahngeschütze* zu verwenden, um ihnen eine bessere Beweglichkeit zu geben. Großbritannien, das überhaupt keine schweren Geschütze, ausgenommen die wenigen für den Burenkrieg gekauften, besaß, schritt in einem wahren Notprogramm an die Neuanschaffung, wobei vorerst vorhandene Rohre aufgebohrt und in einfache Lafetten gelegt wurden. Spätere und bessere Konstruktionen konnten durch die angespannte Lage der Industrie nicht in der erforderlichen Zahl hergestellt werden. Es wurde daher auf die amerikanische Industrie zurückgegriffen und an sie entsprechende Aufträge vergeben. Dies kam besonders den Vereinigten Staaten zu Gute, da die Industrie damit hinreichende Erfahrungen sammeln konnte, die andererseits wieder den amerikanischen Streitkräften die Möglichkeit boten, entsprechende Geschütze zu erhalten, die bisher vollkommen gefehlt hatten. Aber auch Deutschland hatte seine Probleme, vor allem bei den schwersten Geschützen. Sie waren entwe-

der in zu geringer Stückzahl vorhanden oder es handelte sich um alte Modelle, die vor allem hinsichtlich der Beweglichkeit unzulänglich waren. Als Lösung boten sich nur die vor allem zu Beginn des Krieges erbeuteten feindlichen Geschütze oder vorhandene *Marinerohre* an.

Am meisten fühlbar war dieser Mangel in allen Ländern beim *schweren Flachfeuer.* Dies wurde vor allem nach den ersten Vormärschen und dem Einsetzen des Stellungskrieges offensichtlich. Es waren kaum entsprechende Geschütze größeren Kalibers vorhanden, die weit hinter der Front gegen feindliche Nachschubwege wirken konnten.

Auf welchen Wegen getrachtet wurde all diese Mängel zu beheben, wird dann bei der Behandlung der einzelnen Länder näher beschrieben. Es kann aber vorweg festgestellt werden, dass kaum eine wirklich zufrieden stellende Lösung gefunden wurde.

Belgien

Die vor allem in den Festungen vorhandenen 21-cm-Haubitzen waren bereits im Zuge der ersten Kampfhandlungen verloren gegangen. Da aber gleichzeitig auch die Fabrikationsstätten nicht mehr zur Verfügung standen, war die belgische Armee auf ausländische Hilfe angewiesen. Vor allem Frankreich sprang in die Bresche. Schon 1915 lieferte es eine Anzahl der alten *Mörser 220 mm Mle. 1880* sowie die Prototypen der von Schneider für Russland entwickelten *8'' Belagerungshaubitze* und des *9'' Belagerungsmörsers,* die von diesem Land nicht abgenommen worden waren. Später kamen dann noch einige *Mörser 220 mm Mle. 1916* hinzu. Großbritannien lieferte nach dem Anlaufen der Produktion vorerst vier *9,2'' Haubitzen Mk II,* zu denen im Verlauf des Krieges noch acht weitere hinzukamen.

Von einer Art eigener Herstellung kann aber dennoch gesprochen werden. Bei den Kämpfen an der Marne hatten die französischen Truppen eine Anzahl deutscher 21-cm-Mörser erbeutet. Diese wurden den belgischen Streitkräften übergeben, die durch Aufbohren der Rohre den **Mörser 220A** schufen. Der Vorteil dieser Änderung lag darin, dass die französische Munition dieses Kalibers zur Verfügung stand und sich dadurch die Fertigung eigener Munition für das deutsche Kaliber erübrigte. Dies wäre auch schon aus einem anderen Grund unrationell gewesen, da im Ganzen nur eine Batterie mit diesem Geschütz ausgerüstet wurde.

Deutschland

Der Bestand an schwersten Geschützen, die im vorhergehenden Abschnitt behandelt wurden, erwies sich sowohl zahlenmäßig als auch hinsichtlich ihrer Beweglichkeit als unzulänglich. Dies gilt vor allem für den Beginn des Krieges, als es galt, die belgischen und französischen Befestigungen niederzukämpfen. Hier sprang aber das verbündete Österreich-Ungarn ein. Auf Wunsch der deutschen Heeresleitung stellte es nicht weniger als vier Batterien des *30,5 cm M. 11 Mörsers* zur Verfügung, also nicht weniger als ein Drittel des gesamten eigenen Bestandes.

Vorweg muss auf eines der größten Probleme der schweren deutschen Artillerie eingegangen werden: Das Fehlen geeigneter Zugfahrzeuge. Bezeichnend ist, dass die beiden *M-Geräte* (auch *kurze Marinekanone 14* oder »Dicke Bertha« genannt, siehe auch Seite 67), die bei Kriegsausbruch gerade ihre Fahrversuche durchführten, keine heereseigenen Zugmittel besaßen. Es wurden für die Geschütze daher schwere Zugmaschinen des gerade in Essen auftretenden Zirkus Sarrassani requiriert. Die Batterie zog also mit sieben verschienen Modellen in den Krieg. Eine Batterie mit dem *schweren Küstenmörser 09* wieder wurde mit 25 Dampfpflügen ausgestattet!

Der erste diesbezügliche Lösungsversuch war das bei Ehrhardt gebaute *Bräuersche-Lastenverteilgerät.* Dabei wurde das Geschütz zwischen einem Lastkraftwagen und einem Anhänger aufgehängt. Diese Beförderungsart konnte für den 21-cm-Mörser und erbeutete russische 20,3-cm-Haubitzen verwendet werden. Der eigentliche Durchbruch gelang aber erst mit der ab 1917 ausgelieferten *Artillerie-Kraftzugmaschine Krupp-Daimler 100 PS (K.D. I).* Bei einer Eigenmasse von 8000 kg konnte sie Lasten von 9000 kg mit einer Höchstgeschwindigkeit von 36 km/h bewegen. Allerdings fiel dabei ihre Steigfähigkeit auf 10% ab, während sie leer 25% erreichte. Von 1872 bestellten Geräten wurde etwa die Hälfte bis Kriegsende ausgeliefert. Die ab 1917 bestellten 96 *Artillerie-Kraftzugmaschinen 160 PS (K.D. III)* wurden hingegen nicht mehr fertig gestellt.

Der Ruf der deutschen Artillerie nach Vergrößerung der Schussweite führte zum langen 21-cm-Mörser, den Krupp ab 1916 auslieferte. Man beachte die für schwere Geschütze charakteristischen Radgürtel.

Der für den Kraftzug bestimmte lange Mörser, gefedert gelangte nicht mehr zur Truppe. Hier ist er als Einzellast mit zurückgezogenem Rohr zu sehen.

In der Folge soll wieder nach dem Kaliber vorgegangen werden, wobei zuerst die neu entwickelten Modelle behandelt werden und erst dann die Bettungsgeschütze mit ihren von der Marine beigestellten Rohren und meist auch der Bedienungsmannschaft.

Wie nicht anders zu erwarten war, wurde bald der Ruf nach einer Erhöhung der Schussweite des 21-cm-Mörsers laut. Die Lösung wurde in einer Verlängerung des Rohres auf 14,5 Kaliber gefunden, womit dessen Masse auf 2800 kg anstieg. Als einzige weitere Änderung war nur eine größere Vorspannung der Ausgleichsfedern erforderlich. Durch diese einfachen Änderungen konnte der neue **lange Mörser** schon ab Ende 1916 ausgeliefert werden. Die Masse in Feuerstellung lag nunmehr bei 6794 kg ohne und 7550 kg mit Radgürteln. Für den zweilastigen Transport blieb die Masse des Lafettenfahrzeuges mit 4466 gleich, die des Rohrfahrzeuges stieg auf 4226 kg an.

Verwendet wurde die gleiche Munition mit den gleichen Teilladungen wie beim alten Mörser, allerdings wuchs die Anfangsgeschwindigkeit durch das längere Rohr für die *schwere Granate* auf 394 m/s

Das L/30 Rohr der 30,5 cm schweren Kartaune (oder β-M-Gerät) nutzte die Lafette des M-Gerätes besser. Der aufgebrachte Flekkentarnanstrich sollte die Konturen auflösen und die Aufklärung durch feindliche Flieger erschweren.

und die Höchstschussweite auf 10,2 km. Die *leichte Granate* erreichte nun 9,4 km.

Die Einführung der *Kraftzugmaschine K.D. I* ließ in der Folge den Ruf nach einem dafür geeigneten Mörser laut werden. So entstand der **lange Mörser, gefedert**. Die Achse wurde gekröpft, um Blattfedern mit einem Federweg von 60 mm einbauen zu können. Überdies wurde die Möglichkeit geschaffen, das Rohr aus der Wiege herauszuziehen und mit dem Verschluss auf den Lafettenschwanz zu legen. Damit verbesserte sich die Verteilung der Achslasten. Daneben war aber weiterhin der Transport in zwei Lasten im Pferdezug anwendbar.

Die Masse in Feuerstellung mit Radgürteln stieg geringfügig auf 7650 kg an, die des marschfertigen Geschützes lag bei 8560 kg. Ballistisch ergaben sich keine Änderungen. Die Fahrversuche wurden aber erst im Sommer 1918 durchgeführt, so dass das Geschütz nicht mehr zur Truppe gelangte.

Nach den ersten Erfolgen des Krieges zeigte sich, dass, im Zuge des Überganges zum Stellungskrieg mit seinen Feldbefestigungen, Ziele für die schwersten Steilfeuergeschütze fehlten. Sie wurden daher oft längere Zeit abgestellt oder waren zur Instandsetzung bei Krupp. Außerdem fehlte ihnen eine ausreichende Schussweite um gegen die gegnerische Fernkampfartillerie zu wirken.

Die *Artillerieprüfungskommission (A.P.K.)* schlug daher vor, in die Lafette des *M-Geräts*, also des 42-cm-Mörsers »Dicke Bertha«, ein 30,5-cm-Rohr mit einer Länge von 34 Kalibern einzulegen um mit dem bewährten 333-kg-Geschoss eine Schussweite von 20 km zu erzielen. Dieses lange Rohr hätte aber wegen der völlig geänderten Schwerpunktlage größere Änderungen an der Lafette erfordert. Da Krupp ebenso wie Ehrhardt mit der Neukonstruktion einer *30,5-cm-Haubitze L/25* beauftragt worden war, schlug Krupp vor, ein 30,5-cm-Rohr in das 42-cm-Rohr einzuschieben. Dies wurde mit dem Hinweis abgelehnt, dass dabei das größere Rohr innen beschädigt werden und damit für eine weitere Verwendung ausfallen könne.

Für die **schwere Kartaune**, auch **30,5-cm-Rohr L/30 in M-Lafette** oder **β-M-Gerät** genannt, wurde daher ein neues Massivrohr mit aufgeschraubtem Bodenstück und einer Länge von 30 Kalibern gewählt. In die Lafette mussten nur neue schwere Ausgleicher eingebaut und der Druck im Luftvorholer erhöht werden. Da dieser Umbau in verhältnismäßig kurzer Zeit durchgeführt werden konnte, standen bei Kriegsende schon zwei Batterien mit diesem Geschütz an der Front.

Mit Massen von 16.050 kg für das Rohr, 8100 kg für die Wiege und 12.600 kg für die Lafette betrug die Gesamtmasse in Feuerstellung 36.750 kg, zuzüglich der Bettung von 8460 kg. Damit stiegen auch die Fahrlasten auf 20.550 kg für das Rohrfahrzeug und 16.200 kg für das Lafettenfahrzeug an, während jene für das Wiegen- und Spornfahrzeug mit 18.120 kg und das Bettungsfahrzeug mit 17.200 kg gleich blieben. Der Höhenrichtbereich wurde auf +25 bis +64° eingeschränkt, der Seitenrichtbereich blieb unverändert.

Das Geschütz verschoss eine 333 kg schwere *M-Haubengranate* mit 37-kg-Sprengladung mit sechs Teilladungen. Sie erreichte eine Anfangsgeschwindigkeit von 600 m/s. Als aber Rohrkrepierer auftraten, durfte nur mehr mit vier Teilladungen geschossen werden, wodurch die Höchstschussweite auf 16,5 km sank.

Bereits im August 1916 fragte die A.P.K. bei Krupp und Rheinmetall nach einer neuen 30,5-cm-Haubitze mit einer Schussweite von 14 bis 15 km, einer Geschossmasse um 330 kg und einer Anfangsgeschwindigkeit von etwa 500 m/s an. Krupp machte zwei Vorschläge: Ein zerlegbares Geschütz mit Einzellasten von etwa 12 t und ein nicht zerlegbares mit solchen von etwa 18 t. Schon im Oktober folgten detaillierte Forderungen mit 15 km Schussweite, Einzellasten von etwa 12 t, einem groben Seitenrichten von 360° und einem feinen von 10°. Feuern sollte ab einer Rohrerhöhung von +20° möglich sein. Daneben waren viele weitere Einzelheiten vorgegeben.

Die 30,5 cm schwere Kartaune der Batterie Lampel (Kz. Mar. K. Battr. Nr. 8) in Feuerstellung im Bourgogne-Wald vor Reims, Juni 1918.

Im November 1916 erhielt Krupp dann den Auftrag zur Lieferung von monatlich zwei Batterien ab Herbst 1917, der an Rheinmetall erging erst im April 1918 und lautete auf Lieferung von zwei Batterien zu je zwei Geschützen. Eine nächste Verzögerung trat ein, als die A.P.K. die Möglichkeit forderte, in die Lafette ein *24-cm-Rohr L/48* für etwa 30 km einzulegen. Wegen der dadurch bedingten Schwierigkeiten einigte man sich dann aber auf ein *Rohr L/43*. Auch von einem zerlegbaren Rohr ging man, zu Gunsten eines Rohres mit Bodenstück, wieder ab. Dazu bestimmte die A.P.K., dass die innere Rohreinrichtung bei beiden Herstellern gleich sein musste, um mit einer einzigen Munitionsart auszukommen.

Bei der **30,5-cm-Haubitze L/25 Krupp** bestand das Rohr aus dem Mantelrohr mit Seelenrohr und dem Bodenstück mit einem Bajonettring zur Verbindung der beiden Rohrteile. Diese wiesen eine Masse von 7200 bzw 5500 kg auf. Das Rohr mit der Wiege war im Schwerpunkt gelagert, je zwei Rohrbremsen und Luftvorholer waren vorgesehen. Der Höhenrichtbereich ging von +20 bis +65°. Das Schwenken auf der Pivotbettung um 360° erfolgte mit der Lafette, das feine Richten um je 5° auf der Lafettenschwanzunterlage, die durch Ausleger mit der Kreuzbettung verbunden war. Das Rohr wurde noch kurz vor dem Waffenstillstand beschossen. Zu diesem Zeitpunkt waren im Werk 16 dieser Haubitzen und sechs Vorratsrohre in Arbeit.

Das Rohr der **30,5-cm-Haubitze L/25 Ehrhardt** war aus einem Mantel- und Seelenrohr mit aufgeschraubten Bodenstück zusammengesetzt, das gleichzeitig auch das 24-cm-Rohr aufnehmen konnte. Die beiden Einzelteile wiesen Massen von 7600 und 5000 kg auf. Da die Wiege mit dem Rohr nicht im Schwerpunkt gelagert war, waren Ausgleicher notwendig. Auch hier waren je zwei Rohrbremsen und Luftvorholer vorgesehen. Der Höhenrichtbereich betrug +20 bis +70°, mit einer Ladestellung bei -12°. Die Lafette war lang ausgebildet, um die Kräfte auch bei Verwendung des 24-cm-Rohres aufzunehmen. Die feine Seitenrichtung von je 5° wurde mit der Oberlafette genommen, die grobe um 360° durch Bewegen der Unterlafette mit dem auf der Bettung befestigten äußeren Drehgestell um das Pivot der Bettung. Diese war ein aus Stahlblech und Winkeleisen hergestellter Ring, den oben und unten ein Bodenblech abschloss. Strahlenförmig angeordnete Flügelbleche verhinderten das Verschieben im Boden durch den Rückstoss. Der Vorteil gegenüber der Ausführung von Krupp war die von 3,0 auf 2,2 m abgesenkte Feuerhöhe. Das Geschütz wurde bis zum Kriegsende nicht mehr fertig.

Andere Eigenschaften waren schon auf Grund der Forderungen gemeinsam. Dazu zählte der Transport im Kraftzug in sechs Lasten, je zwei Rohr- und Bettungsfahrzeuge, sowie je einem Lafetten- und Wiegenfahrzeug. Jedes von ihnen wies eine Masse um 13 t auf.

Auch die ballistischen Leistungen waren natürlich die gleichen. Zum Verschuß vorgesehen war eine Granate von 330 kg mit 40 kg Sprengstoff. Mit acht Teilladungen erreichte sie bei einer Anfangsgeschwindigkeit von 525 m/s eine Höchstschussweite von 16,0 km.

Die nächste Gruppe von Geschützen stellt eine typisch deutsche Lösung dar. Abgesehen von einigen wenigen Einzelfällen waren in keinem anderen Land Bettungsgeschütze, noch dazu in einem solchen Umfang, gebaut und eingesetzt worden. Praktisch konnte dies nur bei länger unverändertem Frontverlauf erfolgen, da die Herstellung der Betonbettungen einen erheblichen Zeitaufwand erforderte. Zur Entschuldigung muss jedoch angeführt werden, dass diese Geschütze wegen des Fehlens von weit reichenden Flachfeuergeschützen die einzige Möglichkeit boten, gegen Ziele im Hinterland des Feindes zu wirken. Gleichzeitig muss bemerkt werden, dass später viele dieser Rohre in *Eisenbahnlafetten* eingelegt wurden, wobei sie ihre Namen behielten. Ein wesentlicher Nachteil lag zusätzlich darin, dass für den Einbau dieser Geschütze schwere Kräne, vereinzelt sogar mehrere davon, benötigt wurden. Die Zahl der vorbereiteten Bettungen war dabei weit größer als die der eingesetzten Geschütze, um nach Aufklärung der Batterie durch den Feind sofort die Stellung wechseln zu können. Die Feuerstellungen waren daher häufig nur wenige Monate belegt.

Eines war allen deutschen Bettungsgeschützen gemeinsam, sie verwendeten ausschließlich Marinerohre von Krupp. Während die moderneren *S.K.* (Schnell-Lade-, später Schiffskanonen) hierbei einen Flachkeilverschluss mit Hülsenliderung aufwiesen, besaßen die älteren Kanonen *(K.)* einen Rundkeilverschluss mit Liderungsring und Beuteltreibladungen. Neben Geschützen von ausgeschiedenen alten Linienschiffen kamen auch neue Reserverohre zum Einsatz.

Dem Kaliber nach an erster Stelle stehen die fünf **21 cm S.K. L/40 in Bettungs-Schießgerüst**, genannt »Peter Adalbert«, mit einem Kaliber von

Diese interessante Aufnahme zeigt den 40-t-Portalkran beim Einbau einer 21 cm S.K. L/40 in ihr Bettungs-Schießgerüst.

209,3 mm, die ab 1915 verwendet wurde. Das Geschütz war ursprünglich für die knapp vor der Jahrhundertwende gebauten Panzerkreuzer (bei der kaiserlichen Marine als »Große Kreuzer« bezeichnet) entwickelt worden. Sein Rohr von 12.330 kg Masse schoss *Sprenggranaten* von 108 bis 115 kg mit bis zu 780 m/s auf eine Höchstschussweite von 17,9 km. Später kam für das Geschütz noch eine *Haubengranate* von 115 kg hinzu, die mit 770 m/s sogar 25,58 km erreichte.

Noch im gleichen Jahr kamen die beiden **21 cm S.K. L/45 in Bettungs-Schießgerüst** an die Front. Auch sie wurden »Peter Adalbert« genannt, es handelte sich aber um Reserverohre für den Panzerkreuzer BLÜCHER. Das längere Rohr wies mit 13.900 kg wohl eine größere Masse auf, dafür erreichten die *Sprenggranaten* von 108 bis 115 kg mit 800 m/s Schussweiten bis 18,7 km, mit einer *Haubengranate* von 115 kg dagegen bei 790 m/s sogar 26,4 km.

Die Kalibersteigerung führte zur **24 cm K. L/30 in Bettungs-Schießgerüst**, genannt »Theodor Otto«. Die vier gegen Ende des 19. Jahrhunderts entwickelten Rohre besaßen eine Masse von 18.900 kg bei einem Kaliber von 238 mm. Natürlich waren die ballistischen Leistungen des alten und kurzen Rohres bescheiden. *Sprenggranaten* mit 140 bis 151 kg flogen mit bis zu 640 m/s lediglich 14,3 bis 16,7 km weit, die *Haubengranate* von 148,5 kg mit 640 m/s nur 18,7 km.

Die Rohre der **24 cm S.K. L/40 in Bettungs-Schießgerüst**, genannt »Theodor Karl«, kamen aus dem Bestand von 34 vorhandenen Reserverohren oder von außer Dienst gestellten Linienschiffen und Panzerkreuzern der Jahrhundertwende. Mit der auf 25.640 kg angestiegenen Rohrmasse konnten

Die 21 cm S.K. L/45 in Bettungs-Schießgerüst schwenkte auf einer zerlegbaren Eisenbettung.

die gleichen Geschosse wie beim vorhergehenden Geschütz verfeuert werden, aber mit 835 bzw. 810 m/s für die Sprenggranaten und 810 m/s für die Haubengranate. Dementsprechend wurden auch wesentlich größere Schussweiten von 19,1 bzw. 26,6 km erzielt.

Eine weitere Steigerung stellte dann die **28 cm S.K. L/40 in Bettungs-Schießgerüst**, genannt »Bruno« dar. Die 24 zur Verfügung gestellten Rohre mit einem Kaliber von 283 mm und einer Masse von je 45.300 kg stammten von den alten Linienschiffen der BRAUNSCHWEIG-Klasse. Mit einer *Sprenggranate* von 240 kg konnten bei 785 m/s immerhin schon 20,0 km, mit einer *Haubengranate* von 284 kg und 740 m/s beeindruckende 27,75 km erzielt werden.

Ein Einzelstück blieb die **35/38 cm S.K. L/45 in Bettungs-Schießgerüst**, obwohl für sie ab Ende 1916 drei Stellungen geschaffen wurden. Eine mit Betonbettung ermöglichte einen Seitenrichtbereich von 144°, die beiden anderen mit einer Eisenbettung dagegen einen von 123°. Das Geschütz lief unter der Bezeichnung »König Luitpold«. Der Rohraufbau war einmalig. Das Seelenrohr der letzten *35 cm S.K. L/45 C/1914,* die für den Schlachtkreuzer MACKENSEN bestimmt war, wurde in ein Rohr der *38 cm S.K. L/45* eingezogen, über die später noch ausführlich berichtet wird. Die Masse des Rohres lag bei 79.100 kg. Es verschoss 600 kg *schwere Haubengranaten* mit 815 m/s auf Entfernungen bis 33,8 km. Dazu kam noch eine *leichte Haubengranate* von 330 kg die mit 1055 m/s sogar stolze 48,2 km erreichte.

Wohl das beste Geschütz dieser Art entstand aus einem bei Krupp vorhandenen Versuchsrohr. Es handelte sich um die **35,5 cm S.K. L/52,5 in Bettungs-Schießgerüst**. Die Masse des Rohres von 78.650 kg lag schon über jener der folgenden 38-cm-Kanone. Das »König August« genannte Geschütz mit einem genauen Kaliber von 355,6 mm verschoss vor allem *Haubengranaten.* Bei Massen von 535 bzw. 344 kg wurden sie mit 935 bzw. 1165 m/s abgeschossen und erreichten bei einem Abgangswinkel von bis zu +52° Schussweiten von 50,9 bzw. 62,2 km! In den beiden ersten ab Ende 1916 vorbereiteten Stellungen war ein Seitenrichtbereich von 123° auf einer Eisenbettung möglich. Ab Mitte 1917 wurden zwei weitere Eisenbettungen für eine Vorderpivotlafette geschaffen, die infolge des Rohrrücklaufs in die Schießgrube nur mehr 33° erlaubten.

Wohl am wichtigsten und auch bekanntesten war die **38 cm S.K. L/45 in Bettungs-Schießgerüst** »Max«. Von diesem, für die Linienschiffe der BAYERN-Klasse vorgesehenen *Rohr C/1913* mit einer Masse von 77.500 kg wurden 43 Stück hergestellt. Da von den vier geplanten Einheiten dieser Schiffsklasse nur zwei fertig gestellt wurden, standen 21 Rohre für andere Zwecke zur Verfügung. Die Ausführungen sowohl der Lafetten wie auch der Bettungen waren sehr unterschiedlich.

Modell der 35,5 cm S.K. L/52,5 in einer Vorderpivotlafette auf einem Behelfs-Bettungs-Schießgerüst. Das Rohr ist ganz hinten am Ende seines Rücklaufwegs in der marinetypischen Jackenwiege dargestellt. Von der Mündung hängt die »Höhenrichtvorrichtung«, die das hecklastige Rohr herabzog.

Feuer! Eine 38 cm-S.K. L/45 in Bettungs-Schießgerüst bei der Schussabgabe. Neben den Schienen ein Geschoss, das noch nicht die ballistische Haube erhielt. Man beachte das riesige Gegengewicht als Ausgleicher für das jetzt – nach umgekehrtem Einbau der Jackenwiege – hecklastige Rohr. Die 38-cm-Kanone gehörte zu den bekanntesten deutschen Geschützen des Ersten Weltkriegs.

Das ursprüngliche Anschießgerüst erlaubte nur einen Höhenrichtbereich bis zu +24°. Um die Schussweite zu erhöhen, wurde diese Lafette in einer Grube auf eine unter 5° nach hinten geneigte Betonbettung gesetzt. Mit den dadurch möglichen +29° war mit der *Sprenggranate L/4,1* jetzt eine Schussweite von 27,0 km möglich. Die ersten drei ab Februar 1915 gebauten Ausführungen zeigten alle Zeichen des Behelfs. Mit einem Flaschenzug wurde die ungefähre Höhe genommen, eine Verbindungsstange zwischen Wiege und Bettung eingesetzt und mit einer Spindel die genaue Rohrerhöhung eingestellt. Das Seitenrichten erfolgte mittels Taljen. Bei den ersten zwei 1915 bei Verdun gebauten Betonbettungen betrug der Seitenrichtbereich 30°, bei der dritten 36°.

Bei allen späteren Varianten konnte das Rohr bis auf +45° erhöht werden. Allerdings zeigten sich große Unterschiede bei den Bettungen. Von den Betonbettungen besaß eine einen Seitenrichtbereich von 72°, sieben einen von 144°, vier einen von 360° und eine einen von 180°. Um den Aufwand zu kennzeichnen sei angeführt, dass bei Letzterer die Bettungsgrube einen Durchmesser von 22 m und eine Tiefe von 3,5 m aufwies! Schließlich kamen noch zwei Eisenbettungen mit einem Seitenrichtbereich von 123° und fünf mit einem solchen von 360° hinzu. Niemand sollte davon ausgehen, dass alle diese Stellungen dauernd besetzt waren. Einige wurden, je nach der Frontlage, schon nach wenigen Monaten wieder aufgegeben.

Verschossen wurden jetzt mehrere Geschossmodelle. Die bereits erwähnte *Sprenggranate L/4,1* mit 750 kg und 67 kg Sprengladung erreichte bei 800 m/s jetzt eine Höchstschussweite von 34,2 km. Hinzugekommen war eine *Sprenggranate L/5,4* mit Haube und 62 kg Sprengladung. Sie wurde mit der gleichen Anfangsgeschwindigkeit bis auf 38,7 km verschossen. Daneben war ein *Stahlschrapnell* von 750 kg mit 6,7 kg Sprengladung vor-

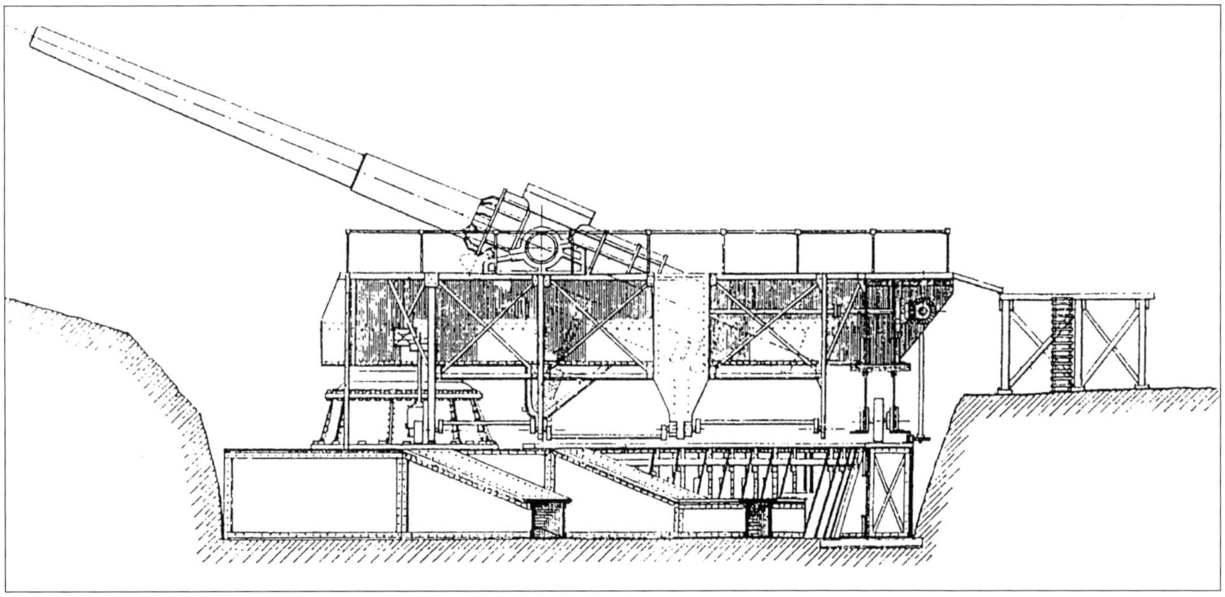

Die zerlegbare Eisenbettung für die 38 cm S.K. L/45 stellte eine Weiterentwicklung dar. Der französische Zeichner hat sich hier keine Gedanken gemacht, wie die eine Tonne schweren Granaten hoch zur Ladeplattform gelangen sollten. In Wirklichkeit erfolgte die Munitionszufuhr mit dem Geschoss- und Kartuschwagen waagrecht vom hinteren Rand der Kesselbettung hinter das Bodenstück des – tiefer stehenden – Geschützes.

handen, das mit einer geringeren Treibladung bis auf 22,6 km kam. Die Letzte im Bunde war eine *leichte Sprenggranate* mit nur 400 kg, einer Sprengladung von 31 kg, dafür aber mit einer Anfangsgeschwindigkeit von 1040 m/s für 47,5 km Höchstschussweite.

Das nachfolgend vorgestellte Geschütz kann aus zwei Blickwinkeln betrachtet werden. Rein technisch gesehen stellte es eine Meisterleistung dar, militärisch gesehen war es eine überflüssige Waffe, sofern man sie nicht als eine solche der psychologischen Kriegsführung einstuft.

Schon vor dem Krieg hatte Krupp Versuche mit Haubengranaten mit einem Spitzenradius bis zu zehn Kalibern durchgeführt. Nach Rücksprache mit dem Reichsmarineamt führte die Firma einen Versuch mit dem 35,5-cm-Rohr durch. Bei einer Geschossmasse von 535 kg und einer Anfangsgeschwindigkeit von 940 m/s erwartete man bei einer Rohrerhöhung von 43° eine Schussweite von etwa 39 km. Der Einschlag lag aber bei 49,0 km. Die Untersuchung zeigte, dass der mit der Höhe abnehmende Widerstand der dünneren Luft die Ursache war. Weitere Überlegungen ergaben, dass mit einem überlangen 21-cm-Rohr Schussweiten um 100 km möglich sein würden. Damit trat der Beschuss von Paris in den Bereich des Möglichen.

In einer Druckschrift schlug daher Krupp der *Obersten Heeresleitung* eine **lange 21 cm Kanone in 38 cm Schießgerüst für 55° Erhöhung** vor. Diese sah entweder den Einsatz von einer Betonbettung für 45° oder von einer Eisenbettung für 33° Seitenrichtbereich vor. Auf Grund der zu erwartenden hohen Rohrabnützung war von vornherein ein Aufbohren der Rohre vorgesehen. Die Schrift enthielt daher Daten für Rohre in einem Kaliber von 209,3, 224 und 232 mm, mit den zugehörigen Rohrmassen von 91.100, 92.700 und 91.300 kg. Dazu kamen die Wiegen mit 56.900, 63.600 und 61.900 kg. Für alle drei gleich war dagegen das Schießgerüst mit 139.770 kg, die Bettungsteile mit 73.400 kg und die erforderliche Gleisanlage mit 42.500 kg. Dies ergab dann Gesamtmassen von 403.680, 411.970 und 408.870 kg. Die entsprechenden Geschossmassen lagen bei 105, 115 und 120 kg.

Infolge der Zurücknahme der deutschen Westfront erhöhte das Heer seine Reichweitenforderung auf 120 km. Für die endgültige Ausführung der **langen 21 cm Kanone in Schießgerüst (21/35 cm)** oder **langen 21 cm Kanone in Schießgerüst (23,2/35 cm)**, besser bekannt als »Wilhelm-Geschütz« oder »Paris-Kanone«, stellte Krupp acht Rohre der *35 cm S.K. L/45 C/1915* bereit, die für die Schlachtkreuzer der MACKENSEN-Klasse bestimmt gewesen waren. In diese wurden 21-cm-Rohre mit einer Länge von 20,99 m und einem konstanten Drall von 32 Kalibern eingezogen. Da aber derart lange Schmiedestücke nicht hergestellt werden konnten, wurden sie aus drei Teilen zusammengeschraubt. Die mittels eines Flansches angeschraubte Verlängerung von 14 m Länge, davon 12 m nutzbar, war glatt ausgeführt. Grund war wieder die begrenzte Fertigungsmöglichkeit der Rohr-

Der Entwurf von Krupp einer überlangen 21-cm-Kanone L/162 in einem Schießgerüst für 38-cm-Geschütze mit 55° Erhöhung. Über den Spannturm ließen sich die 90 mm Durchbiegung des rund 21 m langen Rohres wieder ausgleichen.

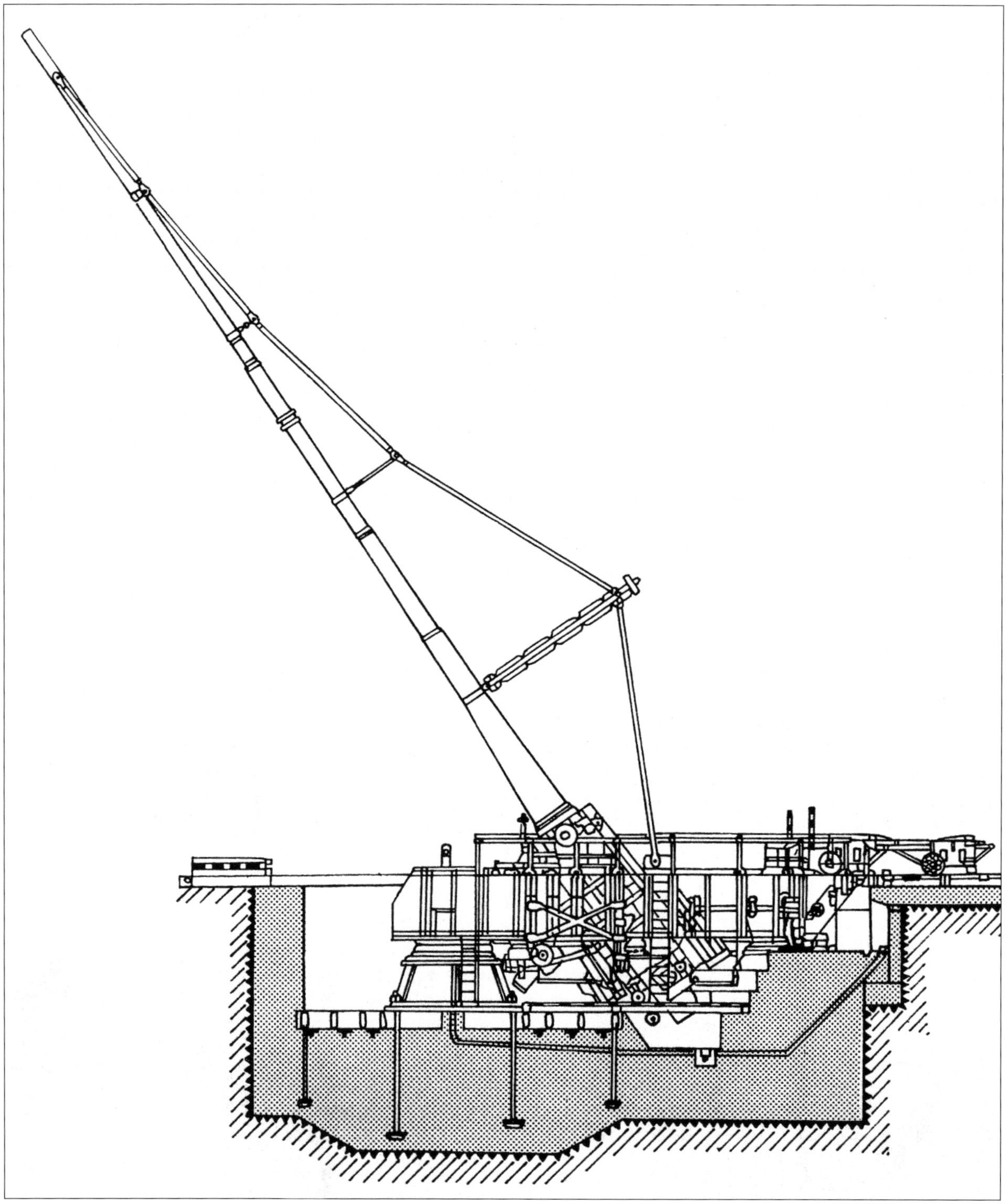

ziehbänke. Um die Durchbiegung des langen Rohres durch die Eigenmasse zu verhindern, wurde senkrecht darauf ein Spannturm gesetzt, von dem ein doppeltes Zugband in Richtung Verschluss und zwei Zugketten Richtung Mündung liefen. Zwischen den Ketten und dem Rohr waren längenverstellbare Zugstangen vorgesehen, um das Rohr ausrichten zu können. In dieser Form besaßen das Rohr eine Masse von 91.000 kg, die Wiege mit Gegengewichten 58.300 kg und die Lafette 152.000 kg. Dazu kam dann noch die Bettung mit 178.985 kg; insgesamt also 481.185 kg!

Die lange 21 cm Kanone in Schießgerüst (21/35cm), besser bekannt als »Wilhelm«- oder »Paris-Geschütz«, in Feuerstellung.

Die Schwierigkeiten der Entwicklung von Geschossen für Höchstleistungswaffen zeigen die zahlreichen Versuche für das »Paris-Geschütz«.

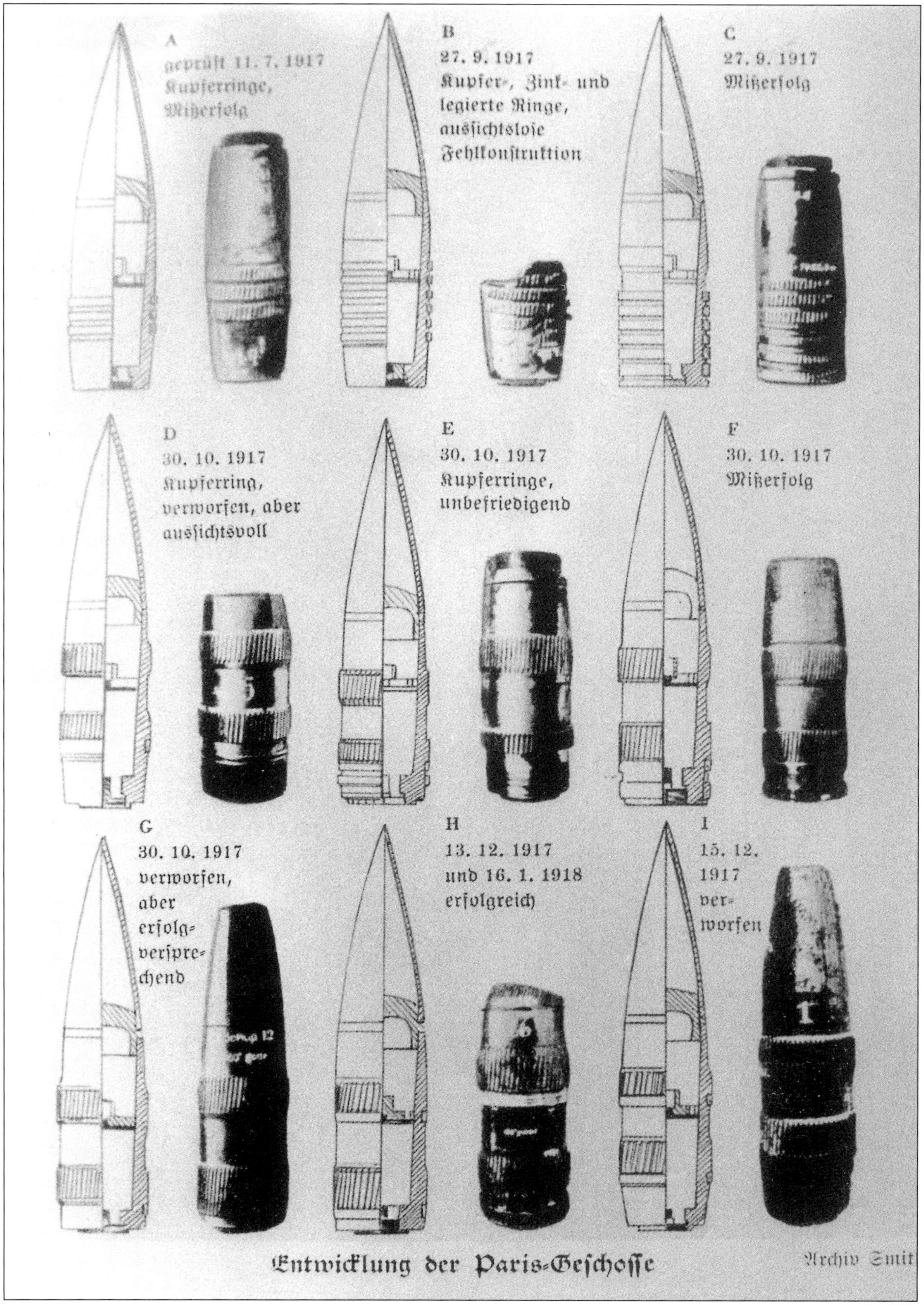

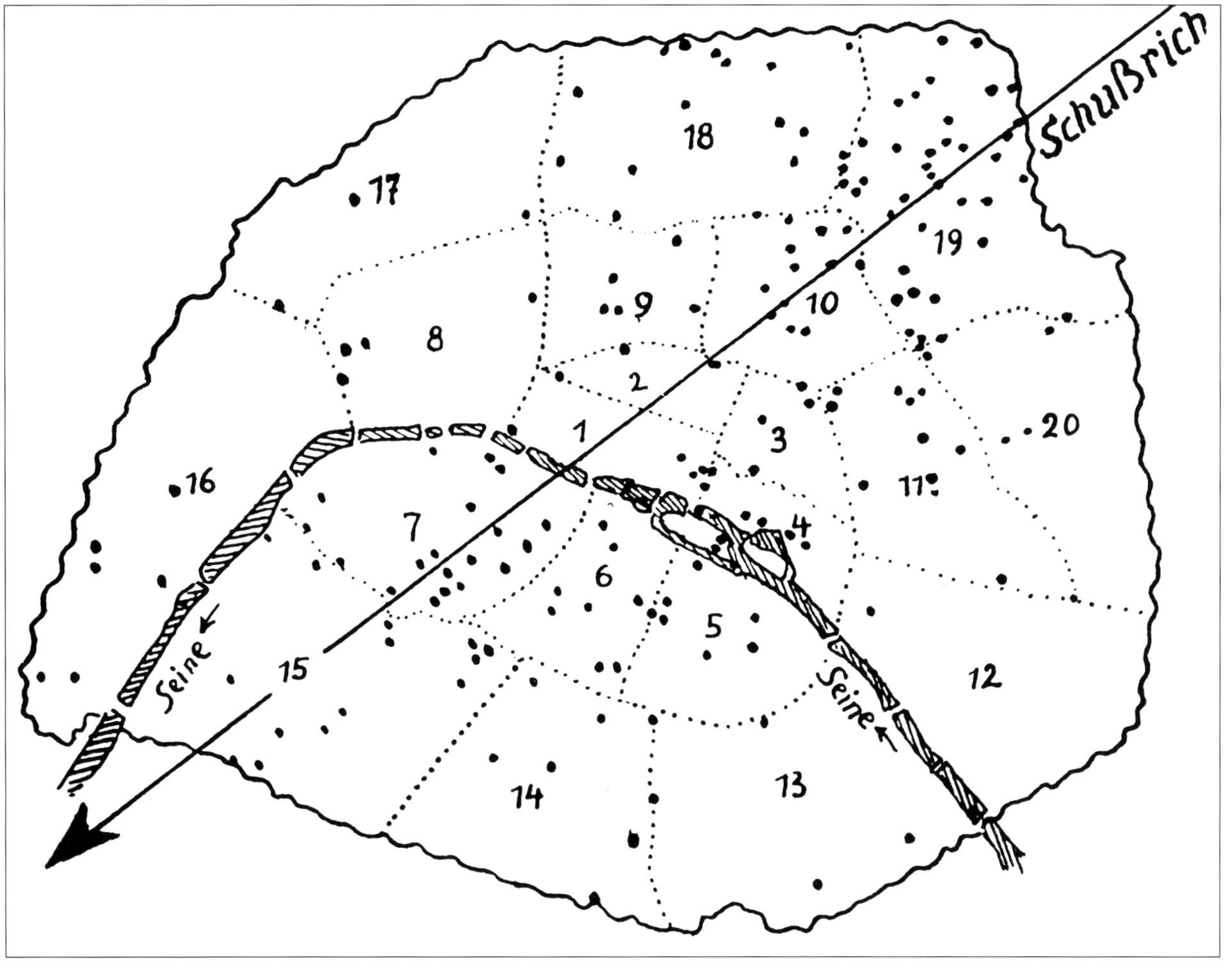

Das Trefferbild des »Paris-Geschützes« innerhalb der Banlieu von Paris zeigt die große Längenstreuung bei Schussentfernungen von fast 130 km.

Nach den Schusstafeln wurde mit dem 21-cm-Rohr und der 4,5 Kaliber langen *Sprenggranate* von 104 bis 106 kg bei einer Anfangsgeschwindigkeit von 1646 m/s eine Höchstschussweite von 128,0 km erzielt. Für das 23,2-cm-Rohr lagen die Werte bei 124 bis 126 kg, 1648 m/s und 114,0 km. Die Geschosse drangen dabei mit um die 40 km in Höhen vor, die nie zuvor ein von Menschenhand geschaffener Körper durchpflügt hatte. Auch die Erddrehung mussten die Ballistiker und Techniker, allen voran *Professor Dr. Fritz Rausenberger*, Werksdirektor, Krupp-Chefkonstrukteur und geistiger Vater des Geschützes, bei der Berechnung der Geschossflugbahn auf Grund der Flugzeit von bis zu drei Minuten berücksichtigen.

Infolge der größeren Geschossmasse stieg auch der Sprengstoffinhalt von 6,85 auf 8,7 kg an – eine Menge, die immer noch eher psychologischen als militärischen Gesichtspunkten Rechnung trug. Der Weg zur endgültigen Geschossform erwies sich aber als ein steiniger Weg mit unzähligen Versuchen, bis die endgültige Geschossform gefunden worden war. Zum Ausgleich des Rohrverschleißes waren die Geschosse unterschiedlich bemessen und entsprechend nummeriert; sie durften nur in dieser Reihenfolge verfeuert werden. Nach 60 bis 70 Schüssen mussten die Rohre aufgebohrt und neu gezogen werden. Von den acht Rohren wurden zwei für die ab Juli 1917 anlaufenden Versuche und eines von vornherein mit einem Kaliber von 224 mm hergestellt.

Die ersten beiden der insgesamt drei gebauten Geschütze begannen am 23. März 1918 mit der Beschießung von Paris. Die Eisenbettungen ließen einen Seitenrichtbereich von 33° zu. Später folgten zwei weitere Eisenbettungen und eine Betonbettung, alle für 360°. Die Schussentfernungen lagen zwischen 91,0 und 120,109 km. Die Beschießung dauerte mit Unterbrechungen bis zum 9. August.

Im Ganzen wurden 303 Schuss auf Paris abgegeben. Von diesen landeten 183 im Zielgebiet, also

In belgischen Festungen erbeutete 21 cm Turmhaubitzen M 1891 legte deren Hersteller Krupp in schwere starre Radlafetten. Am Bodenstück hängt hier noch die Ladeschale, in die das Geschoss zum Ansetzen gelegt wurde.

innerhalb der *Banlieu* mit einer Fläche von 90 km^2. Der militärische Erfolg, wenn man von einem solchen sprechen kann, war in doppeltem Sinne traurig: 256 getötete und etwa 650 verletzte Zivilpersonen.

Den psychologischen und moralischen Effekt dieser *strategischen Waffe* mag ein anderes Faktum beleuchten. Kurze Vorgeschichte: Nach dem 11. November verschwanden die Geschütze und wurden noch vor dem Eintreffen der alliierten Kontrollkommission verschrottet. Nach dem Kriege war dann die Rede davon, dass auch alle Daten und Unterlagen verschwunden bzw. vernichtet worden wären. Von dieser Mär muss endgültig Abschied genommen werden: Bis 1924 befanden sich nachweislich alle Unterlagen, einschließlich der Schusstafeln, in französischem Besitz. Sie wurden beim *Service historique de l'armée de terre* in Vincennes aufbewahrt und als gefährliche Zeugen überlegener Technik geheim gehalten.

Doch zurück zum Kriegseinsatz. Nicht verschwiegen werden soll der willkommene Zulauf von Beutegeschützen. Für sie fertigte die Industrie sogar leistungsgesteigerte deutsche Munition. Diese hob z.B. die Schussweite der 50 russischen *leichten Stahlkanonen 92* von 8,5 auf 9,6 km und der 92 russischen *leichten 8'' Mörser 92* von 5,7 auf 9,1 km.

Zu den weiteren erbeuteten und verwendeten Geschützen zählen auch die britischen *8'' Haubitzen Mk I* bis *Mk VII,* bei denen sich aber mit der nachgefertigten Munition keine wesentliche Leistungssteigerung erzielen ließ.

Die in den belgischen Befestigungen erbeuteten 31 Haubitzen in Panzerkuppeln wurden in Feldgeschütze umgebaut. Es handelte sich dabei um die von Krupp gelieferten *21 cm Turmhaubitzen M. 1891* mit einem Keilverschluss, einer Rohrlänge von 11,7 Kalibern und einer Rohrmasse von 3100 kg. Bei der ursprünglichen Rohrerhöhung von +35° hatten sie Geschosse von 91 kg bis auf 6,9 km verfeuert. Krupp legte diese Rohre nunmehr in eine Radlafette mit Holzbettung und Bettungsbremse ein, mit einer Masse von 8780 kg in Feuerstellung und 9150 kg in Fahrstellung. Mit deutscher Munition und einer auf +44° vergrößerten Rohrerhöhung konnten dann 9,1 km erreicht werden.

Lange 15-cm-Kanone in einer deutschen Stellung, 1915. (Foto: Archiv Fleischer)

Die Besatzung dieser Langen 15-cm-Kanone posiert vor dem Fotografen. (Foto: Archiv Fleischer)

An der Westfront 1918 den Entente-Mächten in die Hände gefallene deutsche 142-mm-Kanone. (Foto: Imperial War Museum, © PD)

17-cm-Schnellladekanone L/40 in Räderlafette. (Foto: Archiv Fleischer)

28-cm-Küstenhaubitze L-12 im Jahr 1914.

28-cm-Schnellladekanone L 40 »Bruno« in Eisenbahndeckungslafette. (Foto: Archiv Fleischer)

Frankreich

Im Unterschied zu Deutschland beschritt Frankreich auf mehreren Gebieten ganz andere Wege, um seine schwere Artillerie sowohl hinsichtlich der Geschütze wie auch der Organisation optimal auf den Krieg einzustellen.

Am offensichtlichsten tritt dies bei der Organisation zu Tage. In den ersten Kriegsjahren kam es häufig zu Verzettelungen durch den vereinzelten Einsatz der schweren Batterien. Dabei fehlte oft, wie man heute sagen würde, die erforderliche Logistik und die nötige Aufklärung für den Waffeneinsatz. Daher schuf die Heeresleitung im Februar 1916 die *Réserve Général d'Artillerie Lourde (R.G.A.)* (in etwa: Hauptreserve der schweren Artillerie) und fasste in ihrer 2. Division sowohl die zehn Regimenter mit Langrohrwaffen (Kanonen) als auch die zehn Regimenter mit Steilfeuerwaffen zusammen. Letztere setzten sich aus je vier Abteilungen *(Groupes)* mit insgesamt 120 Batterien zusammen. Dazu zählten 81 Batterien mit 324 der neuen *220-mm-Mörser* und 39 mit 117 *280-mm-Mörsern.* Die nächste Umgliederung erfolgte im November 1918. Die Struktur der Regimenter änderte sich nun von je sechs Abteilungen zu je zwei Batterien auf je vier Abteilungen zu je drei Batterien. Eine neu aufgestellte 7. Division setzte die neuen Selbstfahrlafetten ein.

Auch beim Geschützmaterial, das zu Kriegsbeginn 330 alte *220-mm- und 32 270-mm-Mörser* umfasste, forderte die Truppe bald neuere und leistungsfähigere Waffen in größeren Stückzahlen. Neben der Fertigung neuer Geschütze zog das französische Oberkommando eine Anzahl älterer Küstengeschütze heran und leitete die Schaffung neuer Lafetten für Rohre der Küstenartillerie ein. Weniger Probleme ergaben sich bei den Zugmitteln, auf deren Einführung schon das vorhergehende Kapitel ab Seite 70 einging. Immerhin besaß die französische Armee bei Kriegsende über 2000 Artilleriezugmaschinen!

Der erste Schritt war der Landeinsatz des **Küstenmörsers 270 mm (Mörser G)**, bei dem es sich um ein *Modell 1889* handelte. Noch 1940 waren 24 davon vorhanden, wurden aber nicht mehr eingesetzt. Natürlich waren auch bei diesem Geschütz typisch französische Eigenheiten zu verzeichnen.

So war das Stahlrohr durch Ringe verstärkt und mit einem Schraubverschluss ausgestattet. Da seinerzeit bei einem Küstengeschütz die Masse keine so wichtige Rolle spielte, war es mit 5800 kg relativ schwer, wobei aber die Rohrlänge von 12,4 Kaliber berücksichtigt werden muss. Im Übrigen gab es zwei Drall-Längen: 26 oder 15 Kaliberlängen.

Charakteristisch war auch die Schildzapfenlagerung auf einer Blattfeder in jeder Wange der Ober-

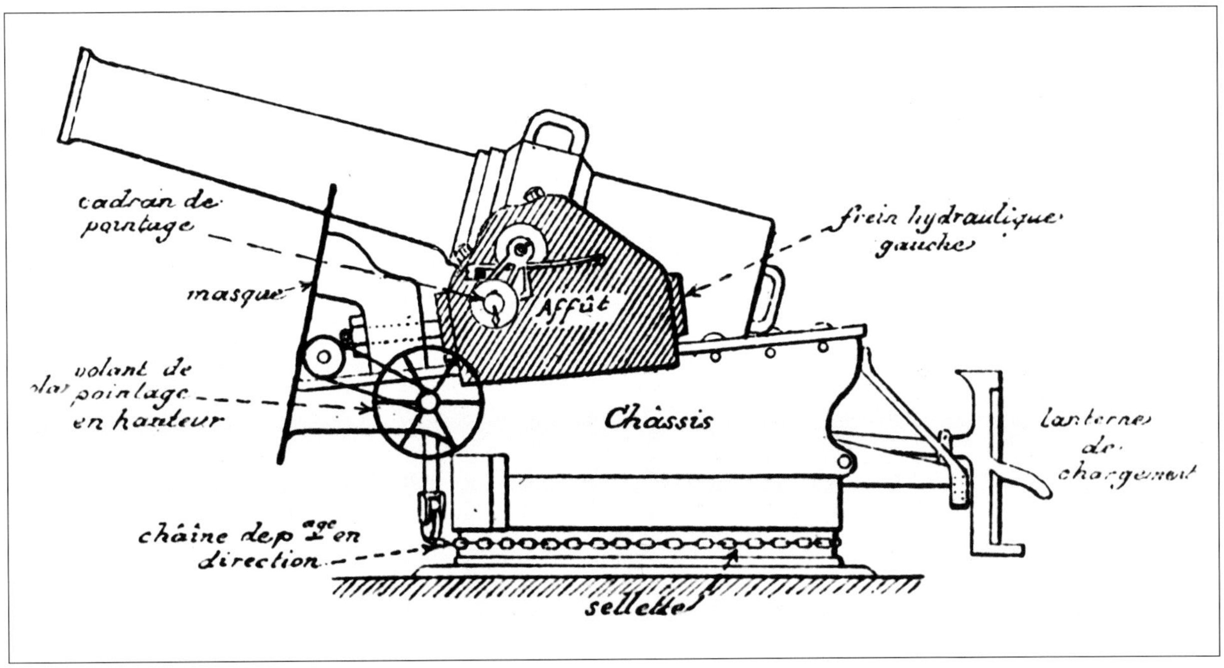

Für den Landeinsatz setzte die französische Artillerie den Küstenmörser 270 mm (Mörser G) auf eine Bettung aus Bohlen. Der Mündungswulst des Rohres und der Einzelhenkel als »Delphin«-Nachfolger erinnern an alte Traditionen des Rohrgusses.

Eine ausgesprochene Notlösung stellten die Rohre der Küstenkanone 240 mm G Mle. 1884 in einer hölzernen(!) Wandlafette dar. Das Höhenrichten erfolgte hier wahrscheinlich nach historischer Art mittels Unterlegkeilen. Die Aufnahme entstand 1915 bei Reimskapelle.

lafette, die aus einem Gussteil bestand. Das Gleiche galt auch für die Unterlafette mit ihren unter 4° ansteigenden Bahnen. Abweichend von den üblichen Ausführungen zeigte sich die Rollenlagerung in der Unterlafette und nicht, wie bei fast allen anderen Geschützen, in der Oberlafette. Dazu kamen die beiden Rücklaufbremsen in der Oberlafette. Auch die Höhenrichtmaschine war einzigartig: Seitlich an der Unterlafette befand sich ein Handrad, das über eine Kette eine Welle antrieb, die ihrerseits über ein Kegelradgetriebe auf eine achteckige Welle wirkte. Auf ihr konnte die in der Oberlafette gelagerte Schnecke gleiten, die in den Zahnkranz am Rohr eingriff.

Die Unterlafette drehte sich auf einem Kranz aus konischen Rollen auf einer Basis aus Guss-Stahl. Das Schwenken um bis zu 60° erfolgte mittels eines Kettenrades, das in die an der Basis befestigte Kette eingriff.

Während das Küstengeschütz auf einer Betonbettung stand, feuerte die Landausführung von einer 3 t schwere Bohlenbettung, die in eine 0,2 m tiefe Grube mit den Maßen 3 x 5 m verlegt wurde.

Die Masse in Feuerstellung betrug 26.500 kg, bestehend aus der Oberlafette mit dem Rohr mit 10.800 kg, der Unterlafette mit 8700 kg und der Basis mit 7000 kg. Dazu kam, wie bereits erwähnt, mit 3000 kg die Bettung. Ursprünglich erfolgte der Transport in drei Lasten auf der üblichen Schmalspurfeldbahn, später aber auch verlastet im Kraftzug.

Der Mörser verschoss zuerst die alte *Sprenggranate* des Belagerungsmörsers gleichen Kalibers von 152,2 kg mit 37 kg Sprengstoff. 14 Teilladungen beschleunigten sie auf eine Anfangsgeschwindigkeit bis zu 420 m/s, was einer maximalen Schussweite von 10,4 km entsprach. Später kamen noch zwei weitere Granaten hinzu, eine mit gleicher Masse aber mit nur 27 kg Sprengstoff, sowie eine schwere von 198,4 kg mit 59 kg (Anfangsgeschwindigkeit 291 m/s).

Die Ladehilfe befand sich als Schwinge am hinteren Teil der Unterlafette. Sie nahm das Geschoss senkrecht auf und schwang es mittels einer beim Rücklauf gespannten Feder vor den Verschluss.

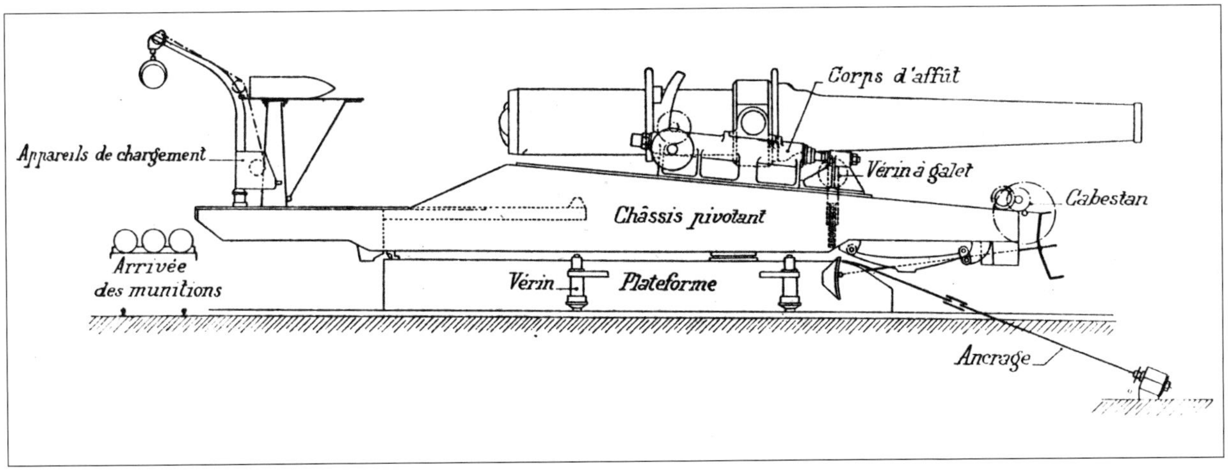

Die Zeichnung zeigt Aufbau und Lafetten-Erdanker der Kanone 240 mm Mle. 1884 für Kraftzug in Feuerstellung. Der Geschosswagen fuhr nach vorn zu einem Rohr in negativer Ladestellung.

Auf das Auftreten deutscher schwerer Marinegeschütze in Bettungslafetten 1915 reagierte die französische Artillerie zunächst mit Behelfslösungen; so z.B. mit dem Einlegen von Rohren der *240 mm Küstenkanone G Mle. 1884* in eine aus schweren Holzbohlen zusammengesetzte Wandlafette. Innerhalb kürzester Zeit gelang dann der *Firma St. Chamond* die Konstruktion und Fertigung von 60 Stück der **Kanone 240 mm Mle. 1884 für Kraftzug**. Das Rohr mit seiner Länge von 27,9 Kalibern besaß einen zunehmenden Drall von 120 auf 26, einen Schraubverschluss und eine Masse von 14.000 kg.

Die Oberlafette von lediglich 3000 kg ließ bei einer Ladestellung von -5° das Schießen mit Rohrerhöhungen von -0 bis +38° zu. Seitlich lagen die beiden Bremszylinder, deren Kolbenstangen am Rahmen ihre Widerlager fanden. Der Rahmen mit seinen ansteigenden Gleitbahnen wies eine Masse von 7850 kg auf und bildete mit der Plattform von 5400 kg eine Mittelpivotlafette, die einen Seitenrichtbereich von 10° ergab. Es war aber auch möglich, die Plattform anzuheben und eine Drehscheibe aus zwei durch einen Zapfen verbundene Blechplatten unterzuschieben. Damit konnte das Geschütz, nach dem Lösen der Verankerungen, auch um 360° verschwenkt werden.

Das Beziehen der Feuerstellung verlief wie folgt: Der Lafettenwagen von 23.000 kg mit Plattform, Rahmen, Unter- und Oberlafette wurde über die Stellung gefahren, mit vier Spindeln angehoben und nach dem Ausfahren der Räder abgesenkt. Dann wurde der Rohrwagen von 20.500 kg herangefahren und das Rohr auf seinem Schlitten mit Rollen auf den innen liegenden Schienen des Rahmens hinaufgerollt. Eine Winde vorn am Rahmen zog dann das Rohr vom Schlitten in Position. Zwei hintereinander gespannte Zugmaschinen bewegten jede Fahrlast. Wenn die Bodenverhältnisse kein Befahren der Stellung erlaubten, fand der Transport auf Schmalspurgleisen statt. Dabei wurden unter den Rohrschlitten und den Rahmen je zwei drei-

Die 240-mm-Kanone auf dem Marsch; zweilastig auf eisenbereiften Rohr- und Lafettenwagen hinter Artilleriezugmaschinen.

achsige Rollwagen gesetzt. Beim Straßentransport verbrauchten die vier Zugmaschinen eines Geschützes auf 100 km nicht weniger als 1000 Liter Kraftstoff!

Das wichtigste Geschoss stellte eine *Sprenggranate* von 140 kg mit 26 kg Sprengstoff dar. Ihre Treibladung verlieh ihr eine Anfangsgeschwindigkeit von 614 m/s für eine Schussweite von 17,2 km. Hinzu kamen eine *Haubengranate* von 160 kg mit 34 kg Sprengstoff und eine weitere *Sprenggranate* von 164 kg mit 17,5 kg Sprengstoff. Die Geschosse hob ein am Rahmenende angebrachter Kran vom Munitionswagen auf einen Ladetisch.

Wie bei stark belasteten Kanonen nicht anders zu erwarten, waren die alten Rohre bald ausgeschossen. St. Chamond fertigte darauf 60 Ersatzrohre *M 1917,* worauf sich das Geschütz zur **Kanone 240 mm Mle. 1917 für Kraftzug** mauserte. Im Unterschied zum alten Rohr wies das neue eine geringfügig auf 29,2 Kaliber vergrößerte Rohrlänge, einen konstanter Drall von 30 Kalibern und eine auf 14.500 kg gestiegene Masse auf. Durch das längere Rohr kletterte die Anfangsgeschwindigkeit auf 640 m/s und die Schussweite auf 18,0 km. Alle anderen Einzelheiten blieben gleich.

Neben diesen älteren oder umgebauten Geschützen brachte die französische Industrie auch zahlreiche Neuentwicklungen hervor. Bereits 1913 hatte die Armee die Forderung nach einem mittleren Mörser gestellt. Der Einsatz der deutschen 21-cm-Mörser verstärkte dann noch den Druck. *Schneider* konnte aufgrund der Erfahrungen mit dem vor dem Krieg für Russland entwickelten *9'' Belagerungsmörser* rasch reagieren. Als Ergebnis erschien ein 220-mm-Geschütz, das ab 1916 ausgeliefert wurde. Die erste Serie von 40 Stück trug die Bezeichnung **Mörser 220 mm C Mle. 15**, die nachfolgenden **Mörser 220 mm C Mle. 16**. Im Unterschied zur zweiten fand bei der ersten Serie eine gebogene Achse Verwendung, die beim Seitenrichten die Räder nicht bewegte. Aus fertigungstechnischen Gründen wurde diese Technik später aufgegeben. Außerdem erhielten die nachfolgenden Geschütze Gummiauflagen auf den Stahlrädern. Im Juli 1918 waren 324 Mörser fertig, deren Herstellung lief aber weiter, so dass 1940 noch 462 Stück vorhanden waren.

Das Rohr mit einer Länge von 10,4 Kalibern, dem üblichen Schraubverschluss und konstantem Drall wog 2810 kg, einschließlich der Gegengewichte im Bereich des Bodenstücks, die Ausgleicher überflüssig machten.

Die Kastenlafette ermöglichte einen Seitenrichtbereich von 6° sowie die Erhöhung von +10 bis +65°, wobei aber erst ab +20° geschossen werden durfte. Zum Feuern schob die Bedienung Rohrmatten unter die Räder. Der Bremszylinder und die beiden danebenliegenden Vorholer waren wieder in

Die Firma Schneider schuf den 220-mm-Mörser C Mle. 16 auf Grundlage ihrer Vorkriegsentwicklungen.

Die leistungsfähige Kanone 220 mm L Mle. 1917 (hier in Fahrstellung mit abgesenkten Rädern) stellte eine vollkommene Neuentwicklung dar.

der langen Wiege untergebracht. Von Interesse ist ferner die über dem Lafettenschwanz liegende Fahrbahn für den Geschosswagen, der bis vor den Verschluss gefahren werden konnte.

Der Transport des Geschützes, mit einer Masse von 7800 kg in Feuerstellung, erfolgte im Normalfall in zwei Lasten, 4500 für den Rohrwagen und 5200 kg für den Lafettenwagen. Spätere verstärkte Ausführungen bis zum Zweiten Weltkrieg ergaben dann 5020 und 5790 kg. Etwa unter dem Schwerpunkt des Rohres war dabei eine Achse angeordnet. Vom Gegengewicht führte ein Schwanz zu einer zweiten Achse. Gefahren wurden beide Lasten hinter einem Zugfahrzeug. Für kurze Strecken war auch der Transport in einer einzigen Last möglich, wobei sich eine Masse von 8600 kg ergab.

Verschossen wurde vor allem eine *Sprenggranate* von 100,5 kg mit 21 kg Sprengstoff. Bei zwölf Teilladungen erreichte sie mit 350 m/s eine Höchstschussweite von 11,0 km. Weitere Geschosse von 101,5, 100,5 und 100,4 kg mit 19,5, 28,5 und 25 kg Sprengstoff wiesen eine Anfangsgeschwindigkeit von 332 m/s auf.

Bei den Kanonen führte eine Entwicklung nicht zum Ziel. Dies zeigt, dass auch auf technischem Gebiet manche Grenzen nicht überschritten werden können. Der durch die Schaffung der Kanone *155 mm G.P.F.* bekannte Oberst *Filloux* schlug vor, in diese Lafette ein neues Rohr größeren Kalibers einzulegen. Die dabei entstandene **Kanone 194 mm G.P.F.** war lafettenmäßig überfordert. Das 194-mm-Rohr mit Schraubverschluss und einer Länge von 33,9 Kalibern wies eine Masse von 8735 kg auf. Es war damit mehr als doppelt so schwer wie das der 155-mm-Kanone mit 3870 kg.

Von Vorteil war sicher der Höhenrichtbereich von -0 bis +35° und der Seitenrichtbereich von bis zu 55°. Da aber die Länge des veränderlichen Rohrrücklaufs gleich geblieben war, wurde die Lafette durch die gestiegenen Rückstoßkräfte überlastet.

Abweichend vom Grundtyp wurde das neue Geschütz mit seiner Masse in Feuerstellung von 15.600 kg (selbst ohne Radgürtel) in zwei Lasten gefahren. Das Lafettenfahrzeug wies dabei eine Masse von 8000 kg auf, das Rohrfahrzeug eine von 10.500 kg.

Die ballistischen Leistungen wären beachtlich gewesen. Mit Granaten von 78,5, 80,9 und 83,5 kg konnten mit einer Anfangsgeschwindigkeit bis zu 725 m/s Schussweiten von 19,0 km erreicht werden. Infolge der auftretenden Schwierigkeiten wurde die Entwicklung nicht weiter verfolgt und verblieb im Stadium des Prototyps.

Die Armee nahm dagegen die von Schneider entwickelte **Kanone 220 mm L Mle. 1917** an. Bemängelt wurde an ihr später lediglich die zu geringe Beweglichkeit und der Zeitaufwand für das Beziehen der Feuerstellung. Schneider hatte insgesamt fünf verschiedene Lafetten vorgestellt, von denen die Armee schließlich den *Typ C* mit doppeltem Rücklauf auswählte.

Das 9280-kg-Rohr von 35 Kalibern Länge erhielt, wie nicht anders zu erwarten war, einen Schraubverschluss. Es lief in einer Wiege mit dem Bremszylinder und den beiden Vorholern zurück.

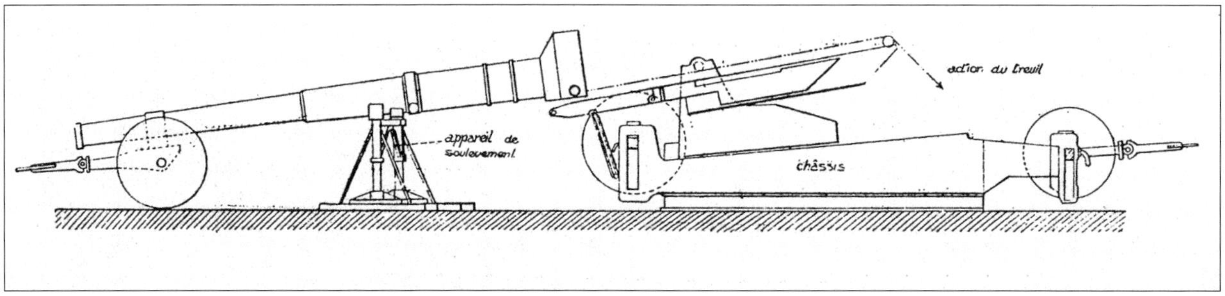

Bei der 220-mm-Kanone erfolgte, abweichend von den üblichen Konstruktionen, das Einfahren des Rohres auf die Troglafette von vorne.

Die Schildzapfen waren in der Oberlafette gelagert, die ihrerseits mit vier Rollen auf der unter 6° ansteigenden Bahn des Rahmens zurücklief und zusätzlich durch einen Bremszylinder weiter abgebremst wurde. Der Höhenrichtbereich reichte von -0 bis +37°.

Der Rahmen trug an seinen beiden Enden je eine Achse, die sich mittels hydraulischer Winden anheben und absenken ließ, wobei die Achsen und Räder selbst in der Feuerstellung am Geschütz verblieben. Als Vorderpivotlafette ausgebildet, drehte sich der Rahmen auf einer unter ihm gelagerten Plattform aus Eisenblech.

Infolge seiner Masse in Feuerstellung von 23.000 kg (Gesamtmasse 25.880 kg) wurde das Geschütz in einer Last von zwei hintereinander gespannten Zugfahrzeugen bewegt. Plattform, Rahmen und Oberlafette bildeten im Normalfall eine Fahrlast von 16.600 kg, das Rohr auf zwei Achsen eine solche von 13.520 kg. Über kurze Entfernungen genügte auch ein Zugfahrzeug. In der Feuerstellung senkte die Bedienung den Rahmen mit der Plattform durch Anheben der Räder auf den Boden ab. Gegen das Verschieben erfolgte die Sicherung hinten durch Sporne und vorne durch zwei Zugbänder zu Bodenankern. Nachdem die Wiege auf -10° geneigt worden war, wurde das Rohr von vorne herangefahren, mit einem Hubgerüst hochgekippt und mit einer am hinteren Rahmenende angebrachten Winde über zwei ausgefahrene Führungsschienen auf die Wiege gezogen. Der Seitenrichtbereich betrug nur 20°, ließ sich aber auf 50° steigern: Nach dem Hochheben des Geschützes mittels der Räder ließ sich die Plattform unter dem Rahmen verdrehen.

Die drei von St. Chamond gebauten Selbstfahrlafetten. Von links nach rechts: Generatorwagen, 280-mm-Mörser, 220-mm-Mörser und 194-mm-Kanone.

Die Kanone 194 mm G.P.F. marschbereit auf ihrem Kettenfahrgestell hinter ihrem Generatorfahrzeug mit der Munition.

Die 220-mm-Kanone verschoss mit zwei Teilladungen zwei *Sprenggranaten* von 103 kg mit 14 bzw. 20 kg Sprengstoff. Beide ließen sich mit Hauben versehen. Sie erreichten mit einer Anfangsgeschwindigkeit von 766 m/s eine Schussweite von 22,8 km.

Jahre später, 1930, kam noch eine weitere Haubengranate hinzu. 1940 mobilisierte die französische Artillerie von den 68 insgesamt gebauten Kanonen dieses Modells noch 56.

Die nächste Gruppe von Geschützen stellt einen Quantensprung in der Entwicklung dar. Die Lösung für die Erhöhung der Beweglichkeit und einer schnellen Feuerbereitschaft fanden französische Ingenieure und Militärs in *Selbstfahrlafetten*. Führend auf diesem Gebiet war die Firma St. Chamond, die bereits 1917 die ersten Prototypen vorstellte.

Um spätere Wiederholungen zu vermeiden, werden an dieser Stelle die gemeinsamen Baugruppen behandelt. Das gesamte System bestand aus zwei Kettenfahrgestellen: Einem vorderen *Generatorwagen* und dem hinteren *Waffenträger*.

Der *Generatorwagen* maß 7,0 m in der Länge, 2,6 m in der Breite und hatte einen Bodendruck von 88 kPa (0,9 kg/cm^2). Ein Vierzylinder-Benzinmotor der Firma *Panhard* mit einer Leistung von 88 kW (120 PS) trieb einen Generator an. Dieser erzeugte Strom für die Elektromotore von je 20,6 kW (28 PS), welche die vier Ketten der beiden Fahrzeuge bewegten. Im Prinzip war es ein Mehrstoffmotor, der sowohl mit Benzin als auch Benzol oder »nationalem Treibstoff«, einer Mischung von 50% Benzin und 50% Alkohol, betrieben werden konnte. Außerdem führte das Fahrzeug eine vom Kaliber der Waffe abhängige Anzahl von Geschossen mit.

Das Waffenträgerfahrzeug war ebenfalls 2,6 m breit. Es war mit dem Generatorwagen durch ein Kabel für die Stromzuführung verbunden und ebenfalls mit einem Fahrer besetzt. Die Geschwindigkeit von 4 bis 8 km/h gab der Fahrer des Generatorwagens vor. Für die Entlastung des Fahrgestells sollte ein doppelter Rücklauf der Waffe sorgen. Die Rohrwiege lag in einer Oberlafette, die ihrerseits auf einer schiefen Ebene zurücklief. Der Bodendruck lag bei 98 kPa (1,0 kg/cm^2). Zwei Spindeln mit großen Stütztellern stützten das Fahrzeug in der Feuerstellung hinten ab. Infolge der Fähigkeit, auf der Stelle drehen zu können, betrug der Schwenkbereich der Waffe 360°.

Die Behandlung der einzelnen Modelle erfolgt anschließend wieder nach Kalibern. An erster Stelle steht daher die **Kanone 194 mm G.P.F. auf Kettenfahrgestell**. Das Generatorfahrzeug führte 60 Schuss mit und kam damit auf eine Masse von 26,5 t. Das verwendete Rohr entsprach der bereits auf Seite 105 beschriebenen Waffe gleichen Kalibers. Die Änderungen der Lafettierung wurden bereits allgemein geschildert. Der Höhenrichtbereich ging nun bis +36°. Die Länge von 8,5 m in Fahrstellung wurde durch Zurückziehen des Rohres erreicht. Die Masse betrug 29,6 t.

Vom Mörser 220 mm C Mle. 1917 auf Kettenfahrgestell baute die Firma St. Chamond nur einen Prototyp.

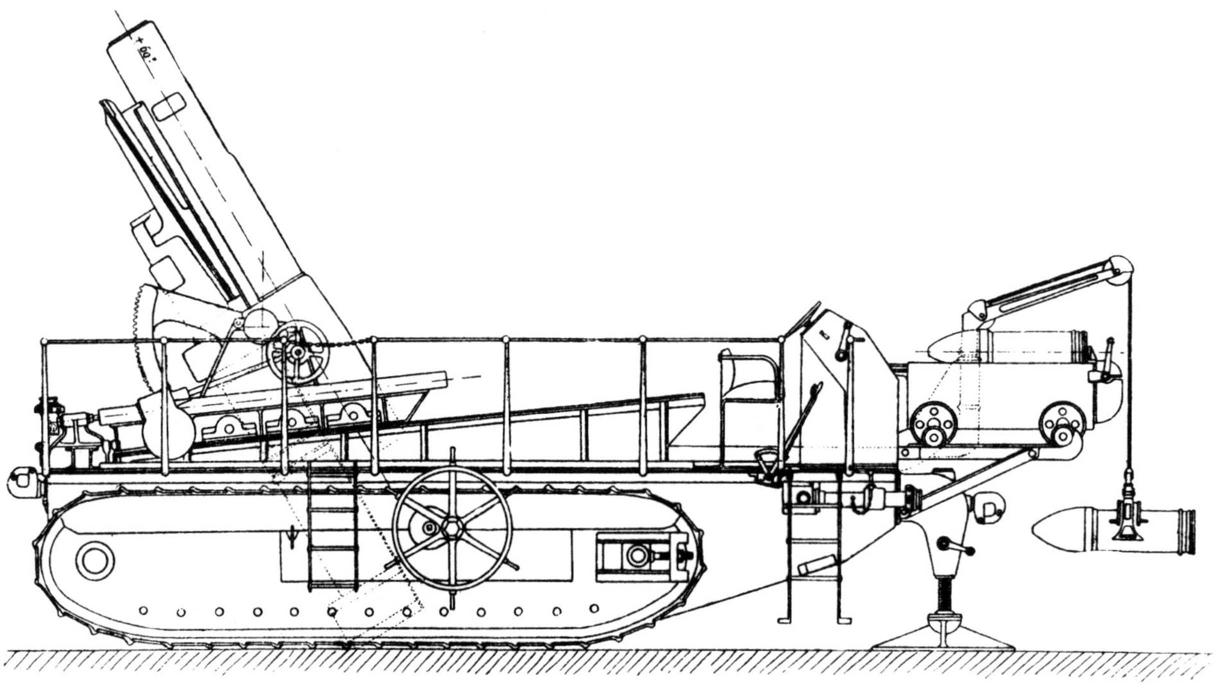

Die Zeichnung macht deutlich, wie der 280-mm-Mörser in Feuerstellung zusätzlich noch auf der Heckabstützung seines Kettenfahrgestells ruht.

Die von der französischen Artillerie nicht eingeführte Kanone 220 mm L Mle. 1917 auf Kettenfahrgestell; eine Schneider-Konstruktion.

Da die Waffe praktisch erst nach Kriegsende Einsatzreife erlangte, wird hier die ab 1920/21 eingeführte Munition vorgestellt: Zwei *Haubengranaten* von 78,8 bzw. 84,9 kg mit 11,8 bzw. 8 kg Sprengstoff. Sie erreichten mit 725 m/s eine Schussweite bis 20,8 km.

Als nächste Waffensystem in dieser Reihe folgte der **Mörser 220 mm C Mle. 1917 auf Kettenfahrgestell**. Bei ihm lagen die Massen für das Generatorfahrzeug bei 28 t und für den Waffenträger bei 23,5 t. Die neue Waffe konnte Geschosse von 101 kg mit 500 m/s bis auf 13 km verschießen. Es blieb aber bei einem Prototyp, der noch im Juli 1918 an die Front ging.

Dann gab es noch den **Mörser 280 mm auf Kettenfahrgestell**, der das Rohr des *Schneider-Mörsers 280 mm Mle. 1914* in der vorhin beschriebenen geänderten Lafettierung mit einem Höhenrichtbereich bis +60° erhielt. Die Masse des Generatorfahrzeuges mit 30 Schuss betrug 26 t, die des Waffenträgers 29 t. Mit zurückgezogenem Rohr maß das Geschütz 7,5 m.

Auch die US-Artillerie zeigte Interesse an diesem Waffensystem. Sie entwickelte zusammen mit Schneider eine 240-mm-Haubitze, die ab 1919 in gemeinsamer Fertigung und in einer Serie von 500 Stück ausgeliefert werden sollte. Als sich die Vereinigten Staaten mit dem Kriegsende aus dem Programm zurückzogen, stattete Schneider die fertigen Fahrgestelle alle mit dem 280-mm-Mörser aus.

Neben dem 220-mm-Prototyp stellte St. Chamond in der Folge nur 26 Systeme mit dem 280-mm- und 49 mit dem 194-mm-Rohr fertig.

Außerdem war noch vorgesehen, ausgeschossene 194-mm-Rohre auf 220 mm aufzubohren. Alle diese Geschütze erbeutete 1940 die Wehrmacht und setzte sie später an der Ostfront ein.

Natürlich beteiligte sich auch Schneider an diesem neuen Programm. Die Firma entschied sich für *ein* Fahrzeug, das sowohl den Motor mit dem Generator als auch die Waffe trug (Gesamtmasse etwa 40 t). Geplant war der Aufbau von 220- und 240-mm-Kanonen und des 280-mm-Mörsers. Gebaut wurde aber nur die **Kanone 220 mm L Mle. 1917 auf Kettenfahrgestell**, die aber nicht eingeführt wurde.

Abschließend sei noch erwähnt, dass Frankreich von Großbritannien eine Anzahl *8'' Haubitzen Mk. VI* erhielt und auch einsetzte. Näheres über dieses Geschütz findet sich auf Seite 112 bei den britischen Entwicklungen des Ersten Weltkrieges.

Großbritannien

Wie bereits in den vorhergehenden Abschnitten erwähnt, besaß das britische Heer keine schweren Geschütze, als das Land in den Ersten Weltkrieg eintrat. Die deutschen Erfolge in den ersten Kriegsmonaten führten daher zu einem wahren *»crash program«*. Alte 6''-Kanonen unterschiedlichster Herkunft wurden abgeschnitten, auf 8'' aufgebohrt und ihre Ladungsräume vergrößert, um 90,7 kg schwere Geschosse zu verschießen. Die benötigten 100 Lafetten stellten verschiedene Eisenbahnwerkstätten her. Dementsprechend unterschiedlich waren auch die Erzeugnisse. Schon die Rohrmassen und Rohrlängen streuten. Sie betrugen 5428 kg und L/16 für die *Mk I,* 5206 kg und L/16,5 für die *Mk II,* 5209 kg und L/16,5 für die *Mk III,*

Die britischen 8'' Haubitzen Mk I – Mk V entstanden durch Abschneiden und Aufbohren der Rohre alter 6'' Kanonen. Die Lafetten dafür bauten verschiedene Eisenbahnwerkstätten.

Eine 8'' Haubitze im Einsatz vor Gallipoli 1915.

5428 kg und L/16 für die *Mk IV* und schließlich 5138 kg und L/17 für die *Mk V*. Zusammen mit den entsprechenden Lafetten entstanden daher die **8'' Haubitzen Mk I – Mk V auf Haubitzlafetten Mk I – Mk V** mit einer Masse in Feuerstellung von 13.963, 13.847, 13.383, 13.383 und 13.499 kg.

Gemein war allen die konstante Dralllänge von 15 Kalibern, 48 Züge, der Schraubverschluss und ein Höhenrichtbereich von -5 bis +45°, sowie das Fehlen jeglicher Möglichkeit zum Seitenrichten. Die *Sprenggranate* von 90,7 kg enthielt 9,07 kg Sprengstoff und flog bei einer Anfangsgeschwindigkeit von 397 m/s bis zu 9,6 km weit. Außerdem gab es noch ein *Schrapnell.*

Diese Modelle wurden teilweise noch während des Krieges durch die nachfolgenden neuen Model-

Die neu entwickelte 8″ Haubitze Mk VI stellte ein verbessertes Modell der Reihe Mk I – V dar.

8″ Haubitze der Baureihe Mk I – Mk V in Feuerstellung.

Eine Skizze der 8″ Haubitze Mk VI auf einer Holzbettung mit einer Gleitbahn für den Lafettenschwanz zur Vergrößerung des Seitenrichtbereichs.

le ersetzt, der Rest dann 1919 ausgeschieden.

Nachdem damit der erste Bedarf gedeckt war, begann die Rüstungsschmiede *Vickers* 1915 mit der Entwicklung einer neuen Artilleriewaffe. Das Ergebnis offenbarte sich in der **8″ Haubitze Mk VI auf Haubitzlafette Mk VI**, die Vickers ab März 1916 auslieferte und die eine wesentliche Verbesserung darstellte. Die Kastenlafette trug eine Oberlafette, die einen Höhenrichtbereich von -0 bis +50° und einen Seitenrichtbereich von 8° ermöglichte. Außerdem bestand die Möglichkeit der Verwendung einer Holzbettung mit Gleitbahn für den Lafettenschwanz, die das Seitenrichtfeld auf 54° vergrößerte.

Das Rohr maß nun in der Länge 16 Kaliber und wies 48 Züge, eine Dralllänge von 15 Kalibern und eine Masse von 3102 kg auf. Es verschoss die gleichen Geschosse wie seine Vorläufermodelle mit 396 m/s auf 9,8 km. Die Masse des Geschützes in Feuerstellung war mit 8740 kg wesentlich gesenkt worden. Die wahlweise Holzbettung stand mit 2200 kg zu Buche. Diese Geschütze wurden erst 1926 ausgeschieden.

Die britische Rüstungsindustrie sah sich infolge der angespannten Situation zunächst nicht in der Lage, Geschütze in hinreichender Stückzahl zu fertigen. Sie suchte daher nach einer Ausweichlösung und fand sie bei der *Midvale Steel Company* in den Vereinigten Staaten. Diese baute in britischem Auftrag Geschütze und sammelte so hinreichende Erfahrungen, um später die britischen Modelle für die amerikanischen Streitkräfte herzustellen.

Natürlich wurde auch bei der Artillerie Albions rasch der Ruf nach größerer Reichweite laut. Vikkers reagierte mit einer Verlängerung des Rohres auf 18,5 Kaliber, wodurch auch die Rohrmasse auf 3480 kg anstieg. Änderungen im Rohraufbau führten dann vom Muster *Mk VII* zu *Mk VII*, Mk VII*** und *Mk VIII.* Für das Rohr *Mk VIII* wandelte sich die Lafette *Mk VII* zur *Mk VIIA.*

Das Ergebnis waren schließlich die **8″ Haubitzen Mk VII, VII*, VII** und VIII auf Haubitzenlafetten Mk VII und VIIA**. Die Drall-Länge änderte sich bei gleich gebliebener Zugzahl auf 25 Kaliber.

Die Endstufe der britischen Entwicklung war die 8″ Haubitze Mk VIII, hier mit der später für höhere Marschgeschwindigkeiten eingeführten Luftbereifung.

Der Prototyp der 9,2" Haubitzen, als »Mother« bezeichnet, ausgestellt im Londoner Imperial War Museum.

Die Haubitzen verschossen nun 90,7 kg schwere *Sprenggranaten* mit 9,03 kg Sprengstoff und *Schrapnells.* Dank des längeren Rohres und der von vier auf sechs erhöhten Zahl von Treibladungen stieg die Anfangsgeschwindigkeit auf 457 m/s und die Höchstschussweite auf 11,3 km. Der Seitenrichtbereich blieb mit 8° gleich, der Höhenrichtbereich wurde jedoch auf -0 bis +45° eingeschränkt. Die Masse in Feuerstellung stieg auf 9140 kg an.

Die Briten setzten diese Modelle noch im Zweiten Weltkrieg ein und bauten sie zum Teil in 7,2"-Haubitzen um. Und als die Amerikaner sich zur Einführung der *Mk VII* entschlossen, tauften sie diese um, ließen sie aber weiterhin von der *Midvale Steel Company* fertigen.

Zwei Eigenschaften waren all diesen 8"-Haubitzen gemein: Sie wurden in einer einzigen Last hinter Traktoren gezogen und rollten wie diese auf großen Rädern mit Griffleisten. Insgesamt bauten US Firmen für die britischen Streitkräfte nicht weniger als 678 Geschütze der Modelle *Mk VI* bis *Mk VIII.*

Es verwundert nicht weiter, dass der nächste Schritt zum (typisch) britischen Kaliber von 9,2" (233,7 mm) führte. Tatsächlich war die britische Armee bereits 1910 an die *Coventry Ordnance Works* herangetreten, um eine für den Feldeinsatz brauchbare Belagerungshaubitze zu schaffen. Die Versuchsausführung bestand aus einer Basis in Form einer Trägerkonstruktion, auf der sich die eigentliche Lafette auf einem Rollendrehkranz bewegen konnte. Zur Seitenrichtung diente ein Zahnsegment. Neu an der Konstruktion war das hydraulisch-pneumatische Rücklaufsystem, bei dem zwischen der Hydraulikflüssigkeit und der Druckluft ein schwimmender Kolben angeordnet war. Dieses System bewährte sich in der Folge so gut, dass es später für die Mehrzahl der schweren britischen Geschütze übernommen wurde. Ein Nachteil zeigte sich aber schon bei den ersten Versuchen. Da die Haubitze aus Transportgründen verhältnismäßig kurz gebaut worden war, neigte sie dazu – vor allem bei geringer Rohrerhöhung – vorne hochzukippen. Daher wurde am vorderen Ende der Basis ein großer Kasten angeordnet, den die Bautrupps nach dem Instellunggehen des Geschützes mit 9 t Erde füllen mussten!

Die Serienausführung der 9,2'' Haubitze Mk I mit dem großen Kasten für den Erdballast, dessen Einzelteile für den richtigen Einbau beschriftet sind.

Die drei Lasten der 9,2'' Haubitze in Marschstellung für den Kraftzug hinter Traktoren.

Der Prototyp, als *»Mother«* (Mutter) bezeichnet, ging bereits im November 1914 nach Frankreich. Der Hersteller beschleunigte die Produktion der **9,2'' Haubitze Mk I auf Belagerungslafette Mk I** daraufhin und lieferte bis Ende 1916 immerhin 233 Geschütze aus.

Das Rohr mit Schraubverschluss und einer Länge von 14,5 Kalibern wog 3089 kg. Die 56 Züge erhielten eine Dralllänge von 15 Kalibern, die später bei der Reparatur ausgeschossener Rohre teilweise auf 20 Kaliber wuchs. Der Höhenrichtbereich betrug -3° für das Laden und +15 bis +55° für das Schießen. Der Seitenrichtbereich lag bei 60°.

Die Masse in Feuerstellung von 13.628 kg wurde durch den von Hand eingeschaufelten Erdballast noch um 9144 kg erhöht. Der Transport erfolgte in drei Lasten hinter den üblichen großrädrigen britischen Traktoren. Dabei lag die Masse des Rohrwagens bei 5220 kg, des Lafettenwagens mit der Wiege bei 5660 kg und des Bettungswagens bei 4354 kg. Der Zusammenbau in der Feuerstellung nahm etwa zwölf Stunden in Anspruch.

Die Haubitze verschoss *Sprenggranaten* von 131,5 kg mit einer Sprengladung von 15,4 kg. Als Treibladungen standen eine fünfteilige Normalladung und eine einteilige Superladung zur Verfügung. Mit der großen Ladung ließen sich bei 362 m/s Schussweiten bis 9,2 km erzielen.

Dieses Geschütz wurde durch das spätere Modell nicht ersetzt, sondern nur ergänzt. Es blieb während des gesamten Krieges im Einsatz.

Der Ruf nach einer Steigerung der Schussweite ertönte indes immer noch. Daher legte Vickers im Mai 1916 einen Entwurf mit einem auf 18,5 Kaliber verlängerten Rohr vor. Nach entsprechenden Versuchen nahm ihn die britische Armee im Dezember 1916 an und führte das Geschütz als **9,2'' Haubitze Mk II auf Belagerungslafette Mk II** ein. Es gelangte ab 1917 an die Front.

Die Masse des Rohres stieg auf 4380 kg an. Die Zahl der Züge blieb gleich, die Drall-Länge vergrößerte sich aber auf 25 Kaliber. Der Aufbau war im Prinzip ebenso beibehalten worden wie der Seitenrichtbereich von 60°. Geändert wurde hingegen der Höhenrichtbereich, der nunmehr einen Winkel von 0° für das Laden und +15 bis +50° für das Schießen aufwies.

Die Masse in Feuerstellung betrug 16.489 kg, zuzüglich des Erdballastes von 11.176 kg. Der Transport erfolgte wieder in drei Lasten mit 6655 kg für den Rohrwagen, 6706 für den Lafetten- und Wiegenwagen sowie 5690 kg für den Bettungswagen mit dem Ballastkasten.

Die neuen Sprenggranaten mit 131,5 kg besaßen nun eine auf 20 kg erhöhte Sprengladung. Das System mit den zwei verschiedenen Treibladungen wurde beibehalten, die Masse der einzelnen Teilladungen jedoch erhöht. So konnten mit 488 m/s nun 12,7 km erreicht werden.

Dieses Geschütz wurde noch 1940 in Frankreich eingesetzt. Infolge des umständlichen Transports und Zusammenbaus ging es dann an die

Eine verbesserte Ausführung war die 9,2'' Haubitze Mk II, immer noch mit einem Kasten für Erdballast.

Eine 9,2'' Haubitze Mk II mit ihrer Bedienung (1940).

Auch bei der 12'' Haubitze Mk II behielten die Engländer den Erdballast bei.

»Anti-Invasions-Verbände« und wurde nach 1945 ausgeschieden. Insgesamt waren von beiden Modellen bis 1918 nicht weniger als 812 Stück hergestellt worden.

Unbestätigten Meldungen zufolge erprobten die Engländer 1918 an der Italienfront eine 9,2''-Haubitze in Radlafette. Bisher konnte der Verfasser aber keine weiteren Einzelheiten oder Abbildungen finden.

Die nächste Kalibersteigerung führte zur **12'' Haubitze Mk II auf Belagerungslafette Mk I**. Während die *Elswick Ordnance Company* bereits an einer 12''-Eisenbahnhaubitze arbeitete, ging an *Vickers* der Auftrag zur Entwicklung einer Waffe gleichen Kalibers für den Straßentransport. Bereits im August 1916 gingen die ersten acht Geschütze nach Frankreich. Die schnelle Entwicklung war durch die Übernahme des Konstruktionsprinzips der 9,2''-Haubitze möglich geworden. Insgesamt fertigten die britischen Hersteller 14 Geschütze dieses Modells.

Das 7925 kg schwere Rohr mit Schraubverschluss wies die britischen Standardwerte auf, eine Rohrlänge von 14,5 und eine Drall-Länge von 15 Kalibern.

Der Aufbau entsprach, wie bereits angedeutet, dem kleineren Kaliber. Im Erdreich verlegten Bautrupps zwei Querträger, auf denen sie die beiden

Längsträger A-förmig befestigten. Diese trugen den Drehkranz der Vorderpivotlafette und am hinteren Ende die Laufbahn für den Lafettenschwanz. Auch der Seitenrichtbereich blieb mit 60° gleich. Der Höhenrichtbereich reichte von -0 bis +65°, wobei erst ab einer Rohrerhöhung von +20° geschossen werden konnte.

Die Masse in Feuerstellung lag bei 37.374 kg, wozu noch der übliche Erdballast von 20.320 kg im Ballastkasten vorne auf den Längsträgern kam. Der Transport erfolgte nunmehr in sechs Lasten hinter den üblichen Zugmaschinen. Dazu zählten der Rohrwagen mit 13.768 kg, der Wiegenwagen mit 11.850 kg, der Lafettenwagen mit 11.189 kg, die beiden Querträgerwagen mit 9248 und 8986 kg und der Wagen mit dem Ballastkasten mit 9640 kg. Insgesamt 64.681 kg! Erstaunlicherweise gelang der Zusammenbau ohne Kräne. So wurde der Rohrwagen auf zwei Trägern hinter die zusammengebaute Lafette gefahren, der Rohrträger mit Schraubspindeln angehoben und das Rohr in die Wiege gezogen.

Der Munitionszufuhr dienten Führungsschienen zwischen den Lafettenwänden, auf denen ein Ge-

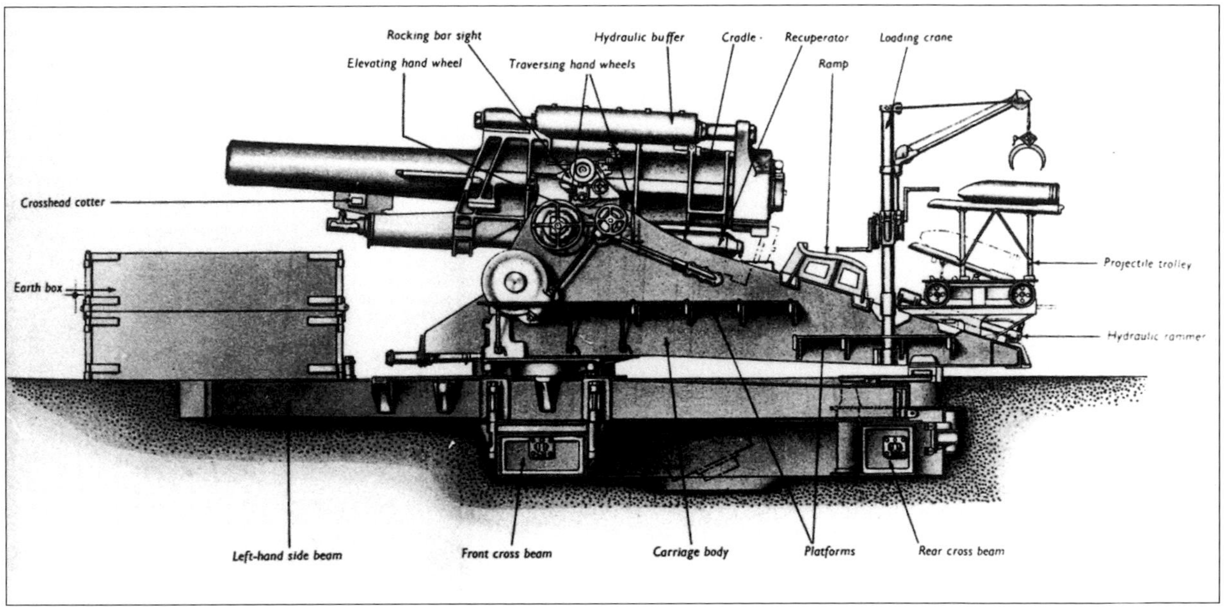

Ergänzend zum Bild der 12" Haubitze Mk IV zeigt die Skizze den Geschützunterbau mit Längs- und Querträgern.

schosswagen fahren konnte. Die Geschosse hob ein Kran auf die hoch gelegene Ladeschale und brachte sie an den Verschluss heran. Interessant ist, dass in der britischen Literatur ein Ladewinkel von +3° für das Laden von Hand und einer von +19° für das mit hydraulischer Hilfe angegeben wird, obwohl Letzteres erst beim Modell *Mk IV* eingeführt wurde!

Das Geschütz verschoss Sprenggranaten von 340,2 kg und 38 kg Sprengladung mit sechs Teilladungen. Sie erreichten bei einer Anfangsgeschwindigkeit von 365 m/s eine Schussweite von 10,4 km.

Die 12″ Haubitze Mk V baute Vickers für Russland.

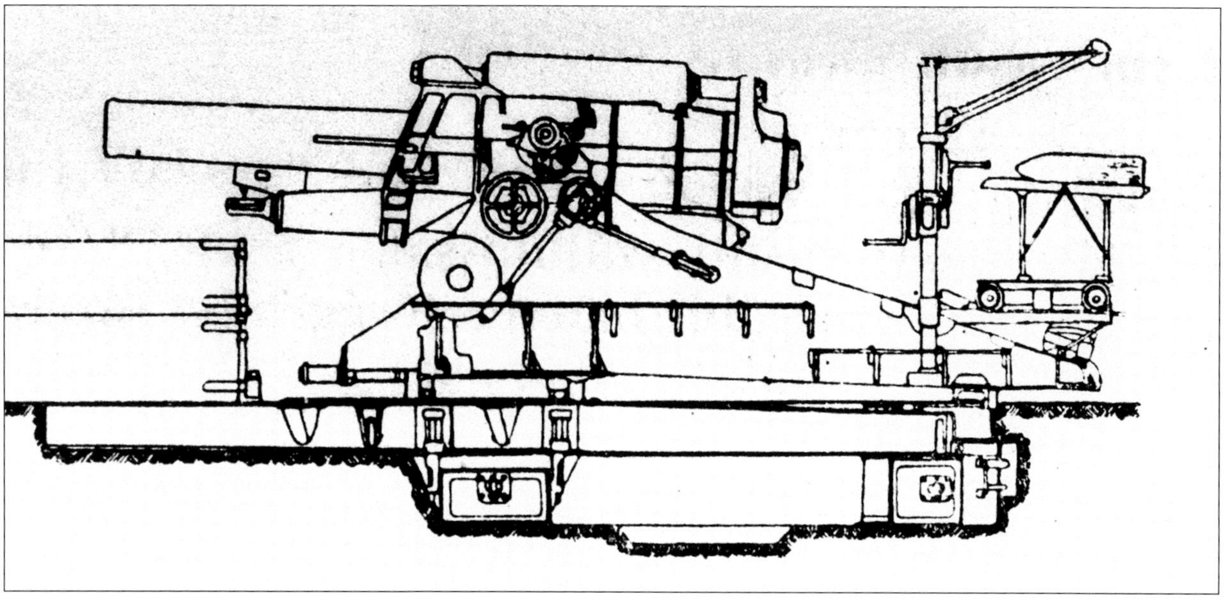

Es folgte das übliche Spiel – der Ruf nach einer größeren Schussweite! Auch dieses Ergebnis war entsprechend. Die **12″ Haubitze Mk IV auf Belagerungslafette Mk II und Mk IIA** wies nun ein auf 18,5 Kaliber verlängertes Rohr von 9286 kg mit einem verbesserten Schraubverschluss auf.

Die Lafette musste auf Grund der höheren Belastung beim Schießen verstärkt werden. Damit wuchs die Masse in Feuerstellung auf 38.222 kg an, wozu noch der Erdballast von 20.320 kg kam.

Eine wesentliche Änderung wurde dagegen bei der Munitionszufuhr vorgenommen. Der Ladewagen besaß zwei Möglichkeiten: Zwei Kräne hoben die Geschosse für das Ansetzen von Hand auf die hochgelagerte Ladeschale; daneben war aber auch ein hydraulischer Ansetzer vorhanden. Ein eigener Zylinder neben dem rechten Rücklaufzylinder wirkte beim Rohrrücklauf als Druckspeicher und versorgte den am Lafettenende angebrachten Ansetzer. Dazu hoben die Kanoniere die Geschosse auf eine untere Ladeschale und setzten sie bei einem Ladewinkel von 19,5° an.

Eine geänderte *Sprenggranate* von 340,2 kg enthielt eine geringfügig auf 37,7 kg verringerte Sprengladung. Verwendet wurden elf Teilladungen, die eine maximale Anfangsgeschwindigkeit von 447 m/s für eine Höchstschussweite von 13,1 km erbrachten.

Dieses Modell, von dem 43 Stück gebaut wurden, kam ab 1917 zur Truppe. Es blieb bis in den Zweiten Weltkrieg hinein im Einsatz, ab 1940 bei der Küstenverteidigung. 1943 spielten die Briten mit dem Gedanken, eine Belagerungsartillerie aufzustellen und entwickelten für diesen Zweck eine eigene *Betongranate*, die aber infolge der Kriegslage nicht eingeführt wurde.

Vickers fertigte die **12″ Haubitze Mk V** auch für Russland, die dort ab 1917 zum Einsatz kam. Die Ausführung war nahezu identisch mit der britischen *Mk II*. Die Änderungen betrafen die verringerten Massen von 7820 kg für das Rohr und 35.050 kg für das Geschütz in Feuerstellung. Hingegen erhöhte sich die für den Marsch auf 66.350 kg. Die sechs Lasten setzen sich nun zusammen aus dem Rohrwagen von 13.800 kg, dem Wiegenwagen von 11.850 kg, dem Lafettenfahrzeug von 11.200 kg, den beiden Querträgerwagen mit 9200 und 10.800 kg und dem Wagen mit dem Ballastkasten von 9500 kg.

Verschossen wurden, wie in Russland üblich, etwas schwerere Geschosse von 344 kg, die mit 363 m/s bis zu 10,3 km erreichten. Damit entsprachen auch diese Werte etwa dem britischen Modell. Bekannt sind auch Angaben über die Größe der Bettungsgrube: Länge 8,0 m, Breite 7,5 m und Tiefe 0,5 m.

Das letzte hier zu behandelnde Geschütze, die **15″ Haubitze Mk I auf Belagerungslafette Mk I**, ist nahezu reif für eine Kuriositätenschau. Die *Coventry Ordnance Works* entwickelten aus der erfolgreichen 9,2″-Haubitze eine vergrößerte Version, bauten einen Prototyp und erprobten ihn. Einer der Direktoren, ein ehemaliger Admiral, wandte sich an die Admiralität in der Erwartung, dass diese die

Information an das Heer weitergeben würde. Dem war aber nicht so, da der Erste Lord der Admiralität, *Winston Churchill*, auf die Idee kam, die Marine mehr in das Licht der Öffentlichkeit zu rücken. Bemannt mit Marineartilleristen wurde das Geschütz 1915 nach Frankreich verschifft und elf weitere bestellt. Der Werksdirektor wurde zum Oberst ernannt und befehligte diese Waffen. Im folgenden Jahr hatte die Marine genug von diesen Haubitzen und übergab sie dem Heer, das seinerseits Schwierigkeiten hatte, dafür Bedienungsmannschaften zu finden. Bei Kriegsende wurden die Geschütze wegen ihrer unzureichenden Leistungen ausgeschieden. Offiziell führte das Heer diese Geschütze nie ein!

Das Rohr von nur elf Kalibern Länge wies einen Progressivdrall und eine Masse von 11.081 kg auf. Auffallend waren vor allem die symmetrisch oberhalb und unterhalb des Rohres angeordneten Rücklauf- und Vorholzylinder. Die Geschosse hob ein Kran auf eine Ladeschale hinter dem Verschluss.

Bei der Lafette handelte es sich um eine Vorderpivotlafette mit Drehkranz auf einer in den Boden eingelassenen Trägerkonstruktion. Mit 94.576 kg in Feuerstellung lag sie im üblichen Masse-Bereich. Der Transport erforderte allerdings eine Zerlegung in neun Fahrlasten!

Als völlig unzureichend entpuppten sich die ballistischen Leistungen. Die 635 kg schwere *Sprenggranate* mit 90,7 kg Sprengstoff kam selbst mit der 6. Ladung und 340 m/s lediglich auf 9,9 km! Da kann es niemand verwundern, dass die Armee in Gestalt des *Director of Artillery* eine größere Schussweite, selbst mit einem leichteren Geschoss, forderte. Nach sechsmonatiger Arbeit berichteten die Ballistiker, dass zwar eine Reichweitensteigerung um etwa 1,8 km möglich sei, sich aber gleichzeitig die Treffgenauigkeit verringerte. Daraufhin wurden alle weiteren Entwicklungsarbeiten eingestellt.

An allen britischen Entwicklungen des Ersten Weltkrieges fällt auf, dass – im Unterschied zu fast allen anderen Staaten – keinerlei Versuche zur Schaffung weit reichender Flachfeuerwaffen erfolgten.

Die 15″ Haubitze Mk I war das schwerste britische Geschütz für den Landkrieg.

Britische 8-Zoll-Haubitze Mk I in Feuerstellung mit Besatzung, 1916. (Foto: Imperial War Museum, © PD)

Briten mit einer 8-Zoll-Mk-V-Haubitze mitten im Feuergefecht, 1916. (Foto: Imperial War Museum, © PD)

Getarnte 8-Zoll-Haubitze Mk I beim Feuern. (Foto: Imperial War Museum, © PD)

Holt-Zugfahrzeug zieht diese britische 8-Zoll-Mk-V-Haubitze während der Somme-Schlacht, 1916. (Foto: British Government, © PD)

Diese 8-Zoll-Haubitzen werden von den Soldaten überholt. (Foto: Imperial War Museum, © PD)

Feuernde 8-Zoll-Haubitze mit Bedienmannschaft zu ihrer rechten Seite. Wegen ihres hohen Schussbahnwinkels musste sie nahe beim Ziel stehen. (Foto: National Library of Scotland, © PD)

Auch diese 9,2-Zoll-Haubitze befindet sich im Feuergefecht gegen deutsche Stellungen während der Somme-Schlacht 1916. (Foto: Imperial War Museum, © PD)

9,2-Zoll-Belagerungsgeschütz, von Rauchschwaden umhüllt, beim Feuern in Frankreich. (Foto: E.T. Sampson, Raines and Company, © PD)

Britische Artillerie während der Somme-Schlacht im August 1916 mit drei feuernden 8-Zoll-Haubitzen.

Italien

Die schwersten italienischen Geschütze des Ersten Weltkriegs stellten eine bunte Mischung dar. Nur ein einziges modernes Geschütz, noch dazu französischer Konstruktion, führte das Heer ein. Dazu kam eine Unzahl alter Modelle der Küstenartillerie, die man behelfsmäßig für den Landeinsatz umbaute. Letztlich noch eine einmalige Lafettenkonstruktion, in die Marinerohre und auch alte Mörser- und neuere Haubitzenrohre eingelegt wurden. Um spätere scheinbare Ungereimtheiten zu verhindern sei gleich darauf hingewiesen, dass die italienischen Bemessung der Kaliberlänge nur von der Länge der Bohrung ausgeht.

Das einzige neue und moderne Geschütz war der von *Schneider* entwickelte und in Italien von *Ansaldo* gefertigte **Mörser 260/9 Mod. 916**. Genau genommen handelte es sich dabei um zwei verschiedene Modelle, die aber unter der gleichen Bezeichnung liefen. Sie unterschieden sich durch ihre völlig anders gestalteten Lafetten, weshalb zuerst die gemeinsamen Daten behandelt werden sollen.

Das Rohr wies eine Länge von nur 10,5 Kalibern und eine Masse von 4170 kg auf. Dazu kamen der übliche französische Schraubverschluss und ein konstanter Drall. Es lagerte in einer Trogwiege, die auch den Bremszylinder und die beiden Luftvorholer enthielt. Ausgleicher erübrigten sich, da die Schildzapfen annähernd im Schwerpunkt lagerten und ein Gegengewicht am Rohrende hing. Selbst mit dem konstanten Rohrrücklauf stieß der Verschluss bei der Radlafette nicht auf den Boden.

Neben einer *Sprenggranate* von 219,1 kg, die mit 353 m/s bis auf 9,15 km verschossen wurde, gab es noch eine *Panzergranate* von 222,7 kg mit 344 m/s für 9,05 km.

Einheitlich zeigte sich auch der Höhenrichtbereich. Von der Ladestellung bei -0° reichte er von +20 bis +65° für das Schießen. Beide Modelle ließen sich mit zurückgezogenem Rohr in einer einzigen Last verfahren. Weitere Gemeinsamkeiten gab es nicht.

Eine Radlafette mit im oberen Teil geradem Schild saß auf zwei eisernen Radunterlagen. Das Rohr lagerte in einer Oberlafette, die sich gegen die Unterlafette um insgesamt 6° verschwenken ließ. Hinzu kam noch, dass der große eingegrabene Sporn eine Platte trug, auf der sich der Lafettenschwanz um je weitere 3° verschieben ließ, woraus sich ein Gesamtseitenrichtbereich von 12° ergab. An der Lafette war ein Kran zum Heben der Ge-

Der von Schneider für Italien konstruierte Mörser 260/9 Mod. 916 mit Radlafette in Feuerstellung.

schosse angebracht. In dieser Form wies das Geschütz eine Masse in Feuerstellung von 9700 kg auf.

In der zweiten Form wurde die Waffe als Pivotlafette mit einem Schießpilz ohne Oberlafette, aber dafür mit einem gekrümmten Schild, über eine Grube gesetzt, in die das Rohr zurücklief. Das Lafettenende bewegte sich auf einer Kreisschiene und ermöglichte so einen Seitenrichtbereich von 60°. Die Munitionszufuhr erfolgte mittels einer fahrbaren Ladeschale, die auf einer Schienenanlage zum Verschluss fuhr. In dieser Form lag die Masse in Feuerstellung bei 11.830 kg.

Genaue Fertigungszahlen liegen nicht vor. 1940 zählte man noch 98 Stück, die dann bis 1942 ausgeschieden wurden.

Die nächste große Gruppe stellten die ehemaligen *Küstenmörser* und *Küstenhaubitzen* mit einem Kaliber von 280 mm dar. Sie alle besaßen alte Gusseisenrohre von Krupp. Auf Grund ihrer geringen Lebensdauer führten die Batterien meist Reserverohre mit! Bei allen liefen die Oberlafetten mit dem Rohr auf den Unterlafetten mit ansteigender Bahn zurück, wobei verschiedene Mittel den Rücklauf zusätzlich bremsten. Sie besaßen allgemein gefederte Rollen an den Enden der Unterlafette, um das Seitenrichten zu erleichtern, das vorwiegend mit Hebeln erfolgte. Zum Schießen wurden die Unterlafetten abgesenkt, damit die Reibung die Rückstoßkräfte aufnehmen konnte.

Der **Mörser 280/9** oder **Mörser 280C** trat in zwei Formen auf. Bei einer Rohrlänge von 11,6 Kalibern und einer Rohrmasse von 10.794 kg feuerte er Geschosse von 217,5 kg mit 369 m/s bis auf 9,05 km. Beim Rohr handelte es sich um ein Modell von 1885. Mit einer Blocklafette und Unterlafette mit hydraulisch-pneumatischer Bremse lag die Gesamtmasse mit Lafette und Plattform bei 20.140 kg. Der Höhenrichtbereich reichte entweder von +45 bis +75° oder von +35 bis +65°; bei der zweiten Ausführung mit Normallafette und gefederter Unterlafette von +6 bis +75°. Mit 5135 kg für die Lafette und 7676 kg für die Unterlafette ergab die Gesamtmasse 23.605 kg.

Der **Mörser 280/10** erhielt ein Rohr *Modell 1879* mit einer Länge von 12,3 Kalibern und einer Masse von 10.240 kg. Er konnte die gleiche Granate von 217,5 kg mit 430 m/s bis auf 11,4 km verschießen. Der Richtbereich reichte von -5° bis +60° in der Höhe und 180° nach der Seite. Die Masse in Feuerstellung betrug 23.440 kg, zuzüglich einer Plattform von 16.770 kg.

Die Ausführung des 26-cm-Mörsers 260/9 mit Pivotlafette benötigte beim Schießen für den Rohrrücklauf eine Grube.

Unten: Der 26-cm-Mörser 260/9 in Fahrstellung.

Der **Mörser 280/11** dagegen hatte ein Rohr von 12,5 Kalibern Länge und einer Masse von 10.980 kg. Er verschoss die 217,5-kg-Granate mit 410 m/s bis auf 10,1 km. Einschließlich seiner gefederten Unterlafette lag die Gesamtmasse bei 20.326 kg. Der Höhenrichtbereich reichte von -5° bis +45°.

Als leistungsfähigstes Geschütz dieser Baureihe erschien schließlich die **280/16** oder **Haubitze 280L**. Das Rohr *Modell 1893* war 19,3 Kaliber

Die österreichisch-ungarischen Truppen erbeuteten 1917 zahlreiche 28-cm-Mörser 280/9, ehemalige Küstengeschütze. Hier eine Feuerstellung am Isonzo.

Auch bei der 28-cm-Haubitze 280/16 handelte es sich um ein ehemaliges Küstengeschütz. Der mehrfach abgestufte Aufbau des Ringrohres verrät das Alter der Konstruktion

lang und wog 17.900 kg. Zwei Hydraulikzylinder dienten als Zusatzbremse. Neben der normalen *Sprenggranate* von 217,5 kg mit 460 m/s für 11,6 km gab es noch eine *schwere Granate* von 340,2 kg mit 350 m/s für 9,7 km. Der Höhe nach konnte das Rohr von -14° bis +51° gerichtet werden, der Seite nach um 360°. Neu war der Anbau einer Gradteilung für das Seitenrichten, um indirektes Richten zu ermöglichen. Mit einer Oberlafette von 7570 kg und einer Unterlafette von 8600 kg ergab sich eine Gesamtmasse von 34.070 kg zuzüglich der Plattform von 16.770 kg. Während bei den oben behandelten Geschützen die Fortbewegung im Kraftzug in zwei Fahrlasten für das Geschütz und einer für die Bettung erfolgte, waren wegen der angestiegenen Massen hier drei plus eine erforderlich.

Praktisch alle diese 280-mm-Waffen setzte die italienische Artillerie gegen die österreichisch-ungarischen Befestigungswerke an der Alpenfront und später auch am Isonzo ein. Sie waren noch 1934 in der offiziellen Liste italienischer Geschütze zu finden, nicht mehr aber 1940.

Die modernsten Geschütze dieser Bauart traten in Gestalt der **Haubitze 305/17 G Mod. 916** und der **Haubitze 305/17 G Mod. 917** auf, die sich nur durch ihre anders gestalteten Bettungen unterschieden. Die Herkunft ist etwas verschwommen. Klar ist, dass sie *Armstrong-Pozzuoli,* eine Tochterfirma des britischen *Armstrong*-Konzern, um 1912 entwickelte. Obwohl ursprünglich als Küstengeschütz in einer Stückzahl von etwa 30 gebaut, fand sich später bei erbeuteten Geschützen eine Bezeichnung auf den Rohren, die auf einen geplanten Einsatz gegen die österreichisch-ungarischen Sperrforts hindeutete. Bei den Durchbrüchen an den Fronten in Südtirol und am Isonzo 1917 erbeuteten die österreichisch-ungarischen Truppen etwa 15 Geschütze, die dann bei der eigenen Artillerie eine verbesserte Lafette und eigene Schusstafeln erhielten.

Das Rohr bestand aus einem Drahtrohr mit aufgeschrumpftem vorderem und hinterem Mantelrohr und wies einen britischen Schraubverschluss älterer Bauart auf. Bei einer Länge von 18,5 Kalibern brachte es 12.790 kg auf die Waage. Der Bremsblock der Wiege trug links den Vorholer, in der Mitte einen Luftzylinder und rechts den Bremszylinder. Interessant ist vor allem die Höhenrichtvorrichtung für eine Ladestellung von -0° und einen Feuerbereich von +20 bis +65°. Dank einer Schnell-Ladevorrichtung ließ sich das mündungslastige Rohr zum Laden leicht in die Ladestellung ablassen; nach dem Laden kehrte es nach Lösen einer Sperre durch die jetzt hinten lastende zusätzliche Geschossmasse selbsttätig in die Schuss-Stellung zurück.

Die Lafette aus Blech trug an der linken Seite eine schwenkbare Ladeschale für das Geschoss. An beiden Enden waren gefederte Rollen zum leichteren Seitenrichten angebracht, die zum Schie-

Zu den modernsten schweren italienischen Geschützen zählten die 30,5-cm-Haubitzen 305/17 G. Hier eine Batterie in ihrer – alles andere als aufgelockerten – Feuerstellung an der Isonzo-Front.

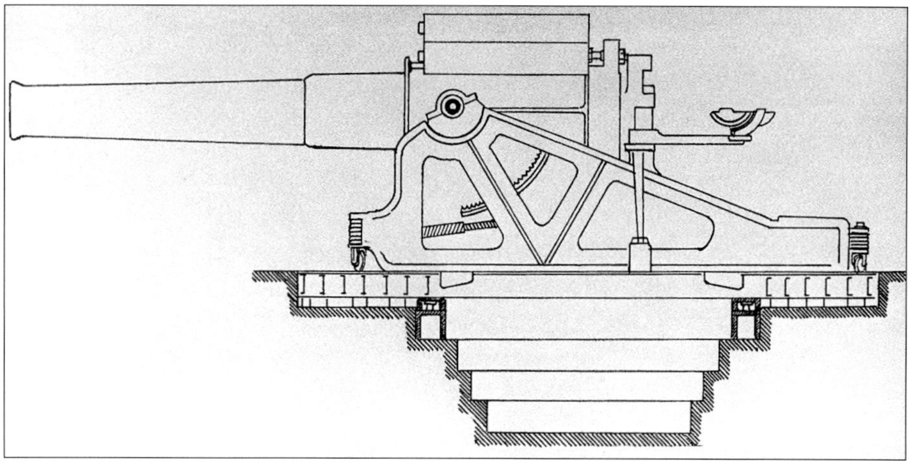

Schema der Haubitze 305/17 G Modell 17 von Armstrong-Pozzuoli mit ihrem Unterbau.

ßen angehoben wurden, worauf das Geschütz nun auf der Bettung aufsaß.

In der älteren Ausführung bestand diese aus einer vorderen und hinteren Balkenplatte mit Deckblechen, wobei die vordere den Pivotzapfen trug. Dazu kamen verbindende Seitenbalken und die Auskleidung der Bettungsgrube von nur 2,64 m Länge, 1,91 m Breite und 1,47 m Tiefe. In dieser Form ergab sich mit der Lafette von 12.000 kg eine Masse von 24.790 kg, zuzüglich der Bettung von 12.440 kg. Das Seitenrichten erfolgte sehr umständlich. Nachdem österreich-ungarische Ingenieure für die erbeuteten Geschütze eine Bettung ohne Pivotzapfen für einen Seitenrichtbereich von 360° geschaffen hatten, verbesserte auch die italienische Artillerie die Bettung für den gleichen Schwenkbereich als *Mod. 917.* Damit senkte sich die Gesamtmasse auf 33.770 kg. Der Transport in drei Lasten hinter 50-PS-Zugmaschinen ergab dann für die neue Ausführung Fahrlasten von 17.510 kg für den Rohrwagen, 14.490 kg für den Lafettenwagen und 7870 kg für den Bettungswagen. Dazu kam dann noch ein Kranfahrzeug von 7840 kg. Für die Geländefahrt abseits fester Straßen waren dabei für alle Räder die üblichen italienischen Radgürtel vorgesehen.

Die ballistischen Leistungen waren für den Zeitpunkt der Entstehung des Geschützes beachtlich. Mit *schweren Granaten* von 442 kg und 16,7 kg Sprengladung erzielte das Geschütz bei 412 m/s Schussweiten bis 12,7 km. Mit *Langgranaten* von 348 bis 350 kg und 31,8 kg Sprengladung lagen die Werte bei 483 m/s und 14,6 km. Die gleiche Schussweite erreichte auch eine *Panzergranate* von 328,6 kg mit 502 m/s. Eine nach dem Krieg eingeführte *leichte Sprenggranate* von 292,2 kg kam mit 546 m/s sogar auf 17,6 km. Typisch italienisch war aber wieder die hohe Anzahl von bis zu 16 Teilladungen.

Mit dem Modell 1917 waren die Italiener derart zufrieden, dass ihre Artillerie 1942 noch über 23 Geschütze davon verfügte, nachdem während des Spanischen Bürgerkrieges (1936–1939) vier an die spanischen Nationalisten abgegeben worden waren.

Zu den seltsamsten Lafettierungen zählten die zahlreichen älteren Mörser und Marinegeschütze, aber auch eine moderne Haubitze in einer Lafette, die ausschließlich im Ersten Weltkrieg in Italien gebaut und verwendet wurde. Es war dies die generell als *mobile Lafette De Stefano (D.S.)* bezeichnete Einrichtung. Die in verschiedenen Veröffentlichungen zu findende Schreibweise *Di Stefano* entspricht nicht den offiziellen italienischen Handbüchern. Die italienische Bezeichnung lautete für alle *...sull installazione mobile De Stefano.*

Der diesen Geschützen gemeinsame Aufbau soll hier kurz beschrieben werden, um spätere Wiederholungen zu vermeiden. Die Rohre waren in Oberlafetten eingelegt, die auf Unterlafetten – oft in der Form überdimensionaler Wandlafetten – zurückglitten und durch unterschiedliche Einrichtungen abgebremst wurden. Diese liefen dann ihrerseits auf vier großen Rädern auf einer Schienenanlage zurück und wurden von Hydraulikzylindern abgebremst. Die Schienen lagerten auf einer Plattform, die sich um einen Pivotzapfen drehen konnte. Dieser war wieder in einem im Boden eingelassenen Kasten gelagert und von Tellerfedern umgeben, welche die Plattform anhoben, um ein Schwenken der Plattform auf dem darunter liegenden Pfostenbelag ohne Rollen zu erleichtern. Dazu kamen zwei Ringbahnen unter den Schienen, um diese zu stützen. Von ihrer Länge hing dann der Schwenkbereich ab. Auch hier war die gleitende Reibung zu überwinden, da ebenfalls keine Rollen vorgesehen waren. Die Schießräder wurden für den Transport mit den bereits angeführten Radgürteln versehen.

Das erste und auch in größter Stückzahl gefertigte Geschütz war der 21-cm-**Mörser 210/8 D.S.**. Von ihm waren nach italienischen Angaben noch Mitte 1940 an die 500 Stück vorhanden, eine Zahl, die sich bis in die zweite Hälfte 1942 auf 150 Stück verringerte.

Verwendet wurde das alte, bereits beschriebene Mörserrohr. Es lag nun in einer neuen Oberlafette, die auf der ansteigenden Gleitbahn zurück-

Der in größter Stückzahl vorhandene 21-cm-Mörser 210/8 D.S. mit seinem alten Rohr in der eigenwilligen De Stefano-Lafette.

glitt; zusätzlich abgebremst von zwei Hydraulikzylindern. Diese Unterlafette wies vorne zwei große Räder auf und hinten an einem Schwanenhals zwei weitere, mit denen sie auf den Schienen mit den dazwischenliegenden weiteren zwei Bremszylindern zurücklief. In dieser Form brachte es das eigentliche Geschütz auf 5400 kg in Feuerstellung, wobei die Drehplattform mit den Schienen 2400 kg und die Bettung 2290 kg wogen. In Fahrstellung lag sie bei 5790 kg für den Kraftzug hinter einer Zugmaschine, ohne das zusätzliche Transportfahrzeug mit der Plattform und der Bettung. Der Höhenrichtbereich betrug -15 bis +70°, der Seitenrichtbereich im Allgemeinen etwa 60°, konnte aber bei entsprechender Verlängerung der Ringbahnen bis auf 360° erweitert werden.

Der Mörser verschoss vorwiegend *Sprenggranaten* von 101,5 kg, die bei zehn Teilladungen mit bis zu 340 m/s Schussweiten bis 8,05 km zuließen. Dazu kamen noch eine *Bombe* von 61,4 kg mit 226 m/s für 4,17 km, eine *Panzergranate* von 101 kg mit 345 m/s für 8,45 km und ein *Schrapnell* von 96 kg mit 282 m/s für 6,2 km. Die Munitionszufuhr erfolgte mittels eines Kranes an der linken Seite der Unterlafette und eines Ladewagens.

Bei den nächsten Geschützen handelte es sich um Marinerohre. Als Erstes sei die 20,3-cm-**Kanone 203/45 D.S.** genannt. Das 19.365 kg schwere Rohr mit Schraubverschluss war seinerzeit von *Armstrong* für die alten Linienschiffe der REGINA ELENA- und die Panzerkreuzer der GARIBALDI-Klasse als *Modell 1903* gebaut worden.

Die Oberlafette glitt auf der leicht ansteigenden Oberseite der Unterlafette zurück; zwei Federpuffer und die beiden Bremszylinder zwischen den Schienen bremsten ab. Die Räder großen Durchmessers liefen auf den üblichen Schienen zurück. Für den Transport in einer Einzellast entfernte die Mannschaft die Federpuffer und zog das Rohr zurück. Nach dem Entfernen der hinteren Achse wurde eine Art Schwanenhals angeschraubt, der auf einer lenkbaren Achse lagerte. In dieser Form wurde das Geschütz unter Verwendung der Radgürtel in einer Last gefahren.

wiesen eine Masse von 25.560 kg auf. Sie waren von *Armstrong* für die Linienschiffe der SAINT BON- und die Panzerkreuzer der GARIBALDI-Klasse entwickelt worden. Der Aufbau und der Transport des Geschützes entsprachen wieder ganz der zuvor beschriebenen 203-mm-Kanone. Die Masse in Feuerstellung lag nun bei 38.850 kg zuzüglich 6610 kg für Bettung und Drehscheibe; in Fahrstellung mit Radgürteln bei 42.540 kg.

Die Kanone verschoss eine *Sprenggranate* von 205,4 kg und eine *Panzergranate* von 213,5 kg. Die schwache Treibladung beschleunigte die Granaten auf 490 m/s, die starke auf 700 m/s. Dies reichte bei einer Rohrerhöhung von +35° für Schussweiten von 17 bis 18 km.

Hinsichtlich Aufbau und Transport gelten die bisherigen Ausführungen auch für die 30,5-cm-**Kanone 305/40 D.S.**. Es gab zwei Ausführungen: Das *Modell 1901* mit einer Rohrmasse von 49.250 kg und das *Modell 1904* mit 50.650 kg. *Armstrong* hatte sie für die Linienschiffe der REGINA MARGHERITA- und der REGINA ELENA-Klasse gebaut. Ballistisch unterschieden sie sich durch ihre Mündungsgeschwindigkeiten von 760 und 780 m/s. Mit *Sprenggranaten* von 385,6 kg erreichten sie Schussweiten bis 19,0 km.

Auch die modernsten Rohre dieses Kalibers, das *Modell 1909* mit 64.100 kg, wurden verwendet. Sie waren für die neuen Linienschiffe DANTE

Die 20,3-cm-Kanone 203/45 D.S. mit ihrer De Stefano-Lafette in Feuerstellung.

Die 25,4-cm-Kanone 254B D.S. in Fahrstellung. Sie zeigt ihre De Stefano-Lafette mit dem angeschraubten Schwanenhals für die Lenkachse und die Radgürtel.

Es verschoss *Panzersprenggranaten (Halbpanzergranaten)* von 114,7 kg und *Panzergranaten* von 115,9 kg mit 770 m/s bis auf 12,0 km.

Ähnliches lässt sich auch von der 20,3-cm-**Kanone 203/40 D.S.** berichten. Sie unterschied sich von obigem Geschütz durch das *Armstrong*-Rohr *Modell 1897* von 18.000 kg für die Linienschiffe der REGINA MARGHERITA-Klasse und die geringere Anfangsgeschwindigkeit von 750 m/s.

Als nächst größeres Kaliber folgte dann die 25-cm-**Kanone 254B D.S.**. Die Rohre *M 1897* von 40 Kalibern Länge mit einem Schraubverschluss

Die 30,5-cm-Kanone 305/40 D.S. lastete in Fahrstellung auf den breiten Stützplatten der Radgürtel.

Auch das moderne Rohr der 30,5-cm-Haubitze 305/17 mit Rohrrücklauf wurde in eine De Stefano-Lafette eingelegt. Den die Mündung schützenden Holzstopfen schmückt der fünfzackige Stern des italienischen Heeres.

Italienische Mörserstellungen in der Nähe von Montello während der 5. Schlacht von Isonzo, 1916. (Fotos: www.esercito.difesa.it, © CC-BY-2.5)

Drei italienische Geschütze, die 1918 bei Caldonazzo an den Gegner gefallen sind. (Foto: ÖNB, © PD)

Italienische Mörserstellung bei Dogna, an der bis 1918 hier verlaufenden Grenze zu Österreich. (Foto: www.esercito.difesa.it, © CC-BY-2.5)

Dieses schwere italienische 26-cm-Schiffsgeschütz wird von einem österreichischen Zugfahrzeug abtransportiert. (Foto: ÖNB, © PD)

Von österreichischen Truppen in Besitz genommene italienische 30,5-cm-Geschütze, 1918. (Foto ÖNB, © PD

Dieses schwere italienische 28-cm-Geschütz ist dem österreichischen Gegner in die Hände gefallen. (Foto: ÖNB, © PD)

Erbeutete italienische 149-mm-Kanone. (Foto: ÖNB, © PD)

Nur wenig ist über die japanische 30 cm kurze Haubitze Typ 7 bekannt. Die Aufnahme zeigt ein von amerikanischen Truppen während des »Inselspringens« im Pazifik während des Zweiten Weltkrieg erbeutetes Exemplar. Das rechts oben eingesetzte Bild ihres Schraubverschlusses verrät diesen als alte zylindrische Ausführung nach de Bange, noch nicht als die modernere dreifach abgestufte Ausführung nach Welin.

ALIGHIERI und die CAVOUR- und DORIA-Klasse entwickelt worden. In der beweglichen Lafette trugen sie die Bezeichnung 30,5-cm-**Kanone 305/ 46 D.S.**. Mit *Sprenggranaten* von 404,6 kg und *Panzergranaten* von 417 kg konnten mit 860 m/s immerhin 26 km erzielt werden.

Wie schon aus den Rohrmassen hervorgeht, reichte die Leistung einer einzelnen Artilleriezugmaschine nicht mehr zur Fortbewegung aus. Es wurden daher allgemein zwei Fahrzeuge hintereinander gespannt. Trotzdem kann sich der Leser vorstellen, dass ein Überwinden von Steigungen kaum möglich war.

Das letzte hier zu behandelnde Geschütz fällt etwas aus dem Rahmen. Im Bestreben, ein schweres Steilfeuergeschütz schneller zum Einsatz zu bringen, schufen die Italiener auch die 30,5-cm-**Haubitze 305/17 D.S.**. Es handelte sich um das Rohr mit Rohrrücklauf der bereits auf Seite 123 beschriebenen ehemaligen Küstenhaubitze. Immerhin gelang es mit dieser Ausführung, die Gesamtmasse wesentlich zu senken. So lagen die Werte für das eigentliche Geschütz bei 32.670 kg in Feuerstellung und bei 36.360 kg in Fahrstellung. Dazu kam dann noch die Plattform und Bettung mit 7780 bis 9300 kg. Ballistisch entsprach die Waffe dem normalen Bettungsgeschütz. Der Aufbau des eigentlichen Geschützes vereinfachte sich jedoch durch den Wegfall der Oberlafette. Das Rohr mit seiner Wiege konnte direkt in die Wandlafette eingelegt werden. Diese war rückwärts hochgezogen und lagerte mit ihrem Lafettenschwanz unmittelbar auf der hinteren lenkbaren Achse. Damit waren die vier Räder gleichzeitig Schieß- und Marschräder, in letzterem Fall mit den üblichen Radgürteln. Die Auslegung der Plattform und der Bettung entsprachen hingegen wieder der bereits erwähnten Beschreibung für diese Lafettenform.

Japan

Leider fehlt es in Europa immer noch an genaueren Angaben und Abbildungen zum schwersten japanischen Geschützmaterials. Auch in den Vereinigten Staaten sind nähere Einzelheiten nicht greifbar, mit Ausnahme jener in den Handbüchern über die japa-

nischen Streitkräfte des Zweiten Weltkrieges. Daher sind alle Angaben mit einer gewissen Vorsicht zu genießen.

Generell lässt sich feststellen, dass Japan nach dem russisch-japanischen Krieg von 1904 kaum mit dem Einsatz schwerer Geschütze gegen befestigte Landziele zu rechnen hatte. Sein Hauptinteresse lag bei der Marine und der Küstenverteidigung. Daher sind auch die beiden aus diesem Zeitabschnitt bekannt gewordenen Geschütze großen Kalibers im Zweiten Weltkrieg von US-Truppen vor allem auf den verschiedenen Inseln als Küstengeschütze vorgefunden worden, obwohl sonst in fast allen anderen Staaten der Einsatz von Steilfeuergeschützen für diesen Verwendungszweck längst aufgegeben worden war.

Interessant ist dabei, dass das *Arsenal Osaka* im selben Jahr (1918) zwei Geschütze gleichen Kalibers (305 mm), aber unterschiedlicher Rohrlänge gebaut hatte. Beide besaßen einen Schraubverschluss, eine Pivotlafette und schossen von einer Bettung.

Die **30 cm kurze Haubitze Typ 7** erbeuteten die Amerikaner 1944 bei der Rückeroberung der Philippinen. Sie besaß ein Rohr von 16,4 Kalibern Länge mit 72 Zügen und einer Masse von 14.720 kg. Die Abbildung zeigt ein Rohr mit darüber liegenden Rücklauf- und Vorholzylindern. Es lagert mit einer Oberlafette auf einem verhältnismäßig langen Rahmen. Die Richtbereiche werden mit -3 bis +70° für die Höhe und 360° für die Seite und die Masse in Feuerstellung mit 76.838 kg angeführt, die Bettung vermutlich eingeschlossen. Der Transport soll nach diesen Quellen in sieben Lasten im Kraftzug erfolgt sein. Verschossen wurden *Spreng- und Panzergranaten* von 440 kg mit einer Anfangsgeschwindigkeit von 400 m/s auf Entfernungen bis 11,9 km.

Demgegenüber besaß die **30 cm lange Haubitze Typ 7** ein Rohr von 24 Kalibern Länge und eine Masse von 19.760 kg. Für dieses Geschütz mit Pivotlafette wird ein Höhenrichtbereich bis +70° und ein Seitenrichtbereich von 360° angegeben. Die Masse in Feuerstellung soll 122.740 kg betragen haben. Auch hier wird der Kraftzug als Fortbewegungsmittel angeführt, es fehlt jedoch die Angabe der Zahl der Fahrlasten. Die Haubitze soll 500-kg-*Spreng- und Panzergranaten* bei einer Anfangsgeschwindigkeit von 500 m/s auf Höchstschussweiten von 15,2 km verschossen haben.

Leider fehlen alle sonstigen Daten und Angaben, so dass der Artilleriekundler und -freund nur hoffen kann, dass diese in Zukunft noch bekannt werden.

Österreich-Ungarn

Mit ihren während des Ersten Weltkrieges entwikkelten schweren Geschützen schoben sich die *Škoda*-Werke endgültig in die erste Reihe der Hersteller schwerer und schwerster Geschütze. Zahlreiche bahnbrechende neue Ideen flossen in ihre Neukonstruktionen ein. Dazu gelangen *Škoda* viele Problemlösungen, an denen andere namhafte Firmen gescheitert waren.

Das erste hier vorgestellte Geschütz war allerdings keine Neukonstruktion, sondern die Beweglichmachung eines Küstengeschützes. Den internationalen Trends folgend hatte das Werk bereits eine 42-cm-Küstenhaubitze geschaffen. Der Gedanke war 1907 aufgetaucht, die Projektzeichnungen 1909 vorgelegt und das erste Rohr 1910 bestellt worden, dem sieben weitere folgten. Im Sommer 1914 bezog das Geschütz dann seine Stellung. Als die Kampfhandlungen an der Westfront deutlich die Wirkung schwerster Geschütze gegen moderne Festungswerke zeigten, schritt das Heer daran, diese Waffe für den Landeinsatz zu umzubauen. Damit entstand die **42 cm L/15 mobile Küsten-Haubitze**, die ab Januar 1915 im Osten zum Einsatz gelangte und als *eisenbahnmobil* bezeichnet wurde. Im Verlauf des Krieges wurde dann noch ein zweites Geschütz derart eingesetzt.

Dieses Geschütz wird auch deshalb eingehender behandelt, da der Waffenteil später unverändert für die berühmten *Auto-Haubitzen* übernommen wurde. Das Rohr mit seiner Länge von 15 Kalibern und einem Keilverschluss wies eine Masse von 26.200 kg auf. Es besaß 84 Züge mit einer konstanten Drall-Länge von 30 Kalibern. Es verschoss ursprünglich *schwere Sprenggranaten* von 1000 kg, die – je nach Art des verwendeten Sprengstoffs – Ladungen von 92,5, 96 oder 104,4 kg enthielten. Mit vier Teilladungen in einer Hülsenkartusche konnten 415 m/s und eine Höchstschussweite von 12,7 km erzielt werden. Später kamen weitere Geschosse hinzu, darunter eine *leichte Sprenggranate* von 808 kg mit 104,9 kg Sprengstoff. Für sie wurde eine Zusatzladung eingeführt, die dem Geschoss eine Anfangsgeschwindigkeit von 470 m/s für 14,6 km verlieh. Dann gab es noch ein *Granat-Schrapnell*, das ebenfalls mit fünf Teilladungen veschossen wurde.

An Stelle der Betonbettung bauten Pioniere für die mobile Ausführung eine vierteilige Eisenkastenbettung für eine Gesamtmasse von 183.000 kg. Für

Die 42 cm L/15 mobile Küstenhaubitze mit einer Eisenkastenbettung beim Einsatz an der Ostfront. Trotz Ausgleicher müssen sich beim Erhöhen des Rohres gleich drei Mann anstrengen.

den Transport waren 56 Waggons erforderlich, davon zwei vierachsige Spezialwagen für das Rohr und die Lafette. Bei einer Ladestellung von -1,5° konnte im Bereich zwischen +40 und +70° geschossen werden. Der Seitenrichtbereich lag bei 270°.

Nach dieser Einführung folgen nun die verbesserten oder neu entwickelten Geschütze.

Die Kriegserfahrungen führten zur Verbesserung des 30,5-cm-Mörsers. Dazu zählten Verstärkungen an der Lafette und Bettung, vor allem aber an den Fahrzeugen um ein schnelleres Fahren zu ermöglichen. Damit stiegen aber auch die einzelnen Massen an. So lag sie in Feuerstellung nun bei 20.900 kg. Die Fahrlasten für den derart entstandenen **30,5 cm M. 11/16 Mörser** betrugen 10.385 kg für das Rohr-, 12.100 kg für das Lafetten- und 10.400 kg für das Bettungsfahrzeug. *Škoda* baute von diesem Modell 28 Stück, wobei die Firma teilweise die vorhandenen *M.11-Modelle* auf diesen Stand nachrüstete.

Die weitere Entwicklung führte dann zum **30,5 cm M. 16. Mörser** Das Rohr wurde auf 12 Kaliber verlängert, so dass die Masse bei gleich bleibendem Rohraufbau auf 7234 kg anstieg. Er verschoss die gleichen Geschosse wie bei den älteren Modellen, aber mit geänderten Treibladungen. So kamen für die *schwere Sprenggranate* von 385,3 kg nunmehr sieben Teilladungen für 380 m/s und 11,1 km, für die *leichte* von 290,8 kg und für das *Granat-Schrapnell* acht für 450 m/s und 12,3 km zum Einsatz.

Vollkommen neu zeigte sich der Aufbau. Die Lafette mit einem Ladetisch am hinteren Ende lagerte mit einem Kugeldrehkranz auf der einteiligen eisernen Kastenbettung von 7790 kg. Damit erhöhte sich der Seitenrichtbereich auf 360°. Der Höhenrichtbereich ging nun von -5 bis +75°, wobei ab +40° geschossen werden konnte. Zu den Änderungen zählte auch, dass sowohl die zwei Bremszylinder als auch der Luftvorholer unter dem Rohr lagen.

Die Masse in Feuerstellung betrug 22.824 kg. Der Transport erfolgte wieder in drei Fahrlasten hinter den Mörserzugwagen. Die Einzellasten lagen jetzt bei 11.240 kg für das Rohr-, 11.830 kg für das Lafetten- und 11.870 kg für das Bettungsfahrzeug. Da es sich um gleiche Fahrzeuge handelte, ließen sie sich nach Belieben austauschen. Das Instellunggehen war wie bei den älteren Modellen ohne Hilfsmittel möglich.

Škoda hat von diesem Modell bis Kriegsende 29 Stück gebaut, die allerdings nicht mehr alle an die Front kamen.

Der 30,5-cm-Mörser M. 16 stellte gegenüber seinem Vorgängermodell M. 11 eine in jeder Hinsicht verbesserte Ausführung dar.

Hier beide Modelle des 30,5-cm-Mörsers zum Vergleich: M. 11 links und M. 16 rechts. Die Rohre beider sind jeweils am Ende ihres Rücklaufs dargestellt.

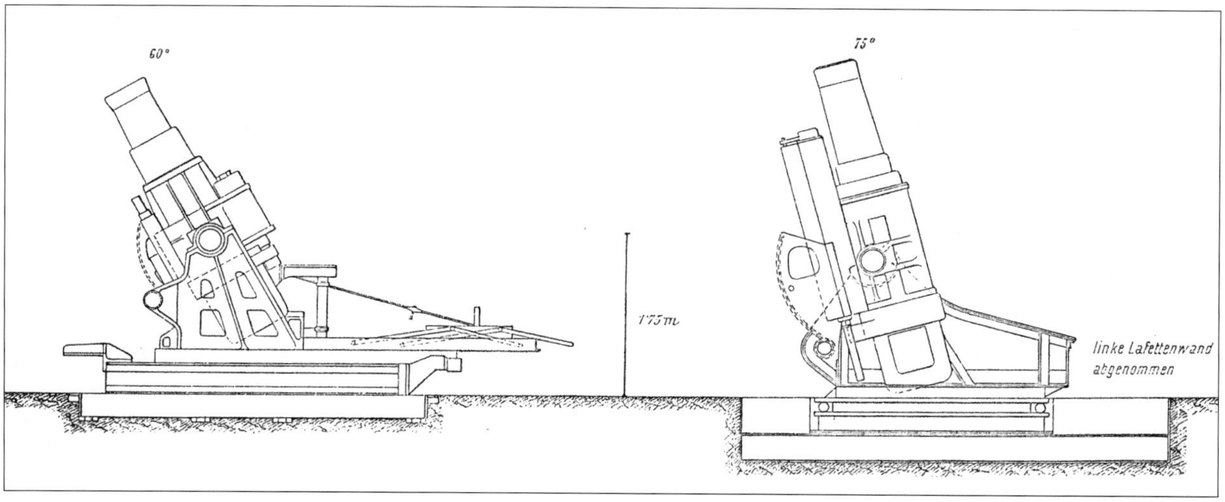

Die drei größten artilleristischen Würfe Österreich-Ungarns sollten aber erst noch folgen. Sie führten in Zusammenarbeit der *Škoda-Werke* in Pilsen mit der Firma *Austro-Daimler* in Wiener Neustadt zu den beweglichsten schwersten Geschützen ihrer Zeit.

Dazu gehörte die **38 cm M. 16 Haubitze**, auch als **B.H. L/17** bezeichnet. Ihr Rohr (Masse 20.700 kg) mit einer Länge von 17 Kalibern wies 80 Züge mit einer Drall-Länge von 35 Kalibern und einen Keilverschluss auf. Für die Haubitze stand eine *schwere Sprenggranate* von 746 kg mit Sprengladungen von 72,2 oder 74,4 kg zur Verfügung. Mit vier Teilladungen in einer Hülsenkartusche konnten 459 m/s und Schussweiten bis 15,0 km erreicht werden. Die Werte für die *leichte Sprenggranate* von 605,8 kg mit 50,1 kg Sprengladung und das *Granat-Schrapnell* mit der gleichen Masse lagen mit fünf Teilladungen bei 520 m/s und 16,3 km.

Ein großer Wurf gelang Škoda auch mit der 38 cm M. 16 Haubitze, hier mit dem Rohr bei geöffnetem Verschlusskeil in Ladestellung.

Einbau des Rohres der 38-cm-Haubitze.

Die Masse in Feuerstellung von 81.700 kg ergab sich aus dem Rohr mit 20.700 kg, der Wiege mit 9800 kg, der Lafette mit 7800 kg, der Bettung mit 41.400 kg und dem Zubehör. Dabei war die Lafette mit zwei verschiedenen Waffenlagerungen, sowohl für die 38-cm-Haubitze wie auch die weiter unten beschriebene 24-cm-Kanone, ausgestattet. Die Bettung war 6,5 m lang, 5,2 m breit und 1,4 m hoch. Der Schussbereich der Pivotlafette reichte in der Höhe von +40 bis +75°, der Seite nach war ein Schwenken um 360° möglich.

Der Transport verdient einen eigenen Abschnitt. Ihre hohe Beweglichkeit verdankte die Haubitze dem *Generatorwagen M. 16* mit 150-PS-Benzinmotor (110 kW), der den Strom für die Fortbewegung lieferte. Dabei trieb je ein Elektromotor von 11 kW (15 PS) nicht nur die Hinterräder des Generatorwagens, sondern auch jedes einzelne Rad der angehängten *M. 16-Elektrofahrgestelle* an. Für jede Fahrlast waren zwei dieser vierrädrigen Fahrgestelle vorgesehen. Damit verfügten zehn der vorhandenen zwölf Räder einen eigenen Antrieb. Dieser Tatsache verdankte der Zug eine Höchstgeschwindigkeit von 16 km/h auf der Straße bei einer Steigfähigkeit von 25%!

Diese vielseitigen Fahrzeuge waren auch noch schienengängig. Innerhalb der Straßenräder mit ihren Gummiauflagen waren normale Räder mit Spurkranz für die Fahrt auf Schienen eingesetzt, deren Spurweite sich auch auf die russische Breitspur verstellen ließ. Während bei der Fahrt auf der Straße die kleineren Spurkranzrollen keine Behinderung darstellten, mussten die Straßenräder für die Fahrt auf Schienen abgebaut werden. Dazu wurden die Fahrzeuge über die Schienen gestellt und, nach dem Anheben mittels Winden oder Auffahren auf Träger, die Straßenräder innerhalb von 20 Minuten abgenommen. Auf der Schiene konnte jede der vier Fahrlasten hinter ihrem Generatorwagen mit eigener Kraft mit bis zu 27 km/h und auf Steigungen bis zu 9% bewegt werden. Allerdings sollte diese Beförderungsart nicht für Strecken über 50 km angewandt werden. Bei größeren Entfernungen konnte das Geschütz nach Austausch der Deichseln gegen Puffer hinter Dampflokomotiven mit Geschwindigkeiten bis zu 45 km/h gezogen werden.

Die Masse der Fahrlasten hing von der der Transportart ab. Bei Straßenfahrt lagen sie bei 38.000 kg für das Rohr-, 33.000 für das Lafetten- und 37.600 und 36.600 kg für die beiden Bettungsfahrzeuge. Bei Schienenfahrt mit eigener Kraft betrugen die Werte in gleicher Reihenfolge 34.400, 29.400, 34.000 und 33.000 kg. Hinter Dampflokomotiven stiegen sie dann auf 35.200, 30.200, 34.800 und 33.800 kg an.

Für den Zusammenbau in der Feuerstellung hob die Begleitmannschaft die beiden Bettungshälften mit Winden von den Fahrgestellen ab, senkte sie auf den Boden ab und verschraubte sie miteinander. Erst dann wurde die Bettung in die ausgehobene Grube abgelassen. Über aufgelegte Schienen

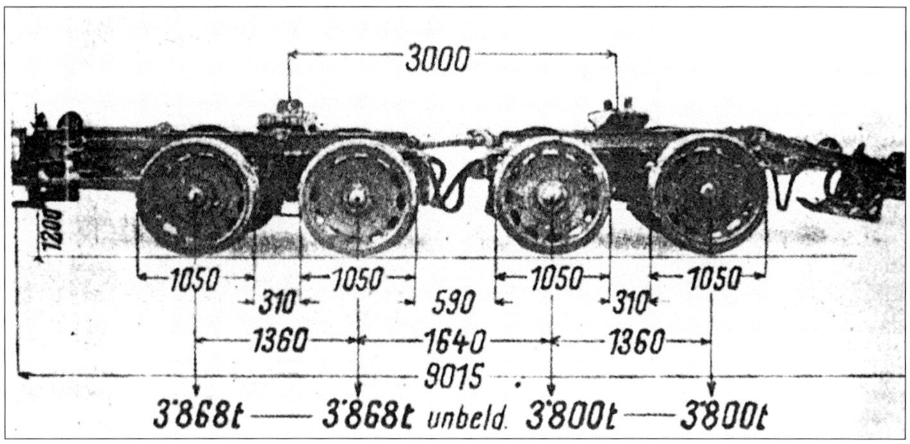

Der Artilleriegeneratorwagen M. 16 und eines der für alle Lasten gleichen Einheitsfahrgestelle mit seinen Radnaben-Elektromotoren.

folgte der Lafettenwagen, wobei er über ein Kabel mit dem Generatorwagen verbunden blieb. Nach dem Verschrauben mit der Drehscheibe folgte der Rohrwagen auf die gleiche Weise.

Das Projekt dieses Geschützes wurde im Frühjahr 1915 ausgearbeitet, die ersten beiden bereits im Juni genehmigt. Schon im März 1916 traf die erste Haubitze an der Südfront in Trient ein. Von der Bestellung bis zum ersten Einsatz waren daher lediglich zehn Monate vergangen. Von insgesamt elf bestellten Lafetten wurden neun mit dem 38-cm-Rohr eingesetzt, die restlichen zwei erhielten ein 24-cm-Kanonenrohr. Hierzu sei bemerkt, dass die beiden ersten Lafetten noch nicht die zweite Schildzapfenlagerung für das 24-cm-Kanonenrohr erhielten.

Das Kriegsministerium bestellte die **24 cm M. 16 Kanone** im Dezember 1915, da sie, wie oben bereits angeführt, die gleiche Lafette wie die 38-cm-Haubitze verwendete. Das Rohr mit einer Länge von 40 Kalibern, 60 Zügen mit einer Drall-Länge von 25 Kalibern und einem Keilverschluss wog 20.300 kg. Es verschoss eine *Sprenggranate* von 215 kg mit 17,5 kg und eine *Haubengranate* von 213,2 kg mit 15,1 kg Sprengstoff. Mit der Hülsenkartusche war eine Anfangsgeschwindigkeit von 750 m/s für eine Schussweite von 26,3 km möglich. Der Höhenrichtbereich für das Feuern reichte hier von +10 bis +42,5°.

Die Masse in Feuerstellung stieg geringfügig auf 79.100 kg. Dazu trugen das Rohr mit 20.300 kg, die Wiege mit 8000 kg und die Lafette mit 7400 kg ihren Teil bei. Transport und Zusammenbau in Feuerstellung änderten sich ebenso wenig wie die Masse der Fahrlasten, ausgenommen beim Lafettenfahrzeug mit nunmehr 30.800 kg für die Straßenfahrt, 27.200 kg für die Schienenfahrt mit eigener Kraft und 28.000 kg hinter einer Dampflokomotive.

Ein neues Geschütz mit dem größten Kaliber 42 cm baute *Škoda* in zwei Ausführungen – als **42 cm M. 16 Autohaubitze** und als **42 cm M. 17 Autohaubitze** . Wie noch im Einzelnen beschrieben wird, unterschieden sich diese nur in Änderungen an der Lafette und der Zahl und dem Aufbau der Fahrlasten.

Gemeinsam war beiden das Rohr, das dem der bereits beschriebenen Küstenhaubitze einschließlich deren ballistischer Leistungen entsprach. Die Transportmöglichkeiten und der Zusammenbau entsprachen im Wesentlichen wieder der beschriebenen 38-cm-Haubitze. Der Höhenrichtbereich lag nun zwischen +40 und +70°, der Seitenrichtbereich bei 360°. Neu hinzu kam ein handbetätigter Ansetzer, der die Geschosse von der Ladeschale in das Rohr schob.

Das *Modell 16* brachte in Feuerstellung 113.000 kg auf die Waage (Rohr 26.200 kg, Wiege 11.600 kg, Lafette 12.200 kg, Bettung 63.000 kg). Die Bettung wies eine Länge von 7,5 m, eine Breite von 6,2 m und eine Höhe von 1,75 m auf. Der Transport erfolgte bei Straßenfahrt in folgenden sechs Lasten: Rohrfahrzeug mit 44.400 kg, Lafettenfahrzeug mit 39.200 kg, zwei Bettungsfahrzeuge mit je 35.600 und zwei Drehscheibenfahrzeuge mit 13.700 und 14.900 kg. Die Fahrlasten für Schienenfahrt mit eigener Kraft und Schienenfahrt hinter einer Dampflokomotive betrugen für den Rohrwagen

Die 24 cm M. 16 Kanone erhielt die gleiche Lafette wie die 38-cm-Haubitze.

40.800/41.600 kg, für den Lafettenwagen 35.600/36.400 kg und für die zwei Bettungswagen je 32.000/32.400 kg.

Beim *Modell 17* entfielen die beiden Drehscheibenteile, die nunmehr fest auf den Bettungshälften montiert waren. Der Bettungskasten war nur noch 6,5 m lang, 5,2 m breit und 1,6 m hoch. Damit sank die Masse in Feuerstellung auf 100.000 kg. Zusätzlich ließen sich die Massen der Lafette auf 11.200 kg und der Bettung auf 50.000 kg herabsetzen. Für den Transport waren nur noch vier Lasten erforderlich. Bei Straßenfahrt/Schienenfahrt mit eigener Kraft/Schienenfahrt hinter Dampflokomotive waren dies 44.400/40.800/41.600 kg für das Rohrfahrzeug, 38.000/34.400/35.200 kg für das Lafettenfahrzeug und 43.400/39.800/40.600 bzw. 44.700/41.100/41.900 kg für die beiden Bettungsfahrzeuge.

Die 42 cm M. 16 Autohaubitze in Ladestellung. Die Geschützbedienung musste den Geschossansetzer von Hand herauskurbeln.

Eine 42-cm-Autohaubitze beim Stellungswechsel. Das Rohr rollt auf seinem hier zusammengekuppeltem Einheitsfahrgestell hinter seinem Generatorfahrzeug M. 16, die Lafette auf einem identischen, aber jetzt unterteiltem Fahrgestell hinter ihrem Zugmittel.

1918 waren vom *Modell 16,* das erstmals im Mai 1916 im Einsatz stand, fünf Stück vorhanden, vom *Modell 17,* von dem vier bestellt worden waren, lediglich eines.

Eine Behelfslösung stellte schließlich die **35 cm M. 16 Kanone** dar. Die Rohre waren ursprünglich für die geplanten Linienschiffe der ERSATZ MONARCH-Klasse bestimmt. Als das Marineministerium deren Bau dann im Herbst 1914 zurückstellte, blieb der Auftrag für zehn Geschütze und ein Reserverohr. Zwei der dem Heer übergebenen Rohre gingen an die Südfront gegen Italien zur Verstärkung des schweren Flachfeuers.

Die Rohre mit einer Länge von 50,7 Kalibern (nominell 45) wiesen mit einem Keilverschluss eine Masse von 74.000 kg auf. Mit einer Hülsenkartusche konnten 710-kg-*Sprenggranaten* mit 69,1-kg-Ladung bei 770 m/s Schussweiten von 31,5 km erreichen.

Für den Transport des Rohres war ein eigener Spezialtransportwagen mit einer Eigenmasse von über 87 t und einer Tragfähigkeit von 100 t erforderlich.

Die Masse in Feuerstellung mit der Behelfsbettung lag bei 180.000 kg. Dabei konnte in einem Höhenrichtbereich von +20 bis +40° und einem Seitenrichtbereich (je nach Ausführung) von 30 bis 60° geschossen werden. Für den Einbau war ein eigener Portalkran mit einer Tragfähigkeit von 100 t, dessen Bauhöhe verstellbar war, erforderlich. Er lief auf je einem Vollbahngleis, die parallel auf jeder Seite des Zufahrtsgleises verlegt waren.

Auch hier erstaunt die schnelle Reaktion. Obwohl die Bestellung der Behelfslafette erst im August 1915 erfolgt war, eröffnete das erste Geschütz schon im April 1916 das Feuer.

Das letzte hier vorgestellte Geschütz setzte die österreichisch-ungarische Artillerie nicht mehr ein; es dokumentiert aber die Problematik unterschiedlicher militärischer Forderungen. Die Kriegsereignisse und die Erfahrungen mit ausländischen Baumustern hatten gezeigt, dass die Spanne vom 15-cm- zum 30,5-cm-Kaliber zu groß und daher ein dazwischenliegendes Geschützkaliber erforderlich war. Das Kriegsministerium beauftragte *Škoda* daher mit der Konstruktion eines 21-cm-Mörsers,

der aus logistischen Gründen auch in der Lage sein sollte, deutsche Mörser-Munition zu verschießen. Deshalb war das genaue Kaliber 211 mm. Bereits 1915 war das erste Versuchsgeschütz eines **21 cm Mörser M. 16** fertig, dem eine zweite, geänderte Konstruktion folgte. Beide waren mit Radlafette ausgeführt. Sie sollten mit einer Rohrlänge von 13,9 Kalibern Geschossen von 100/120/135 kg mit Anfangsgeschwindigkeiten von 450/410/380 m/s Schussweiten von 12/11/10 km verleihen. Die Masse des Mantelrohres mit Keilverschluss lag bei 2760 kg. Der Höhenrichtbereich für das Feuern ging von +35 bis +65°, mit der Ladestellung bei -0°, der Seitenrichtbereich betrug nur 4,5°.

Das *Muster 1* wurde für das Fahren in einer Einzellast ausgelegt, wobei eine gefederte Achse für den Kraftzug vorgesehen war. Für den Einsatz im Gebirge war aber auch die Beförderung in fünf Lasten möglich. Die Masse in Feuerstellung betrug 9640 kg, in Fahrstellung 10.300 kg. 280 mm breite Räder sollten ein Einsinken verhindern.

Das *Muster 2* war hingegen für den Transport in zwei Lasten ausgelegt und ließ sich mit Radgürteln ausstatten. Die Masse in Feuerstellung lag bei 8550 kg ohne und 9300 kg mit Radgürteln. Das Lafettenfuhrwerk mit Protze wog 6510 kg ohne und 7260 kg mit Radgürteln. Die analogen Werte für das Rohrwagenfahrzeug lagen bei 4900 bzw. 5650 kg.

Die 35 cm M. 16 Kanone L/45 stellte eine Behelfslösung unter Verwendung eines Schiffsgeschützes dar.

Versuchsmuster eines 21-cm-Mörsers mit Kastenbettung, hier im zweilastigen Transport hinter einer Artilleriezugmaschine.

Kanoniere am 24-cm-M. 98-Mörser. Er wurde in der österreichisch-ungarischen Armee von 1899 bis 1918 eingesetzt. (Foto: ÖNB, © PD)

Einsatzbereiter 24-cm-M. 98-Mörser am Valparola. Er war das schwerste Geschütz der k. u. k. Artillerie. (Foto: ÖNB, © PD)

Schussbereite 42-cm-Haubitze mit der Kaliberlänge L/15. Von 1914 bis 1918 wurden lediglich acht Exemplare dieser ursprünglich als Küstengeschütz gedachten Haubitze hergestellt. (Foto: ÖNB, © PD)

Bei dieser 38-cm-Haubitze wird gerade eine Granate bereit zum Laden gemacht. (Foto: ÖNB, © PD)

THE ILLUSTRATED LONDON NEWS

REGISTERED AS A NEWSPAPER FOR TRANSMISSION IN THE UNITED KINGDOM, AND TO CANADA AND NEWFOUNDLAND BY MAGAZINE POST.

No. 3956. – VOL. CXLVI SATURDAY, FEBRUARY 13, 1915. SIXPENCE.

The Copyright of all the Editorial Matter, both Engravings and Letterpress, is Strictly Reserved in Great Britain, the Colonies, Europe, and the United States of America.

AN ENEMY WEAPON WHICH FIRES A SHELL WEIGHING OVER 1000 LB.: THE GREAT 12-INCH SIEGE-HOWITZER OF THE AUSTRIAN ARMY.

The Austrian 30·5 centimétre (12-inch) siege-howitzer probably ranks next to the monster 42-centimétre (16·5-inch) siege-howitzer which is understood to have been employed against certain of the Belgian fortresses in the earlier phase of the war and is the most formidable piece of heavy ordnance in Europe. The pieces are made at the Austrian counterpart of Krupp's works, the Skoda Waffenfabrik, in Bohemia, which supplies the imperial armies with their artillery and ammunition. The howitzer was first made in 1913, when it was experimented with at the year's manoeuvres. The 30·5-centimétre howitzer is capable of elevation up to 65 degrees, recoils 6 feet at each discharge, and fires a shell weighing upwards of 1000 lb. The barrel weighs 6½ tons, the total weight, with recoil equipment and mounting, being a little more than 28 tons.

Auf der Titelseite einer englischen Zeitung wird über das österreichische 30,5-cm-Geschütz und seine hohe Schussreichweite berichtet. Es ersetzte die Vorgänger mit 24-cm-Kaliber. (Foto: Illustrated London News, 1915, © PD)

Den 21 cm Mörser M. 18 konnte die österreichisch-ungarische Armee auf Grund der Kriegsereignisse nicht mehr einführen.

Da beide Muster nicht den Wünschen der militärischen Stellen entsprachen, schuf der Hersteller ein neues Modell mit Kastenbettung. Damit stieg auch der Seitenrichtbereich auf 360° an. Die Masse in Feuerstellung betrug nunmehr 9640 kg. Der Transport konnte nun in zwei Lasten für den Kraftzug, drei für den Pferdezug und fünf für den Gebirgstransport erfolgen.

Eine 134,8 kg schwere *Sprenggranate* mit 11,8 kg-Ladung erreichte mit der 7. Ladung und einer Anfangsgeschwindigkeit von 380 m/s eine Höchstschussweite von 10,6 km. Dazu kam das übliche *Granat-Schrapnell* von 120 kg mit 6,1 kg Sprengstoff, das mit der 8. Ladung 12,0 km erreichte. Außerdem stand die deutsche *Granate 96 n/A* zur Verfügung, die mit ihrer 9. Ladung das Geschoss auf 410 m/s beschleunigte und Schussweiten bis 9,7 km erbrachte.

Die endgültige Ausführung, die nicht mehr eingeführt wurde, stellte der **21 cm Mörser M. 18** dar. Bei gleicher Rohrlänge wie die bisherigen Versuchsgeschütze sank die Masse des Rohres geringfügig auf 2700 kg. Die Pivotlafette mit Kastenbettung ermöglichte jetzt einen Höhenrichtbereich von -4 bis +71,5° und Schießen ab +40° bei einem Seitenrichtbereich von 360°. Die Masse in Feuerstellung lag bei 8950 kg, die der beiden Fahrlasten zusammen bei 13.400 kg. Für den Gebirgstransport war die Zerlegung in sechs Lasten möglich. Verschossen wurde nun die 134,8 kg schwere Granate mit 380 m/s auf 10,1 km.

Wie bereits erwähnt, konnte die österreich-ungarische Artillerie das Geschütz nicht mehr einführen. *Škoda* fertigte es nach 1918 für die Tschechoslowakei; 1939 übernahm es die vereinte deutsch-österreichische Artillerie wieder.

Russland

Wie bereits auf Seite 118 behandelt, lieferte Großbritannien eine Anzahl *12'' Haubitzen Mk V, 8'' Haubitzen Mk VI* und *9,2'' Haubitzen Mk I* an das Zarenreich. Dazu kam eine Anzahl in Japan angekaufter kurzer 28-cm-Haubitzen, die 1904 Port Arthur beschossen hatten.

Etwas dubios erscheint eine in den deutschen *Kennblätter fremden Geräts* erwähnte **30,5 cm Haubitze Obuchow**. Bei einem Kaliber von

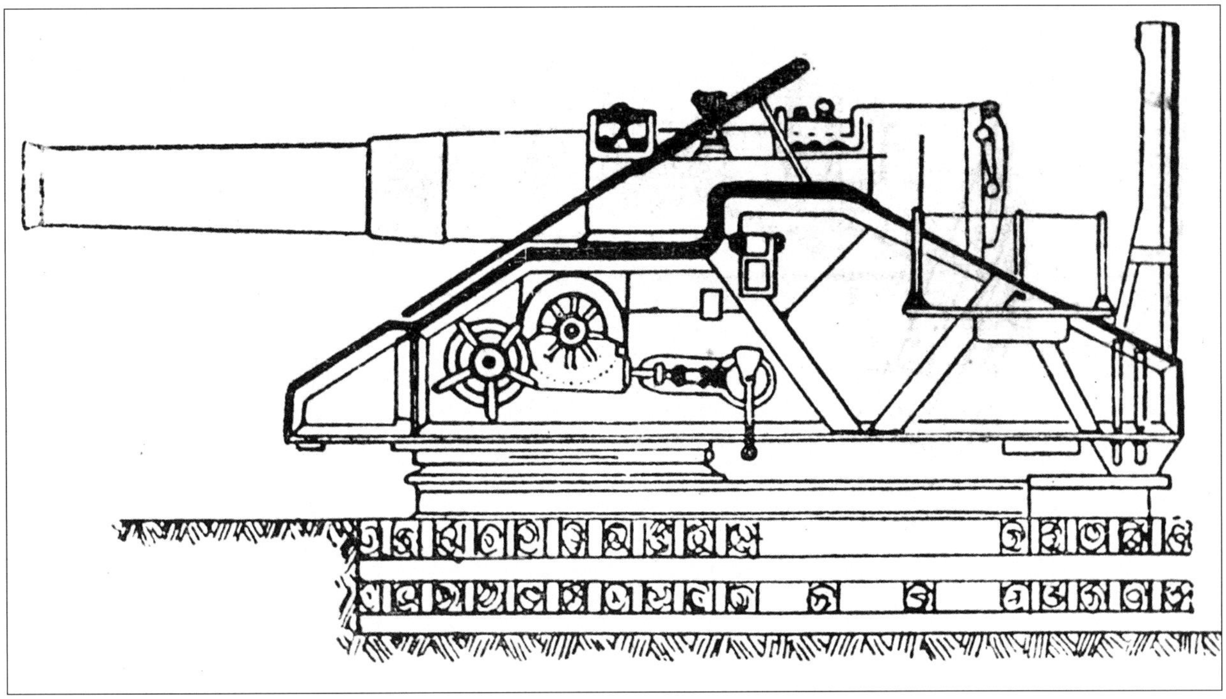

Die Existenz der 30,5-cm-Haubitze von Obuchow ist nicht zweifelsfrei nachgewiesen.

304,8 mm soll sie eine Rohrlänge von 20 Kalibern besessen haben. Ein Geschoss von 377 kg soll mit 440 m/s nicht weniger als 13,4 km geflogen sein. Dabei werden Werte für das Höhenrichten bis +65° und für das Seitenrichten von 60° angegeben. Für die Masse in Feuerstellung sind 64.800 kg zu finden, wobei der Transport mit der Eisenbahn erfolgte.

Fotos dieses Geschützes kamen dem Verfasser bisher nicht unter die Augen. Eine in den angeführten Kennblättern enthaltene Zeichnung zeigt eine Vorderpivotlafette mit rückwärtiger Gleitbahn. Auf einer aus vier Lagen von Balken bestehenden Bettung ist eine Metallplattform zu sehen, die vorn das Pivot und hinten die erwähnte Gleitbahn trägt.

Vereinigte Staaten

Die amerikanischen Streitkräfte verfügten bis in den Ersten Weltkrieg hinein über keine schweren Geschütze für den Landeinsatz. Der Schock traf sie dann, als ihr Expeditionskorps 1918 in Frankreich erste Kämpfe bestehen musste. In aller Eile sollten nun schwere Geschütze beschafft werden, was natürlich nicht so einfach war. Die Industrien Großbritanniens und Frankreichs waren derart ausgelastet, dass kaum freie Kapazitäten zur Verfügung standen. Dies zeigt sich am besten darin, dass die amerikanischen Bestellungen nur in geringem Ausmaß befriedigt werden konnten. Von den bei *Vikkers* bestellten 272 Stück 8''-Haubitzen wurden bis Kriegsende lediglich 132 geliefert, von 132 Stück 9,2''-Haubitzen gar nur 40.

Die amerikanische 8'' Haubitze Mk 7 war ein Nachbau der von Vickers hergestellten Mk VII (siehe Seite 112).

Andererseits erwies sich eben dies aber auch als Glücksfall. Infolge des Engpasses der eigenen Industrie bestellten die britischen Streitkräfte *8'' Haubitzen Mk VI* bei der amerikanischen *Midvale Steel Company*. Nach deren Auslieferung schloss

Der französische Schneider-Konzern konstruierte für die US-Artillerie die 240 mm Haubitze M 1918 aus einer früher für Russland entwickelten 280-mm-Belagerungshaubitze um.

sich das amerikanische Heer unmittelbar mit einem eigenen Auftrag für vorerst 80 Haubitzen an, den sie in Folge auf 195 erhöhte. Sie liefen unter der Bezeichnung **8'' Haubitze Mk 7** und standen bis in die 20er-Jahre im Einsatz. Eine nähere technische Beschreibung erübrigt sich, da das Geschütz bereits im Kapitel über die britischen Geschütze auf Seite 112 eingehend behandelt wurde. Gleichzeitig dokumentiert diese Waffe die Leistungsfähigkeit der amerikanischen Industrie, die innerhalb kürzester Zeit in der Lage war (und ist), auf Kriegsfertigung umzustellen und auf Hochtouren zu produzieren: War 1917 erst ein einziges dieser Geschütze fertig gestellt worden, so waren es allein im April 1918 bereits 38 Stück.

Nachdem Vickers die Produktion auf die *8'' Haubitze Mk VII* umgestellt hatte, übernahm das US-Heer diese Bauform und bestellten bei der *Midvale Steel Company* 100 Stück. Da aber in Großbritannien bald die Änderung zur *Mk VII** erfolgte, wurde der Auftrag in der Folge auf dieses Modell umgestellt, das dann als **8'' Haubitze Mk 8½** eingeführt und bis in den Zweiten Weltkrieg hinein Verwendung fand.

Das Geschütz unterschied sich nur wenig vom britischen Vorbild. Die Massen waren auf 10.300 kg in Feuerstellung und 14.700 kg in Fahrstellung gestiegen und der Höhenrichtbereich hatte sich auf -5 bis +50° vergrößert. Als »Munition« stand eine 90,7 kg schwere *Sprenggranate* zur Verfügung, die es infolge geänderter Teilladungen mit 465 m/s auf eine Schussweite von 11,0 km brachte.

Mit dem Kriegseintritt der USA wurde auch die Forderung nach einer schwereren Haubitze laut. Die Firma *Schneider* hatte, wie bereits berichtet, vor dem Krieg einen 28-cm-Belagerungsmörser für Russland konstruiert, den dann auch das französische Heer einführte. Da dieses Kaliber aber den Amerikanern nicht zusagte, traten sie an den Hersteller mit der Bitte heran, dieses Geschütz auf ein Kaliber von 240 mm abzuändern. *Schneider* kam dem Auftrag nach, die Fertigung in den USA litt aber unter Anlaufproblemen. Amerikanische Offiziere wurden nach Frankreich geschickt, um die Fertigungsmethoden zu studieren, französische Techniker reisten in die Vereinigten Staaten. Vor allem die Herstellung des Rohrrücklaufsystems bereitete Schwierigkeiten. In typisch amerikanischer Großzügigkeit erfolgte dann der Auftrag: Er umfasste nicht weniger als 2627 Rohre und 1214 Lafetten! Das erste Geschütz zerlegte sich bei Schießversuchen, so dass bis Ende 1918 nur eine einzige **240 mm Haubitze M 1918 auf Lafette M 1918** zur Verfügung stand. Das Kriegsende brachte wie üblich eine wesentliche Reduzierung des Auftrages mit sich. Immerhin wurden aber 330 Haubitzen gebaut, davon allein 190 im Jahr 1919.

Die Amerikaner brachten laufend Verbesserungen ein. So vergrößerte der Rohrhersteller *Watervliet Arsenal* ab dem 183. Rohr den Außendurchmesser; die Bezeichnung lautete fortan *M 1918M1.* Spätere Änderungen der Züge führten zum *M 1918A1* und *M 1918M1A1.* Ähnliches gilt auch für die Lafetten, von der die *M 1918A1* zum Einbau auf Betonbettungen und die *M 1918A2* für einen leichteren Zusammenbau ausgelegt waren.

Die folgende Beschreibung bezieht sich auf die **240 mm Haubitze M 1918M1A1 auf Lafette M 1918A2**. Das Rohr war eine typische *Schneider*-Konstruktion mit einer Länge von 21,6 Kalibern und einem Schraubverschluss. Es wies bei 84 Zügen mit einem Progressivdrall von 40 auf 20 Kalibern eine Masse von 4853 kg auf.

Die Lafette erhielt unten wieder den keilförmigen Kasten, der in der Bettungsgrube den Längsschub aufnahm. Die Richtbereiche lagen für die Höhe zwischen -1 und +60°, für die Seite bei 20°. Die Masse in Feuerstellung betrug 18.733 kg.

Der Transport erfolgte wie beim französischen Vorbild in vier Lasten: Rohr, Lafette, Wiege und Bettung, wobei jede an einer 10-t-Zugmaschine hing, deren breite Speichenräder später durch eine Luftbereifung ersetzt wurden. In der Summe ergab

Die 8'' Haubitze auf Raupenlafette Mk I stellt die erste schwere amerikanische Selbstfahrlafette dar.

dies eine Fahrmasse von 26.580 kg. Für den Zusammenbau nutzte die Bedienung die aufgelegten Längsträger mit den beiden mit Winden versehenen Tragrahmen.

Das Standardgeschoss bildete eine *Sprenggranate* von 156,5 kg mit einer Sprengladung von 22,6 kg. An Teilladungen standen sechs Beutel zweier Größen zur Verfügung, mit denen sich zehn verschiedene Treibladungen zusammenstellen ließen. Mit der größten Ladung flog die Granate bei 518 m/s bis zu 15,0 km weit.

Die Amerikaner versuchten auch in Sachen Beweglichkeit dem französischen Vorbild nachzueifern und Selbstfahrlafetten zu schaffen. Leider sind über diese ersten Versuche nur unvollständige Angaben vorhanden. Bekannt wurde eine **8'' Haubitze auf Raupenlafette Mk I**. Als Hersteller des Kettenfahrgestells, das keinem Fahrgestell des Ersten Weltkrieges auch nur entfernt ähnelt, trat die *Morgan Engineering Company* auf. Allerdings wurde das Projekt nach Kriegsende vorerst nicht weiter verfolgt.

Als Waffe diente die oben beschriebene *8'' Haubitze Mk 8½*; sie wurde auf das Vorderteil des Fahrgestells aufgesetzt. Der Seitenrichtbereich blieb gleich, der für die Höhe schränkte sich dagegen auf -0° bis +45° ein. Das Triebwerk mit seiner Leistung von 59 kW (80 PS) befand sich – wie der Fahrerstand – am Heck. Es verlieh dem 26-t-Fahrzeug eine Höchstgeschwindigkeit von 8,5 km/h.

Eine 0,42 m breite Kette hielt den Bodendruck von 69 kPa (0,70 kg/cm^2) niedrig. Die kompakte Bauweise führte zu einer Länge von nur 6,64 m bei einer Breite von 2,53 m.

Die Zwischenkriegszeit 1919 bis 1939

Beim 21 cm Mörser M 10/35 der Reichswehr handelte es sich um den modernisierten langen 21-cm-Mörser des Ersten Weltkriegs.

Dieser Abschnitt zeigt die unterschiedlichsten Entwicklungen des gesamten Betrachtungszeitraumes auf. Die Siegermächte des Ersten Weltkrieges waren – mit Ausnahme der USA – einerseits finanziell ausgeblutet, andererseits besaßen sie umfangreiche Bestände an Kriegsmaterial aller Art. So ist es nicht weiter verwunderlich, dass bei ihnen kaum eine Weiterentwicklung oder Neukonstruktion moderner Geschütze zu verzeichnen ist. Die spät in den Krieg eingetretenen Vereinigten Staaten dagegen wiesen, wenn auch reduzierte, Auftragsbestände für derartige Geschütze auf, die dann allmählich ausliefen. Immerhin war hier die finanzielle Lage wesentlich besser, so dass die Amerikaner mit vollem Elan zumindest an die Planung neuen Materials schritten. Diese Maßnahmen verliefen aber nach verschiedenen Versuchen bald wieder im Sand und schliefen dann für nahezu ein Jahrzehnt vollkommen ein.

Ganz anders lagen die Verhältnisse bei den Verlierern. Deutschland musste die Masse seiner schweren Geschütze abliefern oder verschrotten und auf die Neufertigung ganz verzichten. Die österreichisch-ungarische Monarchie wurde zerschlagen und fiel für die weitere Entwicklung vollkommen aus. Die vorhandenen Geschütze wurden entweder von den Nachfolgestaaten oder der Siegermacht Italien übernommen.

Der erste Gewinner war die neu gegründete Tschechoslowakei. Mit den *Škoda-Werken* übernahm sie nicht nur die größte Waffenschmiede der alten Monarchie, sondern auch deren gesamten Erfahrungen. Dazu kam die Übernahme umfangrei-

Die erste deutsche Neukonstruktion eines schweren Geschützes nach dem Ersten Weltkrieg war der 21 cm Mörser 18.

cher alter Bestände. Allerdings waren auch hier die finanziellen Möglichkeiten beschränkt, so dass bald die Entwicklung und Fertigung für den Export in den Vordergrund traten.

Nach den Schwierigkeiten des Bürgerkrieges trat dann die Sowjetunion ab Beginn der 30er-Jahre in den Kreis der großen Produzenten ein. Einerseits besaß der Vielvölkerstaat kaum nennenswerte Bestände brauchbaren Materials, andererseits stand hier schon aus der geschichtlichen Entwicklung heraus die Artillerie in hohem Ansehen. Verbunden mit den Möglichkeiten eines totalitären Regimes liefen daher in der Folge umfangreiche neue Entwicklungen an.

Deutschland

Schon allein aus den Bedingungen des Friedensdiktates von Versailles trat vorerst ein vollkommener Stillstand ein. Erst nach der Machtübernahme durch die Nationalsozialisten und Deutschnationalen lief ein neues Rüstungsprogramm an. Unterstützt wurde dies zusätzlich durch das Fehlen von Altbestände an schweren Geschützen, die in ihrer Masse ja entweder zerstört oder an die Sieger ausgeliefert worden waren. Das größte Kaliber des 100.000-Mann-Heeres der Reichswehr war 21 cm.

Ein erster Schritt war die Modernisierung der verbliebenen alten langen 21-cm-Mörser. Sie führte zu dem vielfach als **21 cm Mörser M 10/35** bezeichneten Geschütz, von dem die Bestandslisten 1940 noch 28 Stück meldeten. Dazu wurden vorerst Veränderungen an der Lafette vorgenommen, dann die alten Speichenräder durch modernere Stahlscheibenräder mit Vollgummibereifung ersetzt. Diese 2 x 160 mm breiten Doppelscheibenräder verringerten gleichermaßen Fahrerschütterungen wie den Bodendruck. Der alte Schutzschild wurde vielfach weggelassen.

Ein weiteres Problem stellten die größtenteils ausgeschossenen Rohre dar, die später teilweise durch solche neuer Konstruktion ersetzt wurden. Letztere bestanden aus einem selbsttragenden Seelenrohr mit aufgeschraubtem Bodenstück und einem übergeschobenem Mantelrohr, das der Führung des Rohres auf der Wiege diente. Die Zahl der Züge und der Drall wurden aus ballistischen Gründen beibehalten. In dieser neuen Form wies das Rohr eine Masse von 2778 kg auf.

Die Masse in Feuerstellung lag nunmehr bei 9347 kg, in Fahrstellung bei 11.257 kg. Die Beweglichkeit verbesserte sich vor allem durch die Einführung von Halbketten-Zugmaschinen entscheidend*. Trotzdem sollte bei Straßenfahrt eine Höchstgeschwindigkeit von 25 km/h nicht überschritten werden.

Die Richtbereiche blieben gleich, da ansonsten eine vollkommene Neukonstruktion erforderlich gewesen wäre. Auch die alte Munition mit den *Granaten 17* und ihren ballistischen Leistungen wurde weiter verwendet. Erst durch die Einführung des

* Zur Vertiefung sei das umfassende Werk von *Walter J. Spielberger* und *Hilary L. Doyle* verwiesen: *Halbketten-Fahrzeuge des deutschen Heeres 1909–1945.* Motorbuch Verlag Stuttgart, 5. Auflage 1998.

Rohr und Lafette des 21 cm Mörsers 18 beim zweilastigen Transport auf ihren jeweiligen Transportwagen.

Die neuere Ausführung des 21 cm Mörsers 18 mit vier luftbereiften Rädern.

folgenden *21 cm Mörsers 18* (siehe unten) standen dann neue Geschosse mit ballistisch-aerodynamisch verbesserter Form zur Verfügung, die aber weiter mit den alten Treibladungen in Kartuschen verschossen wurden. Die 113 kg schwere *Sprenggranate 18* erreichte damit Schussweiten bis 11,1 km. Dazu kam noch eine 121,4 kg schwere *Betongranate 18*, die bis zu 10,2 km weit flog.

Als Neukonstruktion entstand dann bei *Krupp* in den 30er-Jahren der **21 cm Mörser 18**. Er gelangte erst 1939 zur Auslieferung, so dass bei Kriegsbeginn nur 22 Geschütze zur Verfügung standen. Diese Zahl stieg bis zum April 1940 auf 124 an und erreichte Mitte Juni 1940 mit 388 Stück ihren Höhepunkt.

Das Rohr mit einem genauen Kaliber von 210,9 mm wies die – selbst für eine Haubitze – große Länge von 30,9 Kalibern auf. Die *Granaten 18* beschleunigte die *Sonderkartusche 6. Ladung* auf 565 m/s *(Sprenggranate)* bzw. 550 m/s *(Betongranate)*. Die Schussweite lag für beide bei 16,7 km. Später kamen noch zwei überlange *Röchling-Granaten* gegen Betonziele zum Einsatz, das *Modell 42* mit 192 kg und das *Modell 44* mit 113 kg. Sie erzielten erstaunliche Durchschlagsleistungen von 4,0 bzw. 2,2 m Stahlbeton.

Kennzeichnend für die Haubitze war ihr doppelter Rücklauf. Das Rohr lief in der Wiege auf der Oberlafette zurück, diese auf dem Rahmen der Unterlafette. Als Mittelpivotlafette ruhte der Rahmen mit drei Rollen auf einem im Boden verankerten Schießpilz, was einen Seitenrichtbereich von 16° auf der Spornplatte erlaubte. Das Geschütz konnte aber auch auf eine sternförmige Bodenplatte abgesetzt werden, wodurch sich der Schwenkbereich auf 360° erhöhte. Das Höhenrichtfeld reichte von -0 bis +70°.

Der Preis für diese Bauart war eine Masse von 16.700 kg in Feuerstellung und 22.700 kg in Fahrstellung. Zum Fahren wurde das Rohr auf einen eigenen Rohrwagen verladen und der Schießpilz unter dessen Rahmen verzurrt. Im Übrigen gab es zwei Ausführungen des *21 cm Mörser 18*: Die ältere mit zwei Vollgummirädern und eine neuere mit vier luftbereiften Rädern.

Zwei Halbketten-Zugmaschinen des Typs *schwerer 12 t Zugkraftwagen (Sd. Kfz. 8)* von

Daimler-Benz machten sie beweglich. Je nach Serie erhielt er Motoren von 110 oder 136 kW (150 oder 185 PS), wies eine zulässige Gesamtmasse von 14,4 bis 15 t auf und brachte es auf eine Höchstgeschwindigkeit von 50 bzw. 51 km/h.

Als weiteres schweres Steilfeuergeschütz entstand der **35,5-cm-Mörser M 1**. Die Reichswehr (ab 1935: Wehrmacht) bestellte ihn 1935 bei *Rheinmetall-Borsig*, wobei sie eine Schussweite von 20 km und eine Durchschlagsleistung von 1,0 m Beton forderte. Das erste Geschütz wurde 1939 fertig. Von der ursprünglichen Bestellung von neun Geschützen wurden bis März 1945 acht ausgeliefert.

Das Rohr mit einem genauen Kaliber von 355,6 mm besaß eine Länge von 28,9 Kalibern, 96 Züge mit einer Drall-Länge von 36 Kalibern und eine Gesamtmasse von 24.800 kg. Letztere setzte sich aus dem eigentlichen Rohr mit 12.000 kg und dem Bodenstück samt Keilverschluss mit 12.800 kg zusammen.

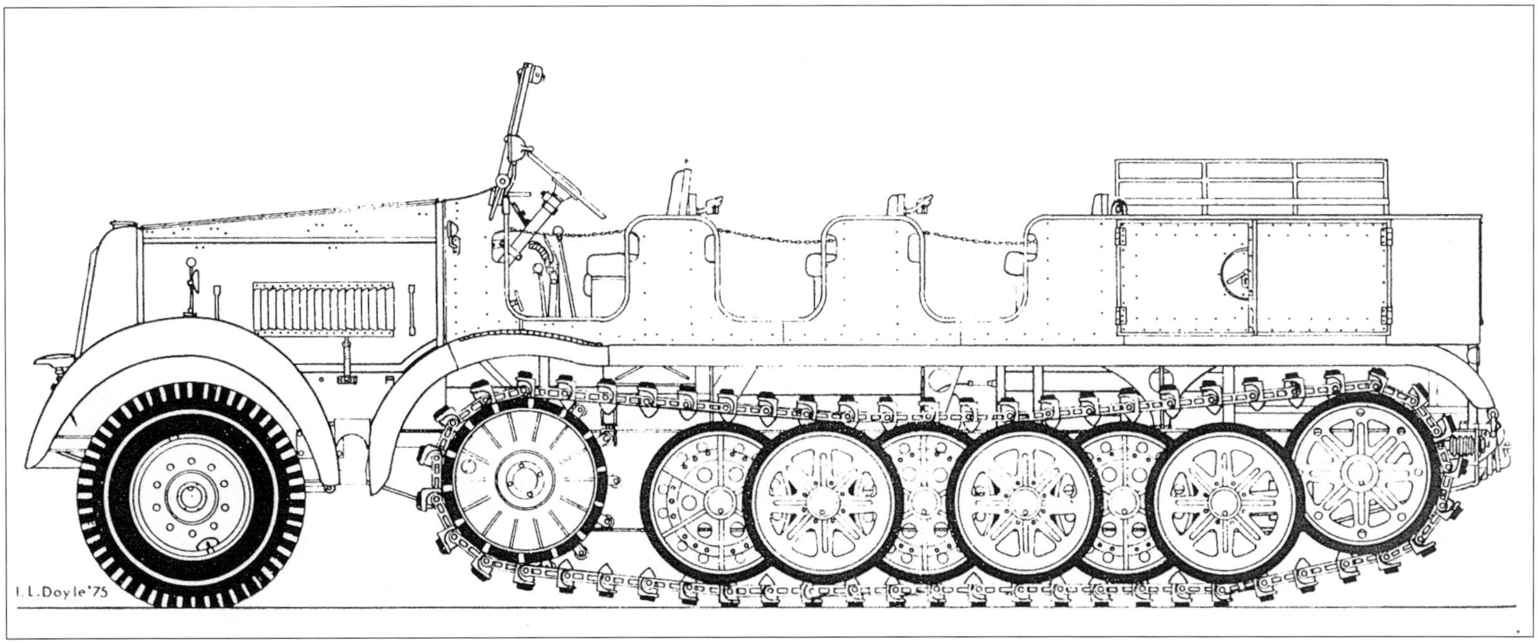

Der schwere Zugkraftwagen 12 t (Sd. Kfz. 8) diente beim Transport des 21 cm Mörsers 18 als Zugmittel.

In Feuerstellung brachte der Mörser 78.000 kg auf den Boden. Er bremste nach dem Prinzip des doppelten Rücklaufs, wie auf Seite 11 beschrieben. Der Seitenrichtbereich auf der Lafette lag bei nur 6°, beim Schwenken um das Pivot bei 360°. Das Höhenrichtfeld reichte von -5 bis +70°, wobei ab +45° geschossen werden konnte. Besonders vermerkt sei, dass sowohl die Höhen- als auch die Seitenrichtmaschine kraftbetrieben waren, wobei ein mitgeführter Generator den Strom lieferte. Natürlich ließ sich das Geschütz bei Stromausfall auch von Hand richten.

Gefahren wurde das Geschütz in sechs Lasten, wozu noch eine siebte für den elektrisch angetriebenen Kran zum Zusammenbau kam. Gezogen wurden die einzelnen Lasten von 18-t-Halbketten-Zugmaschinen. Die Gesamtmasse von 106.470 kg setzte sich aus dem Bettungsfahrzeug von 18.095 kg, dem Unterlafettenfahrzeug von 18.100 kg, dem Oberlafettenfahrzeug von 17.970 kg, dem Wiegenfahrzeug von 17.720 kg, dem Rohrfahrzeug von 17.750 kg und dem Bodenstückfahrzeug von 16.835 kg zusammen. Dazu kam noch das Kranfahrzeug von 16.950 kg.

Als Standardgeschoss diente eine 575 kg schwere *Betongranate* mit einer Sprengladung von nur 7,9 kg. Mit der 4. Ladung erreichte sie mit 570 m/s eine Höchstschussweite von 20,85 km. Daneben erprobte die Heeresversuchstelle in Kummersdorf noch eine überlange *Röchling-Betongranate* von 925 kg mit 30 kg Sprengstoff, die aber nicht zum Einsatz kam. Sie durchschlug bis zu 4 m dicke Betondecken. Die große Feuerhöhe von 3,9 m erforderte einen elektrisch betriebenen Munitionsaufzug.

Auf Grund der Erfahrungen des Ersten Weltkrieges schenkten Reichswehr und Wehrmacht dem

Das schwerste vor dem Zweiten Weltkrieg entwickelte deutsche Geschütz in Pivotlafette stellte der 35,5-cm-Mörser M 1 von Rheinmetall dar.

schweren Flachfeuer größte Aufmerksamkeit. Die Folge war die Entwicklung mehrerer Kanonen größeren Kalibers.

Gleich das erste hier vorgestellte Geschütz, die **21 cm Kanone L/50** von *Krupp*, ist von einem Geheimnis umwittert. Denn von dieser Waffe sind bisher nur Modellfotos bekannt geworden. Die Daten entstammen alle britischen Berichten, die auf Aussagen von Firmenmitarbeitern gegenüber einer britischen Kommission nach dem Krieg beruhen. Die Kanone soll demnach für den Export vorgesehen gewesen sein. Andererseits findet sich in deutschen Unterlagen nichts über das Geschütz, so dass hier der Verdacht besteht, dass es sich lediglich um einen Vorläufer des späteren *Modell 38* handelte.

Die Kanone soll ein Mantelrohr mit auswechselbarem Futterrohr und einem aufgeschraubten Verschlussblock mit Keilverschluss besessen haben. Die Rücklaufbremse lag unter dem Rohr, die Vorholer darüber. Es war wieder der doppelte Rücklauf vorgesehen. Das Geschütz schwenkte auf Rollen um einen Schießpilz und auf einer rückwärtigen Kreisbahn.

Für den Höhenrichtbereich wird ein Wert von -4 bis +45° angegeben, für den Seitenrichtbereich von 360°. Die Masse in Feuerstellung lag bei 35.100 kg, wovon allein 10.500 kg auf die Bettung entfielen. Der Transport erfolgte in drei Lasten, dem Rohrfahrzeug, dem Lafettenfahrzeug und einem Spezialfahrzeug für die Bettung. Alle waren mit Vollgummi-bereiften Rädern ausgestattet.

Für eine 120-kg-Granate wird mit drei Teilladungen eine Anfangsgeschwindigkeit von 875 m/s für eine Höchstschussweite von 34,0 km angegeben.

Die **24 cm Kanone L/46** baute *Krupp* dagegen nachweislich, wenn auch nur in geringer Stückzahl, so dass nur eine einzige Batterie mit ihr ausgerüstet wurde.

Das Rohr mit einem genauen Kaliber von 238 mm war wieder als Mantelrohr mit aufgeschraubtem Bodenstück für den Keilverschluss ausgebildet. Die Rücklaufbremse war innerhalb der Wiege, die Vorholer über dem Rohr angeordnet. Die Federung der Räderlafette ließ sich in der Schießstellung verriegeln. Der Höhenrichtbereich reichte von -4 bis +45°. Zum Schießen setzte die Bedienung das Geschütz auf eine Grundplatte, die aus zwölf speichenförmig angeordneten Holmen mit kreisförmigen Bogenstücken als Bahn für die Rollen am Lafettenende diente. Damit ergab sich dann ein Seitenrichtbereich von 360°. In dieser Form lag die Masse in Feuerstellung bei 45.200 kg.

Transportiert wurde das Geschütz normalerweise in drei Lasten, dem Rohrwagen, dem Lafettenfahrzeug und dem Wagen mit der Grundplatte. Die Gesamtmasse der Fahrzeuge betrug 57.200 kg. Fallweise war auch die Beförderung des Verschlussblocks als vierte Last möglich.

Die *24 cm Kanone L/46* verschoss eine 180-kg-Granate bei einer Anfangsgeschwindigkeit von 850 m/s auf Entfernungen bis zu 32,0 km.

Praktisch stellt diese Waffe einen Vorläufer der **24 cm Kanone K 3**. dar, die sie auch in der Fertigung ablöste. Die *K 3* gehört wohl zu den bekanntesten schweren deutschen Geschützen dieses Zeitraums. Obwohl nur 14 der ursprünglich 40 geforderten Stück gebaut wurden, acht bei *Rheinme-*

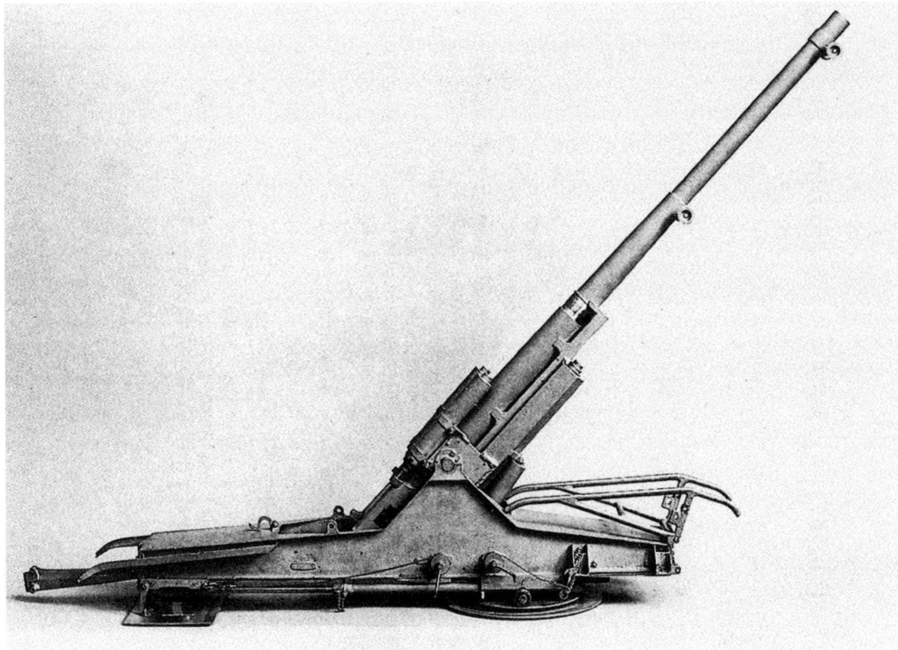

Foto eines Modells der 21 cm Kanone L/50 von Krupp. Die Rädchen an der Rohrunterseite helfen beim Einfahren des Rohrs in die Trogwiege.

Das bekannteste schwere deutsche Geschütz des Zweiten Weltkriegs in einer Radlafette war die 24 cm Kanone K 3. Dabei steht »3« für eine Schussweite von 30 km.

tall und sechs bei *Krupp,* wurden mit ihr zahlreiche Versuche unternommen und unterschiedliche Ausführungen gebaut. Da diese Unterschiede vor allem die Rohrkonstruktion betrafen, werden die verschiedenen Rohre am Ende des Abschnitts beschrieben.

Gemeinsam war allen Rohren das selbsttragende Seelenrohr in einem Mantelrohr mit aufgeschraubtem Hilfslager. Das schwere Bodenstück und die zurückverlegten Schildzapfen erforderten nur einen schwachen pneumatischen Ausgleicher. Die beiden Rohrbremsen lagen über dem Rohr, die Luftzylinder des Vorholers unter ihm. Die Masse der Rohre lag bei 11.645 kg, zuzüglich des Bodenstückes mit dem Keilverschluss von 10.555 kg.

Die Lafette zerfiel in die Oberlafette, die Unterlafette und die hintere Bettungsplatte. In der Unterlafette war das Pivotunterteil befestigt, am hinteren Teil ein Rollenbock, der sich auf die hintere Bettungsplatte abstützte. Der Höhe nach konnte von -1 bis +56° sowohl von Hand wie auch elektrisch gerichtet werden. Das feine Seitenrichten erfolgte durch Schwenken der Ober- um die Unterlafette, wobei Tellerfedern entlasteten und so den Reibungswiderstand verringerten. Das grobe Seitenrichten erfolgte durch Schwenken auf der Bettung um 120 bis 180°. An der Oberlafette befand sich eine Ladeschwinge für die Geschosse. Die Rücklaufbettung (natürlich besaß auch dieses Geschütz den doppelten Rücklauf) bestand ihrerseits aus der Bettungsplatte und dem Bettungsoberteil mit Gleitbahn, Schlitten, einer Lafettenbremse und zwei Luftvorholern. In dieser Form betrug die Masse in Feuerstellung 54.866 kg.

Der Transport erfolgte in fünf Lasten mit je sechs luftbereiften Rädern, dem Bettungsfahrzeug von 17.250 kg, dem Lafettenfahrzeug von 18.200 kg, dem Wiegenfahrzeug von 14.700 kg, dem Rohrfahrzeug von 14.400 kg und dem Bodenstückfahrzeug von 17.300 kg; in der Summe 81850 kg. Der Zusammenbau erfolgte mittels Brükkenschienen und Seilwinden ohne die Hilfe eines Kranes. Als Zugmittel dienten die *schweren Zugkraftwagen 18 t (Sd. Kfz. 9)* von *Famo* mit Motoren von 162, 184 oder 199 kW (220, 250 oder 270 PS). Diese Halbkettenfahrzeuge erreichten mit einer zulässigen Gesamtmasse von 18 t eine Höchstgeschwindigkeit von 50 km/h.

Nun zu den Rohren. Bei der ersten Ausführung wies das Rohr acht Züge mit einer Drall-Länge von 36 Kalibern auf. Das 152,3 kg schwere Geschoss zeigte acht Weicheisenrippen, die genau in die Züge des Rohres eingesetzt wurden. Bei Verwendung der großen Ladung ergab sich eine Anfangsgeschwindigkeit von 970 m/s und eine Höchstschussweite von 37,5 km.

Die *K 3 Vielzug* mit 72 (nach anderen Quellen 64 Zügen) und gleicher Drall-Länge verschoss 151 kg schwere Granaten mit *Führungsbändern* statt *Führungsrippen.* Sie erreichten bei einer Anfangsgeschwindigkeit von 953 m/s Schussweiten bis 36,1 km.

Als weitere Ausführung folgte die *K 3/1* mit einer auf 30 Kaliber geänderten Drall-Länge. Mit einer neuen 155-kg-Granate waren bei einer Anfangsgeschwindigkeit von 950 m/s Schussweiten bis 39,1 km möglich.

Die Versuche mit einer glattrohrigen *K 3 gl* liefen noch bei Kriegsende.

Weitere Versuche erfolgten mit einem konischen Rohr. Dazu wurde auf das normale Rohr ein konisches Vorsatzstück aufgesetzt. Bei einer Verengung auf 21 cm erreichten 119-kg-Geschosse eine Geschwindigkeit von über 1113 m/s und Schussweiten bis zu 51,5 km. Als endgültige Ausführung war ein Geschoss von 118 kg mit 1111 m/s vorgesehen. Weitere Versuche fanden mit Kaliberverengungen von 24/18, 24/17,5 und 24/17 cm statt. In Planung befanden sich auch solche von 24/16,5 und 24/15 cm, wobei letztere Verengung sogar eine Schussweite von 60 km ermöglichen sollte. Bei all diesen Versuchen wurden Geschosse kleineren Kalibers mit Führungsflanschen oder Stauchnoppen erprobt. Diese Versuche und Planungen führte *Rheinmetall* durch. *Krupp* arbeitete dagegen an *Treibspiegelgeschossen* 24/21, 24/17 und 24/16,5 cm. Erstgenannte Rohrkombination sollte ein Geschoss von 58 kg mit 7,0 kg Sprengstoff verschießen. Außerdem beschäftigte sich *Krupp* mit einem *Peenemünder-Pfeilgeschoss* mit Stabilisierungsflossen für die Verwendung in einem glatten Rohr.

Frankreich

Die aus der Kriegsproduktion noch vorhandenen überreichen Geschützbestände, die finanzielle Lage des Landes und der Ausbau der Kolonialherrschaft in Nordafrika verhinderten auf Jahre hinaus eine systematische Erneuerung des Artilleriematerials. Wohl erstellte das Kriegsministerium 1924 dazu ein

Programm, das Ergebnis war aber gleich null. Trotzdem startete die Industrie, vor allem die Firma *Schneider,* verschiedene Projekte, die aber in keinem Fall zur Einführung bei den französischen Streitkräften führten. Daher sind über diese Entwicklungsarbeiten nur spärliche Daten bekannt.

Eine der Arbeiten hätte sicher zu einer interessanten Lösung geführt. Da aber nur ein einziges Foto davon bekannt wurde, kann sich die nachfolgende Beschreibung nur darauf stützen. Die **Kanone 220 mm L Mle. 1917** zeigte zwar beachtliche ballistische Leistungen, litt aber an einer stark eingeschränkten Beweglichkeit. Daher gingen die Bestrebungen auf eine Verbesserung in dieser Hinsicht hinaus. Schneider verwendete dazu zwar das vorhandene Rohr, schuf aber eine vollkommen neue Lafette. Bei dieser wurde der doppelte Rücklauf aufgegeben und sowohl eine Rücklaufbremse als auch ein Vorholer über dem Rohr angeordnet. Überdies wurde eine groß bemessene Oberlafette eingesetzt, die sich um einen Pivotzapfen am vorderen Ende schwenken ließ. Dieser lagerte seinerseits in einem langen Rahmen, der zum Feuern auf den Boden abgesenkt werden konnte. Damit wäre ein Seitenrichtbereich ähnlich dem der Eisenbahnlafetten von *St. Chamond* möglich gewesen. Der Rahmen war an beiden Enden hochgezogen, um unter ihm die Laufwerke anzubringen. Diese bestanden aus einem Kettenlaufwerk am vorderen und einer Radachse am hinteren Ende. Gerade Ersteres hätte sicher durch den geringeren Bodendruck zu einer Verbesserung der Beweglichkeit im Gelände beigetragen.

Ein weiteres Projekt aus diesem Programm war ein neuer 220-mm-Mörser mit einer Schussweite von 15 km als Ersatz für die älteren Modelle mit nur 11 km. Die Entwicklung fand in den 30er-Jahren statt, der 1939 erteilte Auftrag kam aber nicht mehr zur Ausführung.

Allein der **Mörser 220 mm M 28** wurde gebaut. Eine Lieferung an die französische Armee erfolgte nicht, Argentinien kaufte jedoch das Geschütz und führte es ein. Dieses Land wurde damit zum einzigen südamerikanischen Staat, der je ein schweres landbewegliches Geschütz besaß.

In der Ausführung zeigte diese Waffe einerseits typische Schneider-Elemente, andererseits aber auch vollkommen neue. Insbesondere zählte dazu die erstmalige Verwendung einer Mündungsbremse bei einem schweren Geschütz zur Verringerung der Belastung der Lafette. Der Rest war dann konventioneller. Das Rohr wies eine Länge von nur zehn Kalibern und den üblichen Schraubverschluss auf. Die Kastenlafette ermöglichte Richtbereiche von +10 bis +60° für die Höhe und 4° für die Seite. Eine überdimensionale Spornplatte ermöglichte das Einschlagen von nicht weniger als sechs Pfählen zum Festlegen beim Schießen. In dieser Form lag die Masse in Feuerstellung bei nur 8000 kg. Der Transport konnte sowohl in einer Einzellast von 8700 kg als auch in zwei Lasten erfolgen, wobei ein Rohrfahrzeug von 5000 kg und ein Lafettenfahrzeug von 5760 kg vorhanden waren.

***Oben:** Ein Versuch, die Kanone 220 mm L Mle. 1917 durch den Einbau eines Kettenlaufwerks beweglicher zu machen und den Seitenrichtbereich zu vergrößern.*

***Unten:** Den Mörser 220 mm M 28 lieferte Schneider an Argentinien. Man beachte die Vielloch-Mündungsbremse.*

Als typisch *Schneider* zeigte sich noch eine zweite Möglichkeit des Einsatzes. Wie bei dem für Italien konstruierten *Mörser 260/9* (siehe Seite 120) konnte auch von einer Plattform geschossen werden, wozu vorne an der Lafette ein entsprechender Fortsatz für die Lagerung vorgesehen war. In dieser Form lag die Masse in Feuerstellung bei 10.200 kg, der Seitenrichtbereich dafür aber bei 60°. Der Transport erforderte ein zusätzliches Bettungsfahrzeug von 4500 kg.

Der Mörser verschoss Sprenggranaten von 103 kg mit einer Sprengladung von 22,9 kg. Mit einer Anfangsgeschwindigkeit von 415 m/s flog das Geschoss bis 11,2 km weit, in Anbetracht der geringen Masse des Geschützes also durchaus ansprechende Werte.

Die nächste Konstruktion ist bisher kaum bekannt geworden. Es handelt sich hierbei um eine schwere Selbstfahrlafette. Zwischen 1935 und 1940 arbeitete die Firma *A.M.X. (Atelier d'Issy-les-Moulineaux)* an einem schweren *Festungspanzer (char de forteresse)* von etwa 100 t, der für den Durchbruch durch den Westwall vorgesehen war. 1938 wurde der Entschluss gefasst, unter Verwendung dieses Fahrgestells eine schwere Selbstfahrlafette zu schaffen. Dazu sollte das Unternehmen *A.T.S. (Atelier de Tarbes)* den *Mörser 370 mm Filloux* (siehe Seite 75) einbauen. Für den Antrieb sollte ein Zweitakt-Dieselmotor von 294 kW (400 PS) sorgen. Die Auslieferung des ersten der zwei geplanten Geschütze war für 1941 geplant. 1939 befand sich eines der vorhandenen zwölf Rohre zum Einbau im Werk.

Italien

Das Land hatte aus dem Zusammenbruch der k.u.k.-Monarchie den Löwenanteil des österreichisch-ungarischen Geschützmaterials erhalten. Zur *preda bellica*, also Kriegsbeute, gehörten auch nahezu 60 Steilfeuerwaffen der Kaliber 305 bis 420 mm. Vermutlich gelangten auch ausreichende Munitionsmengen in den Süden, da die Italiener im Unterschied zu anderen Ländern keine eigene neue Munition für diese Beutewaffen entwickelten.

Es ist daher nicht weiter verwunderlich, dass das Kriegsministerium erst in den 30er-Jahren die Anforderungen für eine neue schwere Haubitze herausgab. Diese verlangten eine Schussweite von 15 km, eine Fahrzeugmasse von nicht mehr als 8000 kg, eine zulässige Fahrgeschwindigkeit von 30 km/h, eine Rohrerhöhung bis 70°, eine Geschossmasse nicht unter 100 kg und die Möglichkeit des Verschießens vorhandener 210-mm-Munition. Das Seitenrichtfeld sollte möglichst groß ausfallen, wobei den Konstrukteuren die Wahl zwischen einer Spreizlafette und einer Drehscheibenlafette überlassen wurde.

Von mehreren Projekten, teils von militärischen Stellen, teils von der Privatindustrie, ging nach den Erprobungen schließlich die Firma *Ansaldo* als Sieger hervor, deren Geschütz als **Haubitze 210/22 mod. 35** eingeführt wurde. Zu ihrer Zeit war sie vermutlich die beste Waffe dieses Kalibers.

Das Rohr war mit einem im Felde auswechselbaren Futterrohr und einem Schraubverschluss ausgelegt. Bei einer Länge von 23,9 Kalibern (die italienischen Bezeichnungen beziehen sich immer nur auf die Länge des gezogenen Rohrteils ohne Ladungsraum) wies es eine Masse von 4755 kg auf. Die 64 Züge besaßen eine Drall-Länge von 20 Kalibern.

Die Wiege trug oben den hydropneumatischen Vorholer, unten die hydraulische Rücklaufbremse. Um ein Anstoßen auf den Boden zu verhindern, waren die Schildzapfen ganz nach hinten verlegt, was aber wiederum Ausgleicher erforderte.

Die Oberlafette ermöglichte einen Höhenrichtbereich von -0 bis +70°, der Seitenrichtbereich betrug 75°. Zusätzlich war ein Schwenken der Oberlafette um 360° möglich.

Die kastenförmige Unterlafette trug die beiden stark ausgebildeten Kastenholme und zwei hydraulische Winden, mit denen sich die Lafette auf den Boden absenken ließ. Dabei verblieben die vier Räder mit Bereifung am Geschütz, während die ebene Unterlafette auf dem Boden auflag.

Ein nach Kriegsende 1918 ausgelieferter österreichisch-ungarischer 30,5 cm M. 11 Mörser, der in Rovereto/Italien als »im Kriege erbeutet« ausgestellt ist.

Die Masse in Feuerstellung betrug 15.880 kg. Für kurze Strecken konnte das Geschütz zwar als Einzellast verfahren werden, der Regelfall waren aber zwei Lasten. Diese überschritten mit 8245 kg für das zweiachsige Rohrfahrzeug und 10.820 kg für das Lafettenfahrzeug die ursprünglich vorgesehenen Grenzwerte. Die zulässige Höchstgeschwindigkeit auf der Straße betrug dabei 50 km/h. Theoretisch war auch eine Zerlegung in vier Lasten für den Gebirgstransport vorgesehen. Dabei sollte jede Last auf einem Karren mit Radgürteln befördert werden.

Verschossen wurde eine *Sprenggranate* von 102,2 kg mit 18 kg Sprengladung. Bei Verwendung der 6. Ladung konnten bei 570 m/s immerhin 15,4 km erreicht werden (italienische Quellen geben *rund 16 km* als Höchstschussweite an). Anfangs wurde auch ein *Spitzgeschoss* mit etwa 15% geringerer Sprengladung für 16,5 km erprobt, das die Armee aber nicht einführte.

Bis 1940 bestellte das Heer 346 *Haubitzen 210/22 mod. 35.* Die Schwäche der italienischen Industrie wird angesichts der Tatsache offensichtlich, dass trotz Einschaltung der Firma *OTO (Odero-Terni-Orlando)* beim Kriegseintritt Italiens 1940 erst 16 dieser Geschütze vorhanden waren. Nach dem Bündnisbruch Italiens 1943 lief die Fertigung für die deutschen Streitkräfte weiter.

Auch Ungarn kaufte zunächst acht und später noch weitere Haubitzen an um sie als **21 cm 39 M. schwere Haubitze** einzuführen und später in abgeänderter Form in Lizenz selbst weiterzubauen. Näheres darüber findet sich im Abschnitt über die ungarischen Geschütze des Zweiten Weltkriegs auf Seite 162.

Als einziges neues schweres Geschütz führte Italien vor dem Zweiten Weltkrieg die Haubitze 210/22 mod. 35 ein.

Japan

Völlig unklar ist weiterhin die Situation in Japan. In der Literatur des Westens sind wohl zwei schwere Geschütze angeführt, allerdings ohne nähere Daten zu nennen. Einzig und allein steht fest, dass sie (wenn überhaupt) vom *Arsenal Osaka* gebaut worden sind.

So ist von einer **24 cm Haubitze Typ 96** aus dem Jahr 1936 die Rede. Die veröffentlichten Daten sind aber sehr vage, auch ein Foto war bisher nicht zu finden. Bekannt wurde lediglich das Vorhandensein eines Schraubverschlusses und die Fortbewegung im Kraftzug. Angeführt wird lediglich eine Geschossmasse von 200 kg und eine Schussweite von 14,0 km.

Das Gleiche gilt auch für eine **41 cm Belagerungshaubitze**. Dokumentiert wurde bisher lediglich eine Rohrlänge von 32,8 Kalibern, ein Schraubverschluss, das Feuern von einer Bettung und der Transport im Kraftzug. Der Höhenrichtbereich soll bis +45° gereicht haben. Hinsichtlich der ballistischen Leistung wird eine Geschossmasse von 1000 kg, eine Anfangsgeschwindigkeit von 536 m/s und eine Schussweite von 19,5 km angeführt.

Es bleibt zu hoffen, dass in absehbarer Zeit weitere und genauere Daten oder wenigstens eine Bestätigung der Existenz dieser beiden Geschütze auftauchen.

Sowjetunion

Nach dem Sieg der Bolschewisten über die »Weißen« im Bürgerkrieg galt die erste Sorge der Roten Armee der Ergänzung bzw. Erneuerung des Geschützmaterials der Feldartillerie. Schwere Geschütze mussten noch warten. Dies änderte sich erst mit dem *Fünfjahresprogramm der technischen Rekonstruktion der Roten Armee*, das 1929 beschlossen wurde. Ein Teil davon war ein System der Artilleriebewaffnung (1929–1932), das der *Revolutionäre Kriegsrat* im Mai 1929 bestätigte. Er bestimmte die schweren Geschütze für die *Artillerie der Reserve des Oberkommandos*.

Zwei Probleme ergeben sich bei der Darstellung der Entwicklung sowjetischer Geschütze. In der russischen Literatur sind an keiner Stelle genaue Daten für die Einführung einer Waffe und die Fertigungszahlen zu finden, dazu kommt noch, dass unterschiedliche Modelle nicht gesondert bezeichnet werden, wie dies im Westen allgemein üblich ist.

Diese Probleme tauchen gleich beim ersten Geschütz auf, das aus diesem Programm hervorging. Es handelt sich um die **203-mm-Haubitze 1931 (B-4)**. Hinter dieser Bezeichnung verbergen sich nicht weniger als sechs Baureihen, die zum Teil wesentlich Unterschiede aufweisen. Die ursprünglich gestellten Forderungen liefen auf eine Haubitze mit einer Geschossmasse von 100 kg, einer Schussweite von 15 bis 16 km, einem Höhenrichtbereich bis +50°, einem Seitenrichtbereich von 60° und einer Masse in Feuerstellung von 11 bis 12 t hinaus. Die Konstruktionsarbeiten waren bereits 1927 aufgenommen worden. Um die Ausrüstung mit der neuen Waffe zu beschleunigen, wurde sie gleichzeitig in zwei Werken produziert. Dabei wurden die Konstruktionszeichnungen in jedem Werk nach den vorhandenen technologischen Möglichkeiten abgeändert. Erst 1937 wurden einheitliche Zeichnungen angefertigt, ohne die Grundkonstruktion zu verändern. Dabei gingen die Konstrukteure von Teilen und Baugruppen aus, die sich bereits in der Fertigung und bei der Nutzung bewährt hatten. Eine Unterscheidung ergibt sich lediglich aus den *Fremdgerät-Kennummern* der Wehrmacht für erbeutete Geschütze.

Zuerst sollen die allen Ausführungen gemeinsamen Daten zusammengefasst werden. Die Rohre besaßen 64 Züge mit einer Drall-Länge von 22 Kalibern und einen Schraubverschluss. Die hydraulische Rücklaufbremse und der Luftvorholer waren nebeneinander über dem Rohr angeordnet. Eine Kastenlafette ermöglichte Richtbereiche von -0 bis + 60° für die Höhe und 8° für die Seite. Statt auf Rädern standen sie auf Kettenlaufwerken mit gefederten Rollen und einer Kettenbreite von 460 mm, die in Einzellast gefahren für kurze Strecken 5 km/h, in zwei Lasten 15 km/h erlaubten. Gezogen wurden sie von Kettenzugmaschinen der Baureihen *Stalinez* und *Komintern* mit einem Laufwerk ähnlich dem des Panzers *T-24,* auf denen die Bedienungsmannschaft hinter der Fahrerkabine mit aufsitzen konnte.

Die erste Serie *(Kennnummer 503)* wies in Feuerstellung eine Masse von 15.796 kg auf. Die Masse des Rohres mit einer Länge von 22 Kalibern lag bei 4840 kg, die des Geschützes in Feuerstellung

Als bekanntestes schweres sowjetisches Geschütz des Zweiten Weltkriegs trat die 203-mm-Haubitze 1931 (B-4) in Erscheinung, hier ausgestellt in St. Petersburg.

Eine in den Vereinigten Staaten ausgestellte 203-mm-Haubitze 31 (B-4).

bei 15.796 kg. Das zweiachsige Rohrfahrzeuges wog 7580 kg zuzüglich der Protze von 1320 kg, das Lafettenfahrzeug brachte 11.706 kg zuzüglich 1300 kg für die Protze auf die Achsen. Das Geschütz verschoss Granaten mit 98,3 bis 98,8 kg mit 15,9 bis 19 kg Sprengstoff. Mit der 11. Ladung erreichte das Geschoss eine Anfangsgeschwindigkeit von 538 m/s, was einer Höchstschussweite von 12,8 km entsprach.

Die nächste Serie *(Kennnummer 503/1)* verwendete das gleiche Rohr. Die Masse stieg nur geringfügig auf 15.800 kg in Feuerstellung an. Änderungen ergaben sich hingegen bei den Fahrlasten. Das einachsige Rohrfahrzeug mit größeren Rädern erbrachte nun 9230 kg zuzüglich der Protze von 1320 kg und das Lafettenfahrzeug 11.990 kg zuzüglich 1300 kg. Das Geschütz verschoss jetzt Granaten von 100 kg mit 15,4 kg Sprengstoff mit 550 m/s bis auf 16,0 km.

Die weitere Serie *(Kennnummer 503/2)* mit dem gleichen Rohr, den gleichen ballistischen Leistungen und der Masse in Feuerstellung wie vorhin beschrieben, wies für das Rohrfahrzeug mit vier Rädern an zwei Wippen und einer hinteren Achse 10.260 kg und 11.990 kg für das Lafettenfahrzeug zuzüglich 1300 kg für die Protze auf. Die beiden letztgenannten Werte gelten dann auch für alle folgenden Baureihen.

Ab der nächsten Serie *(Kennnummer 503/3)* erhielten die Geschütze ein auf 25 Kaliber verlängertes Rohr von 5200 kg. Die Masse in Feuerstellung (aller Geschütze) betrug nun 17700 kg. Die Fahrla-

Nur wenig wurde über den Einsatz des 280-mm-Mörsers 1939 (BR-5) bekannt, der selbst auf Kinder eine starke Anziehung auszuüben scheint.

sten lagen für das einachsige Rohrfahrzeug bei 9590 kg zuzüglich der 1320 kg für die Protze. Die Haubitze verschoss jetzt eine *Sprenggranate* von 100 kg mit 15,4 kg Sprengstoff und eine gleich schwere *Betongranate* mit der 12. Ladung mit 607 m/s bis auf 18,0 km. Hinzu kam noch eine weitere *Betongranate* mit 146 kg und 481 m/s.

Bei der fünften Serie *(Kennnummer 503/4)* trat wieder das sechsrädrige Rohrfahrzeug, nun mit 10.620 kg, in Aktion.

Die sechste Serie *(Kennnummer 503/5)* hingegen verwendete für das Rohrfahrzeug das Kettenfahrgestell des Kampfpanzers *T-26*. Damit stieg aber die Masse auf 12.900 kg an.

Alle diese Bauformen standen bis 1945 in Verwendung. Die sowjetische Literatur hebt besonders den Einsatz beim Kampf um Berlin hervor.

Die Lafette der 203-mm-Haubitze bewährte sich so gut, dass in sie auch ein Rohr größeren Kalibers eingelegt wurde. Damit entstand der **280-mm-Mörser 1939 (BR-5)**. Das Rohr mit einem Kaliber von 279 mm besaß eine Länge von 16 Kalibern und den üblichen Schraubverschluss. Der gesamte Aufbau einschließlich der Richtbereiche wurde beibehalten. Infolge des schwereren Rohres stieg aber die Masse in Feuerstellung auf 18.200 kg an, die der beiden Fahrlasten betrug zusammen 19.500 kg. Dieses Geschütz brachte eine *Spreng-*

granate von 246 kg mit 356 m/s bis auf 10,65 km. Dazu kam noch eine *Betongranate* von 287 kg. Leider sind von dieser Waffe keine weiteren Daten bekannt.

Die Entwicklung weiterer moderner und vor allem weit reichender Geschütze überforderte zu diesem Zeitpunkt die Möglichkeiten der sowjetischen Konstrukteure. Hinsichtlich des daraufhin eingeleiteten Ankaufs in der Tschechoslowakei wird auf die Ausführungen unter diesem Land auf Seite 161 verwiesen.

Nicht verwirklicht wurde dagegen der geplante *Große Triplex*. Dieser sollte drei großkalibrige Geschütze umfassen. Für eine 254-mm-Kanone waren Geschosse mit 220 kg für eine Schussweite von 36 km vorgesehen. Eine 305-mm-Haubitze sollte 340-kg-Granaten auf Entfernungen bis zu 21 km verschießen. Dazu kam noch ein 400-mm-Mörser, dessen 640-kg-Geschosse 13 km weit fliegen sollten.

Wenig bekannt ist auch, dass sich die Sowjetunion schon in den 30er-Jahren mit der Entwicklung schwerer Selbstfahrlafetten beschäftigte. Im Rahmen des zweiten Fünfjahresplanes 1933 bis 1937, den Stalin im März 1934 bewilligte, war auch die Schaffung einer *mechanisierten Artillerie der Reserve der obersten Führung* enthalten, die Selbstfahrlafetten der Kaliber 157 bis 400 mm bekommen sollte. Die Fertigstellung der Entwürfe war für 1934 vorgesehen, der Bau der Prototypen, die Werks- und Truppenerprobung sollten bis 1935 erfolgen. Die Serienfertigung war dann für 1937 geplant. Die *Kirow-Werke* in Leningrad (heute wieder St. Petersburg) begannen mit den Arbeiten an der schweren *SU-7* der Serie *»Bolschoj Triplex«* für die oben angeführte 254-mm-Kanone, eine 305-mm-Haubitze oder einen 400-mm-Mörser. Verwendung fand das Fahrgestell des schweren Kampfpanzers *T-35* mit dem Triebwerksblock des Kampfpanzers *T-28*. Es entstand ein Prototyp mit der 203-mm-Haubitze. Es stellte sich aber bald heraus, dass die Gefechtsmasse bei 106 t liegen würde und der vorgesehene Motor von 368 kW (500 PS) die vorgesehene Geschwindigkeit von 26 km/h nicht erreichen konnte. Dabei saß die Waffe völlig ungeschützt oben auf der Panzerwanne.

Daher ging man zur leichteren Version *SU-14* der Serie *»Samochodny Duplex«* mit einer *203-mm-Haubitze 1931* über. Sie verwendete wieder das gleiche Fahrgestell und Triebwerk. Da aber die Gefechtsmasse um 40 t gelegen sein soll, lag die angepeilte Höchstgeschwindigkeit von 25 km/h im Bereich des Geforderten. Bei den Erprobungen Mitte der 30er-Jahre wurde diese Selbstfahrlafette allmählich modernisiert und verbessert. Zu einer Serienfertigung kam es aber dennoch nicht.

Oben: ***Die Selbstfahrlafette SU-7 (hier mit einem 152-mm-Rohr anstelle des üblichen mit 203-mm-Kaliber) erwies sich als zu schwer und untermotorisiert.***

Unten: ***Die Selbstfahrlafette SU-14 mit der 203-mm-Haubitze 1931 kam nicht über den Bau von Prototypen hinaus.***

Nach Ende des Ersten Weltkrieges nahm Škoda die Serienfertigung des 21 cm Mörsers M. 18 auf.

Tschechoslowakei

Das Land war in zweierlei Hinsicht einer der größten Gewinner der Zerschlagung der alten österreichisch-ungarischen Monarchie. Einerseits gewann es dabei eine der namhaftesten Fertigungsstätten mit ihrer Erfahrung und andererseits auch große Bestände an schweren Geschützen. Beides nutzte es bald.

An erster Stelle stand der Weiterbau fertig entwickelter Geschütze. Dabei handelte es sich um den bei Kriegsende vor der Serienfertigung stehenden **21 cm Mörser M. 18**, der auf Seite 138 schon beschrieben wurde. Mit einem Armeeauftrag über 18 Stück gelang ein guter Start. Die Einführung als **21 cm Mörser vz. 18** war eine willkommene Ergänzung der vorhandenen Bestände. In diesem Zusammenhang muss ein Irrtum, der in vielen deutschen und englischen Publikationen zu finden ist, berichtigt werden: Die Bezeichnung *vz. 18/19* hat es nie gegeben. Es sei noch erwähnt, dass diese Geschütze 1938 von der Wehrmacht als **kurze 21-cm-Mörser (t)** übernommen wurden.

Ein weiterer Schritt war die Kampfwertsteigerung der **38 cm M. 16 Haubitze** bzw. der **24 cm Kanone M. 16**, die die gleiche Lafette besaßen. Da die vorhandenen Haubitzenrohre stark ausgeschossen waren und die Militärs mittlerweile gesteigerten Wert auf eine große Schussweite legten, fertigte *Škoda* zwölf neue Kanonenrohre für die sechs vorhandenen Lafetten. Dazu kam noch eine neue *Haubengranate* von 198 kg, die es mit 794 m/s bis auf 29,9 km brachte.

Zu den weiteren übernommenen Geschützen zählten die 17 **30,5 cm M. 16 Mörser**. Für sie entwickelten die Tschechen in den folgenden Jahre drei verschiedene Granaten von 289 kg. Die *Minengranate M 15/28* enthielt 30,5 kg Sprengstoff, die *Minengranate M 35* und die *Aufschlagzündergranate M 35* je 33,5 kg. Sie ließen sich entweder mit der alten *Hülsenkartusche M 16* oder der neuen *M 35* verfeuern. Beide enthielten acht Teilladungen, aber mit unterschiedlichen Ladungen und Arten von Blättchenpulver.

Bei den neu entwickelten Geschützen, die praktisch alle für den Export geschaffen wurden, verwendete *Škoda* eine Einheitskonstruktion, die der im Ersten Weltkrieg entwickelten Form entsprach. Die Lafetten waren gekennzeichnet durch die Auskragungen an beiden Enden. Dadurch ließen sich an diesen Stellen die Radachsen für den Transport einschieben. Das zweite Kriterium war die Bettung. Es handelte sich um verhältnismäßig klein gehaltene Bodenplatten, deren Höhe im Wesentlichen vom Kaliber abhing, die teilweise in den Boden eingelassen wurden. Für eine bessere Stabilität sorgten Schwenkarme mit Stützplatten an den vier Ecken. Weitere Gemeinsamkeiten waren der Schraubverschluss, ein Kugeldrehkranz zwischen der Bettung und der Lafette für einen Seitenrichtbereich von 360°, sowie der Transport in drei Lasten. Die Munition führte ein einachsiger Karren mit großen Rädern dem Verschluss zu. Der Karren lief dabei auf Schienen, die teils auf der Lafette, teils in deren Verlängerung lagen.

Das erste neue Geschütz war dann der **22 cm Mörser ON a**. Von diesem Modell kauften Jugoslawien zehn Stück als *M 28* und Polen 27 als *M 32* an.

Das Rohr wies eine Länge von 19 Kalibern und eine Masse von 4350 kg auf. Die 68 Züge zeigten eine Drall-Länge von 25 Kalibern. Die Höhenrichtmaschine ermöglichte Rohrerhöhungen von -4 bis +75°, wobei ab 40° geschossen werden konnte. Die Masse in Feuerstellung lag bei 14.700 kg.

Die Werte für die drei Fahrlasten betrugen 7300 kg für das Rohrfahrzeug, 7100 kg für das Lafettenfahrzeug und 8300 kg für das Bettungsfahrzeug. Alle Räder rollten auf einer Vollgummibereifung, die hinter Zugmaschinen eine Höchstgeschwindigkeit von 15 bis 20 km/h zuließ.

Die Geschosse wogen 128 kg, wobei die *Sprenggranate* eine Sprengladung von 16,2 kg, die *Betongranate* eine von 13,6 kg enthielt. Mit einer Anfangsgeschwindigkeit von 500 m/s erreichten beide Schussweiten bis zu 14,3 km.

Der nächste große Sprung und auch Erfolg fand in der zweiten Hälfte der 30er-Jahre statt. Auf Grundlage einer einzigen Lafette schuf *Škoda* eine ganze Geschützfamilie. Verbesserungen der Grundmodelle, die erst im Zweiten Weltkrieg durchgeführt wurden, werden im Vorgriff gleich hier behandelt, um den Zusammenhang verständlicher zu machen.

Grundlage der Entwicklung war eine Bestellung der Türkei von einer 21-cm-Kanone und einer 24-cm-Haubitze zur Verstärkung der Dardanellen-Befestigungen. Die Werksbezeichnung der Kanone lautete *K 52,* bekannt wurde sie dann als **21 cm Kanone 39 (V)**. Nur zwei dieser Geschütze wurden an die Türkei ausgeliefert, die restlichen zehn bestellten übernahm das Deutsche Reich. Die Kanone wich insofern vom Schema ab, als sie einen langen Lafettenschwanz besaß, der mit Rollen auf einer Kreisbahn lief.

Der Höhenrichtbereich ging von -4 bis +45° wobei ab 0° gefeuert werden konnte. Die Masse in Feuerstellung betrug 33.800 kg, die der drei Fahrlasten zusammen 48.200 kg. Eine weitere Beschreibung erübrigt sich, da die Grundkonzeption bereits auf Seite 158 vorgestellt wurde.

Die Munitionsfamilie bestand aus verschiedenen Geschossen mit einer einheitlichen Masse von 135 kg. Dazu zählten tschechische *Sprenggranaten* mit 18,8 kg Sprengstoff und *Betongranaten* mit 8,1 kg. Später kamen noch deutsche *Sprenggranaten* mit 21,7 kg und *Panzergranaten* mit nur 2,8 kg Sprengstoff dazu. Gemeinsam war ihnen der Verschuss mit drei Teilladungen für maximal 800 m/s und 30,0 km Schussweite.

Später wurde das Geschütz auf deutschen Wunsch geringfügig geändert und erhielt die Bezeichnung **21 cm Kanone 39/40**. Unter der Werksbezeichnung *V 2* baute *Škoda* 20 Stück davon, wobei die Leistung auf 840 m/s und 31,0 km anstieg. Das galt aber auch für die Masse, die nunmehr in Feuerstellung 35.000 kg betrug.

Schließlich kam noch eine Ausführung mit Mündungsbremse als **21 cm Kanone 39/41** hinzu, von der der Hersteller bis zum Kriegsende 1945 noch

***Oben:** Den 22 cm Mörser ON a entwickelte Škoda ausschließlich für den Export. Hier steht die beladene Geschosstransportkarre für das Laden am Bodenstück.*

***Unten:** Das Rohrfahrzeug des in Polen als M 32 eingeführten 22 cm Mörsers ON a hinter einer Kettenzugmaschine.*

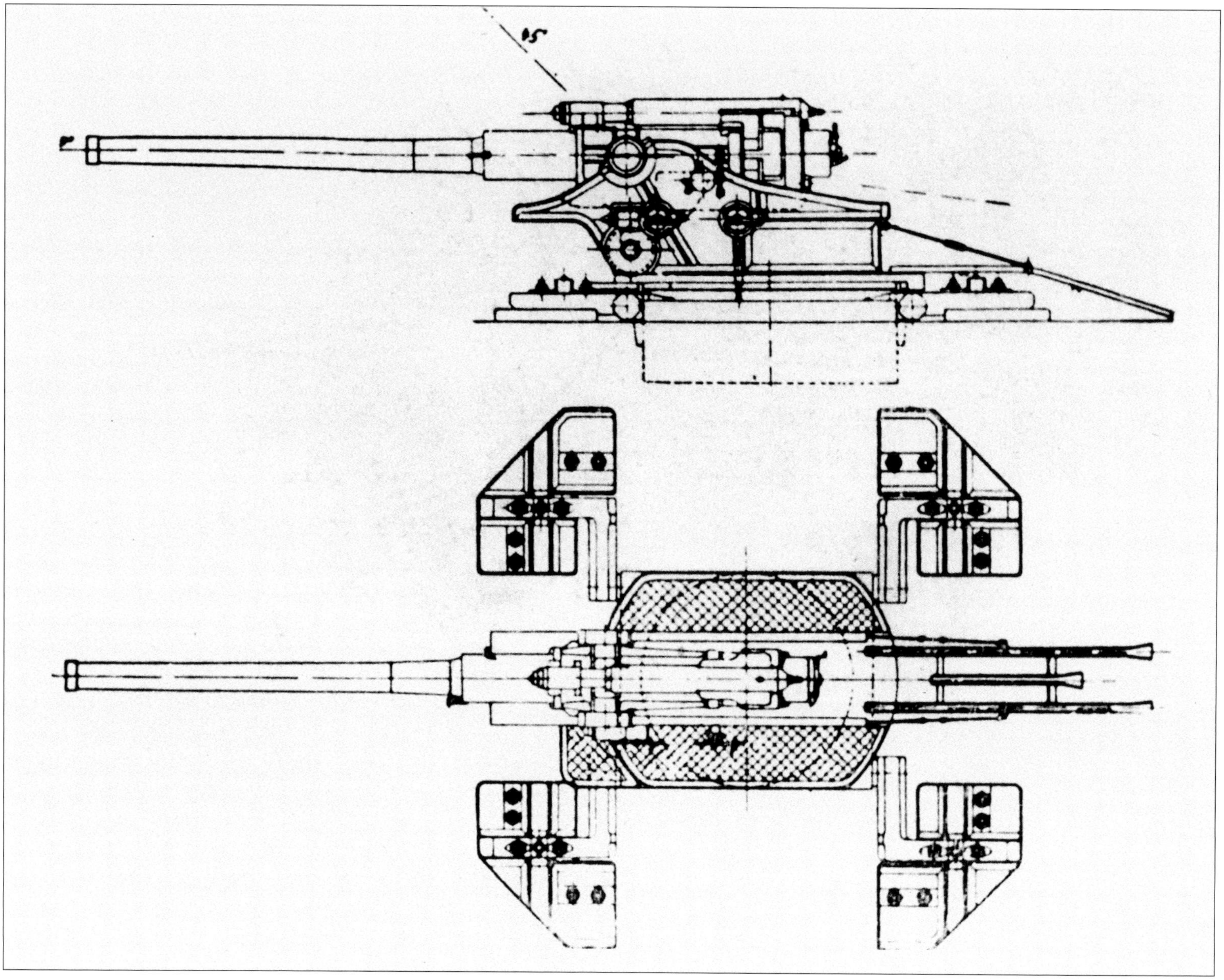

Für die Türkei schuf Škoda die 21 cm Kanone M 39 (V).

16 Stück lieferte. Die Gesamtlänge des Rohres lag nun bei 54,6 Kalibern, so dass mit den üblichen Geschossen und einer verstärkten Treibladung 860 m/s und 33,0 km erreicht werden konnten.

Parallel dazu hatte die Türkei auch vier **24 cm Haubitzen M 39 (U)** bestellt, die, wie alle folgenden Geschütze, der Standardausführung entsprachen. Mit der höheren Geschossmasse wollte man die Sicherheit des Durchschlagens der Panzerdecks von Schiffen erhöhen. Zum Leidwesen der Türkei wurde auch dieser Auftrag nicht vollständig erfüllt. Das Gleiche gilt auch für den späteren Wunsch, zehn dieser Haubitzen im Tauschweg gegen Chromerz zu erhalten. Dabei war an eine Lieferung ab 1943 gedacht.

Das Haubitzenrohr war 28 Kaliber lang bei einer Masse von 8100 kg. Bei der üblichen Ausführung war ein Höhenrichtbereich zwischen -4 und +70° möglich, Schießen ab +15°. In Feuerstellung wog das Geschütz 26.900 kg, die Summe der drei Fahrlasten betrug 40.100 kg.

Die Geschosse wogen einheitlich je 166 kg. Die tschechische *Sprenggranate* mit 23,7 kg Sprengstoff wies ebenso wie die *Betongranate* zwei Führungsringe aus Kupfer mit Nuten auf, die mit einem Graphitschmiermittel zur Verringerung von Rohrreibung und -verschleiß gefüllt waren. Eine deutsche

Sprenggranate besaß dagegen Führungsringe aus weichem Sintereisen mit Nuten für das Schmiermittel. Gemeinsam war den Geschossen die Anfangsgeschwindigkeit von 600 m/s für maximal 18,3 km (5. Ladung).

Auch hier floss eine Verbesserung, die der Vereinfachung der Fertigung diente, ein, die dann die **24 cm Haubitze 39/40** kennzeichnete. Deren ballistische Leistungen blieben unverändert.

Die beiden letzten Vertreter dieser Geschützfamilie wurden absichtlich an das Ende des Beitrages gestellt. Die Sowjetunion hatte sich bereits früher an die Tschechoslowakei gewandt, um die Konstruktionspläne von Geschützen gegen die des zweimotorigen Bombers *SB-2* zu tauschen. Im Jahre 1937 erhielt Škoda dann einen Auftrag über umgerechnet 2,375 Millionen Dollar zur Konstruktion zweier Geschütze und Bau von Prototypen. Als Ergebnis erschienen die **21 cm Kanone M 40 (VX)** und die **30,5 cm Haubitze M 40 (XV)**. Beide entsprachen wieder vollkommen den bereits behan-

Parallel zur 21-cm-Kanone entstand die 24 cm Haubitze M 39 (U).

Für die Sowjetunion entwickelte Škoda als Kompensationsgeschäft die 30,5 cm Haubitze M 40 (XV), die dort die Bezeichnung BR-18 erhielt.

delten Konstruktionsprinzipien. Dazu kam noch ein schon im Ersten Weltkrieg angewandtes Konstruktionselement: Die Ausrüstung der Lafette mit zwei Schildzapfenlagern, so dass sowohl ein Haubitzen- als auch ein Kanonenrohr eingelegt werden konnte.

Die Konstruktionsarbeiten wurden infolge der einschlägigen Erfahrungen termingerecht abgeschlossen. Die Prototypen wurden dagegen erst nach der deutschen Besetzung fertig gestellt, so dass Deutschland diese gegen Lebensmittel (Weizen) an Sowjetrussland auslieferte.

Die Kanone, die in der Sowjetunion die Bezeichnung **210-mm-Kanone 1939 (BR-17)** erhielt, wies mit 49,5 Kalibern ein etwas längeres Rohr auf als die früher gebauten Modelle. Der Höhenrichtbereich wurde bis auf +50° vergrößert. Die restlichen Werte der Richtbereiche blieben gleich. Die Masse in Feuerstellung erhöhte sich auf 45.600 kg. Die Fahrlasten lagen nun bei 20.130 für das Rohrfahrzeug, 21.560 kg für das Lafettenfahrzeug und 21.800 für das Bettungsfahrzeug. Die sowjetischen Kettenzugmaschinen erzielten mit den Lasten eine durchschnittliche Marschgeschwindigkeit von 7 km/h. Für einen Stellungswechsel benötigten die Bedienmannschaften etwa zwölf Stunden.

Die in Ungarn in Lizenz gebaute 21 cm 40 M schwere Haubitze .

Die Kanone verschoss die übliche tschechische 135-kg-*Sprenggranate* mit 800 m/s bis auf 30,0 km. Dazu kam als typisch russische Ergänzung eine *schwere Betongranate* von 155 kg, dies es mit 740 m/s bis auf 28,5 km brachte.

Mit der gleichen Lafette war, wie bereits gesagt, auch die 30,5-cm-Haubitze ausgestattet. Die Rote Armee führte sie als **30,5 cm Haubitze 40 (BR-18)** ein. Das Rohr mit einer Länge von 21,8 Kalibern besaß einen Höhenrichtbereich bis +70°. Die Geschützmasse unterschied sich mit 45.400 kg in Feuerstellung nur unwesentlich von jener der Kanone. Die Fahrlasten: 19.900 kg für das Rohrfahrzeug, 21.600 kg für das Lafettenfahrzeug und 21.800 kg für das Bettungsfahrzeug. Allein diese Werte zeigen schon die weit gehende Übereinstimmung der beiden Geschütze.

Verschossen wurden wieder 330-kg-*Spreng-* und 465-kg-*Betongranaten*. Erstere brachten es mit 530 m/s bis auf 16,4 km, Letztere mit 410 m/s bis auf 13,2 km.

Damit sind die auf Vorkriegskonstruktionen beruhenden tschechischen Geschütze abgeschlossen. Nach der Besetzung durch Deutschland gab die tschechische Industrie weder Fertigung noch Entwicklung auf. Die während des Zweiten Weltkrieges neu konstruierten schweren Geschütze werden dann im nächsten Kapitel ab Seite 174 behandelt.

Ungarn

Im Abschnitt über Italien wurde der ungarische Ankauf von acht Haubitzen des *Modells 210/22* erwähnt (siehe Seite 153). Die in Ungarn als **21 cm M. 39 schwere Haubitze** bezeichnete Waffe wich geringfügig vom italienischen Modell ab: Das Rohr war um 10 mm kürzer und mit 4697 kg auch leichter. Die Masse in Feuerstellung lag mit 15.884 kg etwas höher und auch das Lafettenfahrzeug brachte mit 11.030 kg ein paar Kilogramm mehr auf die Fahrbahn.

Der wesentlichste Unterschied bestand aber darin, dass die Ungarn eigene Munition entwickelten. Dazu zählte eine *Splittergranate* von 102 kg, die mit der 6. Ladung bei 553 m/s nunmehr eine Höchstschussweite von 14,7 km erzielte, und eine *Betongranate* von 117,5 kg, die mit 528 m/s bis auf 15,1 km kam.

Die Firma *MÁVAG* nahm den Lizenzbau unter der Bezeichnung **21 cm 40 M. schwere Haubitze** auf und fertigte 29 Stück. Bei unveränderten ballistischen Leistungen konnte sie die Masse des Rohres auf 4604 kg senken, ebenso jene in Feuerstellung auf 15.022 kg. Dafür aber stiegen jene des Rohrfahrzeuges auf 8816 und des Lafettenfahrzeuges sogar auf 13.153 kg an.

Außerdem kauften die Ungarn zusätzlich zu den im Lande gebauten Geschützen noch sechs weitere des geänderten Modells in Italien, die sie als **21 cm 40 M/a schwere Haubitze** bezeichneten.

Im Vergleich zu anderen Staaten war die ungarische Industrie überraschend rührig. Die Armee hatte fünf alte österreichisch-ungarische Mörser in ihrem Bestand, drei des *Modells M. 11* und je einen der *Modelle M. 11/16* und *M. 16.* Trotz des relativ geringen Bestandes entwickelten und fertigten die Magyaren eine neue Munition. Es handelte sich um drei *Betongranaten* von 287, 300 und 385 kg. In dieser Reihenfolge erzielten sie mit den kurzen Rohren *M. 11* und *M. 11/16* bei fünf Teilladungen 409 m/s, ebenfalls mit fünf 405 m/s und mit deren vier 329 m/s, Höchstschussweite 11,25 km. Mit dem langen Rohr *M. 16* lagen die entsprechenden Werte bei 434 m/s bei sechs, 426 m/s bei sechs und 356 bei fünf Teilladungen, Höchstschussweite 12,2 km.

Lafetten- und Rohrfahrzeug der in Italien gekauften 21 cm 39 M schweren Haubitze .

Vereinigte Staaten

Nach 1918 ließ die US-Industrie die Fertigung der schweren (und im vorhergehenden Abschnitt beschriebenen) Geschütze auslaufen. Daneben arbeitete sie aber auch schon an neuen verbesserten Modellen, wobei der anfängliche Elan wegen Geldmangels bald wieder erlahmte. Entwicklung und Fertigung lagen praktisch in der Hand zweier Stellen. Für die Rohre zeichneten das *Watervliet Arsenal* und für die Lafetten das *Rock Island Arsenal* verantwortlich. Lediglich an der 8''-Haubitze beteiligte sich zusätzlich die *Hughes Tool Company*.

Das erste Ergebnis trat in Form der **8'' Haubitze M 1920** zu Tage. Mit einer Spreizlafette und einem mehrteiligen Rohr erreichte sie mit dem üblichen Geschoss von 90,7 kg eine Höchstschussweite von 17,0 km.

Der nächste Schritt führte zur **8'' Haubitze M 1920M1**. Sie zeigte als Neuerung ein Drahtrohr, übrigens das Letzte seiner Art, das in den Vereinigten Staaten hergestellt wurde. Trotz guter Versuchsergebnisse und dem Bau eines Prototyps wurde das Projekt 1921 wieder eingestellt, um 1927 wieder aufgenommen zu werden. Als erste Stufe entstand 1929 eine **8'' Haubitze T2**, deren Rohr man im Schleudergussverfahren herstellen wollte. Dabei übersahen die Amerikaner jedoch, dass selbst im »Lande der unbegrenzten Möglichkeiten« keinerlei Fertigungsstätten für ein 5,5 m langes und rund 5 t schweres Rohr vorhanden waren. Daraufhin wurde auch diese Konstruktion verworfen.

Sie gingen daher lieber zur **8'' Haubitze T3** über, bei der ein geschmiedetes und *autofrettiertes* (vorgerecktes) Rohr Verwendung finden sollte.

Nach längeren Versuchen und Konstruktionsarbeiten wurde schließlich eine neue Waffe geschaffen, die als Grundlage für die spätere Serienfertigung diente. Sie besaß ein 25 Kaliber langes Rohr mit einem Schraubverschluss. Die Spreizlafette ließ einen Höhenrichtbereich von -0 bis +65° und einen Seitenrichtbereich von 60° zu. Mit ihren zwei Achsen mit doppelter Luftbereifung waren Fahrgeschwindigkeiten bis über 50 km/h hinter Kettenzugmaschinen zulässig. Die Masse in Feuerstellung lag bei 12.400 kg, in Fahrstellung mit einer luftbereiften einachsigen Protze 13.160 kg. Mit dem 90,7 kg schweren Geschoss und 594 m/s waren Schussweiten bis 17,0 km möglich. Da die Serienfertigung aber erst 1940 anlief, wird dieses Geschütz dann im folgenden Kapitel über den Zweiten Weltkrieg behandelt (Seite 180).

Ein ähnliches Schicksal widerfuhr auch einer 8''-Kanone. Angeregt durch die Erfolge mit einer 8''-Eisenbahnkanone mit dem Rohr eines Küsten-

Das Grundmodell der im Zweiten Weltkrieg in größter Stückzahl gefertigten 8″ Haubitze M1.

geschützes, nahm das Heer 1920 Projektstudien für eine straßenfahrbare Kanone dieses Kalibers auf, die sie aber schon 1924 wieder einstellte. Da eine Neukonstruktion erst 1940 wieder gestartet wurde, gehört auch sie zu den Kriegsentwicklungen (siehe Seite 183).

Nicht viel besser erging es einer neuen 240-mm-Haubitze. Wohl hatten Versuche in den Jahren 1924/25 gezeigt, dass eine vollkommene Umkonstruktion des eingeführten *Modell 1918* erforderlich wäre, das Vorhandensein von über 330 dieser Geschütze und die finanzielle Lage verhinderten aber derartige Arbeiten. Es wurden lediglich die alten Speichenräder durch luftbereifte Räder, die eine wesentliche Erhöhung der Marschgeschwindigkeit erlaubten, ersetzt. Auch in diesem Falle wurden die Arbeiten an einem neuen Modell erst 1940 aufgenommen, so dass abermals das nachfolgende Kapitel die weitere Entwicklung zeigt.

Bald nach Ende des Ersten Weltkrieges begannen die zuständigen Stellen wieder mit Versuchen zur Schaffung schwerer Selbstfahrlafetten, wobei das Rohr der *240 mm Haubitze M 1918* im Mittelpunkt stand.

Bei der **240 mm Selbstfahrlafette Mk III** wurde in praktisch unveränderter Form die Haubitze mit ihrem Rücklauf- und Vorholsystem aufgesetzt, wobei der Seitenrichtbereich auf enge 2° eingeschränkt war. Bei einer Masse von 48,3 t erfolgte der Antrieb durch einen Achtzylinder-Benzinmotor von 154 kW (210 PS), der dem Fahrzeug eine Höchstgeschwindigkeit von 5,2 km/h verlieh. Die Länge lag bei 7,55 m, die Breite bei 3,0 m. Mit einem geänderten Triebwerk von 165 kW (225 PS) wurde daraus später noch die **240 mm Selbstfahrlafette Mk IIIM1**, deren Höchstgeschwindigkeit damit auf 6,9 km anstieg.

Aus der Zusammenarbeit mit Frankreich entstand aber noch ein weiterer Versuchstyp. Auf das Fahrgestell von *St. Chamond* mit seinen beiden benzin-elektrisch angetriebenen Fahrzeugen setzten die Amerikaner statt des 280-mm-Mörsers die 240-mm-Haubitze auf. Nach dem französischen Vorbild behielten sie dabei den doppelten Rücklauf unter Verwendung der schiefen Ebene und den Rollen der Oberlafette bei. Lediglich die Munitionszufuhr änderte sich durch Anbringung eines seitlichen Geschosskranes. Die Länge stieg auf 9,3 m und die Höhe sogar auf 3,96 m an. Beim Bodendruck wurden 104 kPa (1,06 kg/cm²) gemessen. Allerdings baute man einen mit 110 kW (150 PS) stärkeren Motor ein. In dieser Form erhielt das Fahrzeug die Bezeichnung **240 mm Selbstfahrlafette Mk IV**.

Eine weitere Eigenentwicklung stellte die **8'' Selbstfahrlafette Mk IX** dar. Sie entstand 1921 in Zusammenarbeit der *Holt Manufacturing Company* mit dem *Ordnance Department*, also der für die Entwicklung und Erprobung von Heeresmaterial zuständigen Dienststelle. Aufgebaut wurde die neue *8'' Haubitze M 1920* mit einer Schussweite von etwa 17 km. Ihr Seitenrichtbereich war dabei auf 5° eingeschränkt, Abstützungen stabilisierten das Fahrzeug beim Schießen. Die Feuerhöhe lag nur 1,63 m über dem Boden, was vor allem das Laden erleichterte. Ein Sechszylinder-Benzinmotor von 184 kW (250 PS) verlieh dem etwa 22 t schweren Fahrzeug die für die damalige Zeit beachtliche Höchstgeschwindigkeit von 24,1 km/h.

All diese Versuche führten jedoch nicht zur Einführung. Die Zeit und der fahrzeugtechnische Entwicklungsstand waren einfach noch nicht reif dafür. Es sollte bis in den Zweiten Weltkrieg hinein dauern, bis die erforderlichen geeigneten Fahrgestelle aus der Panzerfertigung zur Verfügung standen.

Bald nach Ende des Ersten Weltkrieges entstand die 240 mm Selbstfahrlafette Mk III.

Unten: Die 240 mm Selbstfahrlafette Mk IV verwendete als Waffenträger die benzin-elektrischen Kettenfahrzeuge von St. Chamond.

Der II. Weltkrieg 1939 bis 1945

Von Artillerie-historischer Warte aus gesehen, kennzeichnet diesen Zeitraum vor allem das Ausscheiden verschiedener Staaten aus der Reihe der Erzeugerländer. Neuentwicklungen, die tatsächlich auch eingeführt wurden, finden sich nur bei wenigen Ländern. So konzentrierten sich z.B. die deutschen Geschützhersteller auf die Fertigung von Modellen, die bereits vor dem Krieg entwickelt worden waren. An Neukonstruktionen, die in den Einsatz gingen, lässt sich praktisch nur ein einziges Geschütz anführen. Die Heeresstellen arbeiteten daneben aber verstärkt am Bau verschiedener Selbstfahrlafetten. Lediglich *Škoda* im Protektorat Böhmen und Mähren nahm neue schwerste Geschützprojekte in Angriff und erst später – wie sich herausstellen sollte, zu spät – folgten *Rheinmetall* und *Krupp*. Näher beschreiben will dieses Kapitel vor allem die große Zahl von Geschützen, die von der Tschechoslowakei übernommen wurden und die vielen von der deutschen Artillerie verwendeten Beutegeschütze.

Frankreich fiel nach der Niederlage 1940 als Geschützhersteller vollkommen aus, Italien entwickelte keine neuen Geschütze und Großbritannien kam über ein Versuchsmodell nicht hinaus.

In den Vereinigten Staaten lief dagegen nicht nur die Fertigung vorbereiteter Konstruktionen an, sondern überhaupt ein ganzes neues Programm. Dazu kamen in der zweiten Kriegshälfte die Arbeiten an einer Reihe von Selbstfahrlafetten. Zu beachten ist vor allem das schnelle Hochlaufen der Geschützproduktion, das zu nie geahnten Fertigungszahlen führte.

Vorausgeschickt werden muss noch, dass die während des Krieges sowohl in Deutschland als auch in den Vereinigten Staaten geplanten oder auch gebauten großkalibrigen *Granatwerfer* wie schon die *Minenwerfer* des Ersten Weltkrieges aus dem Rahmen dieses Buches fallen und nicht behandelt werden.

Die österreichisch-ungarische 24 cm Kanone M. 16 im Westfeldzug 1940. Die Wolke kommt nicht vom rauchlosem Treibladungspulver, sondern ist vom Mündungsgasschlag aufgewirbelter Staub.

Und noch ein Benutzerhinweis: Bei den maßgebenden Ländern (sofern möglich) findet sich eine Übersicht der vorhandenen Bestände, auch wenn in den vorhergehenden Abschnitten bereits kurz auf diese hingewiesen wurde.

Deutschland

Die Probleme der deutschen schweren Artillerie wurden teilweise bereits bei der Behandlung des vorhergehenden Zeitabschnittes aufgezeigt. Die Fertigung des neuen Geschützmaterials, mit Ausnahme des *21-cm-Mörsers,* war erst im Anlaufen begriffen. Als wahrer Glücksfall erwies sich für die schwere Artillerie daher die Einverleibung der Tschechoslowakei. Das dort vorhandene oder in Fertigung befindliche Material wurde *angekauft,* praktisch aber übernommen, da der *Kauf* natürlich zu diktierten Preisen erfolgte. Wie die nachstehende Zusammenstellung aus der Zeit vor dem Beginn des Frankreichfeldzuges im Mai 1940 zeigt, befanden sich unter den derart einverleibten Geschützen in der Mehrzahl solche, die bereits in der österreichisch-ungarischen Monarchie während des Er-

Zu den schwersten Geschützen der deutschen Wehrmacht zählte auch die alte österreichisch-ungarische 42 cm M. 16 Autohaubitze (siehe Seite 134).

Die 21 cm Kanone 38 mit ihrem doppelten Rücklauf von Rohr und Oberlafette.

sten Weltkrieges entwickelt und gebaut worden waren, und die 1918/19 ihrerseits als Beutegut – und zwar kostenfrei – von den alliierten Siegermächten an die neu gegründete Tschechoslowakei übergeben worden waren.

Zufriedenstellend war am ehesten noch die Lage bei den *21 cm Mörsern.* Neben 28 alten *21 cm langen Mörsern (M 10/35)* waren immerhin 125 neue *21-cm-Mörser 18* vorhanden. Dazu kamen dann noch die übernommenen 18 alten *21 cm Mörser M. 18.*

Auch die nächsten schweren Haubitzen und Mörser stammten aus dieser Übernahme. Es handelte sich dabei um acht *24 cm Haubitzen 39* und um 16 Stück des alten *30,5 cm M. 16 Mörsers*. Als Eigenbau war lediglich ein *35,5-cm-Mörser M 1* zu finden. Dazu kamen noch zwei 42-cm-Mörser. Da nur eine *kurze Marinekanone 12* in den späten 30er-Jahren aus alten Beständen auf dem Schießplatz in Meppen zusammengebaut worden war, muss es sich also zumindest bei einem davon um die alte *42 cm M. 16 Auto-Haubitze* gehandelt haben, die 1942 auch vor Sewastopol eingesetzt wurde.

Bei den *schweren Kanonen* war die Lage nicht viel besser. Dazu zählten sechs *21 cm Kanonen M 39* und sechs alte *24 cm Kanonen M. 16.* Lediglich vier 24-cm-Geschütze stammten aus deutscher Fertigung.

Von den 43 vorhandenen Geschützen mit einem Kaliber von 24 cm oder mehr stammten also nicht weniger als 23 aus der alten österreichisch-ungarischen Monarchie und 14 aus tschechischer Fertigung.

Generell muss festgehalten werden, dass die Kapazität der deutschen Industrie nicht ausreichte, um die gewünschten Fertigungszahlen für die schweren Geschütze zu erfüllen. Daher blieben die Auslieferungen weit hinter den Planungen, wie sie im Buch »Hitlers Konferenzen mit Speer« angeführt sind, zurück. Dazu kamen noch gegen Ende des Krieges die Ausfälle durch die alliierten Bombenangriffe auf die deutsche Rüstungsindustrie.

Das einzige neu entwickelte Geschütz, das auch gefertigt und eingesetzt wurde, war die **21 cm Kanone 38**. Der Entwicklungsauftrag an Krupp erging 1938 und sah gleichzeitig die Lieferung von 15 Geschützen bis 1940 vor. Die tatsächliche Fertigung blieb aber weit hinter der Bestellung zurück. Bis zum Kriegsende wurden nur, je nach der Quelle, sieben oder acht Kanonen fertig gestellt, wovon eine als Muster nach Japan ging.

Das Rohr mit seinem Kaliber von 210,9 mm wies bei einer Länge von 55,1 Kalibern eine Masse von 11.480 kg auf. Es setzte sich aus dem Mantelrohr mit selbsttragendem, auswechselbarem Seelenrohr und dem abnehmbaren Bodenstück mit Keilverschluss zusammen. Die 56 Züge erhielten einen zunehmenden Drall mit einer Drall-Länge von 40 auf 33 Kaliber.

Die Rücklaufbremse des Rohres lag in der Trogwiege, die beiden Vorholer über dem Rohr. Dazu kamen noch zwei pneumatische Ausgleicher, weil die Schildzapfen weit nach hinten verlegt waren, damit das Rohr beim Rücklauf nicht auf den Boden stieß. Der Höhenrichtbereich ging von -0 bis +50°.

Da das Geschütz wieder mit doppeltem Rücklauf ausgestattet war, ergab sich ein komplizierter Aufbau. Der Lafettenkörper bewegte sich beim Feuern auf zwei Gleitschlitten des Lafettenunterbaues zurück. Dieser bestand im Wesentlichen aus zwei Hauptteilen: Einem Stützplattenschlitten, der sich mit zwei Rollen auf der Stützplatte bewegte und in dem auch die Lafettenbremse und der Vorholer gelagert waren, sowie einem Schwanzplattenschlitten und einer Schwanzplatte, die die rückwärtige Auflage der Lafette bildeten. In der Feuerstellung sicherten vier Erdanker die Stützplatte gegen Verschieben. Der normale Seitenrichtbereich lag bei 16°, ließ sich jedoch durch Umsetzen der Schwanzplatte und der Erdanker auf 360° vergrößern. In der beschriebenen Form lag die Masse in Feuerstellung bei 25.435 kg.

Der Transport erfolgte in zwei Lasten: Einem Rohrfahrzeug mit 16.650 kg und einem Lafettenfahrzeug mit 18.175 kg. Interessant ist dabei die Lösung für das Instellunggehen ohne Kran. In der Feuerstellung legte die Bedienungsmannschaft ein am Lafettenvorderende angebrachtes Auflaufgestell um und blockierte die Vorderräder. Das Zugfahrzeug zog dann mittels der Protze das Geschütz vom Fahrgestell, bis die Stützplatte am Boden auflag. Nach Lösen der Zurrung der Schwanzplatte wurde diese an der Protze zum Lafettenende gezogen und am Boden abgesetzt. Dann wurde das Rohrfahrzeug mittels Seilzug an die Lafette herangebracht, weiter auf Auffahrschienen hochgezogen und das Rohr schließlich in die Wiege gelegt.

Die ballistische Leistung war beachtlich. Für eine 120 kg schwere *Haubengranate* mit Weicheisen-Führungsringen gab es drei verschiedene Treibladungen. Für die große Ladung gab die Schusstafel eine Anfangsgeschwindigkeit von 905 m/s und eine Höchstschussweite von 33,9 km an.

Zwei 60 cm Mörser »Karl«, auch Gerät 040 genannt, in Feuerstellung. Der Panzerkasten wurde für das Schießen auf den Boden abgesenkt.

Es sollte der deutschen Industrie aber nur mehr in einem weiteren Fall gelingen, ein schweres Geschütz bis zur Einsatzreife zu bringen. Es handelte sich dabei um das **Gerät 040**, auch **60 cm Mörser Karl**, dessen sechs Exemplare auf die Namen germanischer Götter wie *Thor, Freya* oder *Loki* getauft wurden. Sie waren ursprünglich vor allem zum Einsatz gegen die Panzerwerke der französischen Maginot-Linie bestimmt. Die ersten Überlegungen dazu hatte *Rheinmetall-Borsig* schon 1934/35 angestellt und 1936 dem *Heereswaffenamt* den Entwurf eines schwersten *Vorderlader-Minenwerfers* vorgelegt. Bei einem Kaliber von 60 cm sollte er entweder ein Geschoss von 4000 kg auf 1000 m oder ein solches von 2000 kg auf 2000 m verschießen. Der 1936 erteilte Auftrag lautete dann auf 2000 kg mit mindestens 3000 m Schussweite. Da das *Heereswaffenamt* zusätzlich ein schnelleres Instellunggehen forderte, ging *Rheinmetall* von einer Bettungslafette zu einer Selbstfahrlafette über. Alle Zwischenstufen zu beschreiben, sprengte den Rahmen dieses Buches.

Die Besichtigung des ersten fertigen Gerätes konnte dann 1940 erfolgen. Auf ein Kettenfahrgestell, ursprünglich mit acht, später mit elf Laufrollen, war das Geschütz mit doppeltem Rücklauf aufgebaut. Das Rohr mit seinem Kaliber von 600 mm besaß vier Rücklaufbremsen und zwei Vorholzylinder. Dazu kamen noch je zwei Rücklaufbremsen und Vorholzylinder für die Lafette. Um das Fahrgestell zu entlasten, wurde die Wanne zum Feuern auf den Boden abgesenkt. Der Seitenrichtbereich der Lafette auf dem Fahrgestell lag bei nur 5°, das grobe Richten erfolgte mit dem ganzen Fahrzeug. Der Höhe nach konnte zwischen -0 und +70° gerichtet werden, wobei der Schusswinkel zwischen +50 und +60° lag.

Als Antrieb für die sechs bestellten Waffensysteme lieferte *Daimler-Benz* zwischen März 1940 und August 1941 vier Zwölfzylinder-Benzinmotore MB 503 A und drei Dieselmotore MB 507 C, alle mit einer Leistung von 427 kW (580 PS). Sie verliehen dem 124-t-Geschütz eine Geschwindigkeit von 10 km/h. Zu beachten ist aber der trotz 500 mm

Der Transport des Gerätes 040 zwischen zwei Eisenbahndrehgestellen.

Der »Thors-Hammer«: Nach dem Einbau neuer 54-cm-Rohre erhielt der jetzt weiter schießende Mörser die Bezeichnung Gerät 041. Hier befindet sich das Rohr in Ladestellung.

breiter Ketten hohe Bodendruck von 174 kPa (1,77 kg/cm²), also nahezu das Doppelte des für Kampfpanzer üblichen Wertes. Dazu kamen noch eine Länge von 11,15 m, eine Breite von 3,16 m und eine Höhe von 4,78 m.

Das Rohr selbst, ein Vollrohr, wies mit seinem Verschlussblock und einer Rohrlänge von nur 8,5 Kalibern eine Masse von 28.330 kg auf. Die 112 Züge besaßen eine Drall-Länge von 36 Kalibern. Das wichtigste Geschoss stellte die *schwere*

Betongranate dar. Bei einer Masse von 2200 kg enthielt sie 240 kg Sprengstoff, die größte erzielbare Schussweite lag mit der 4. Ladung und 222 m/s bei 4320 m. Interessant ist auch, dass aus innenballistischen Gründen die Treibladung aus bis zu neun Teilladungen ohne Kartuschhülse in den hohlen Geschossboden eingelegt wurde. Dazu kam noch eine *leichte Sprenggranate,* die mit der 9. Ladung und 279 m/s auf 6580 m kam. Ende 1940 erteilte das *Heereswaffenamt* dann den Auftrag für eine *leichte Betongranate* von 1700 kg, die bei einer Anfangsgeschwindigkeit von 283 m/s mit der 9. Ladung 6640 m erreichte.

Das größte Problem stellte natürlich der Transport dar. Hier waren, neben dem Verfahren mit dem Fahrgestell, zwei Möglichkeiten vorgesehen. Einlastig war der Eisenbahnweg möglich. Dazu wurde das Geschütz mittels zweier Träger auf zwei fünfachsige Wagen gesetzt, woraus sich dann eine Gesamtmasse von 179,8 t ergab. Für das Verladen war ein 75-t-Kran vorgesehen. Für die Beförderung auf der Straße waren vier *Culemeyer-Fahzeuge* erforderlich. Ein sechs- oder achtachsiges für das Fahrgestell (66 t) und drei vierachsige für die Oberlafette mit Wiege (35,4 t), für die Brücke und Ladevorrichtung (16,5 t) und das Rohr mit Verschlussblock (36,4 t). Für den Zusammenbau kamen noch ein 35 t-Kran und zwei 7 t-Kräne hinzu.

Die Forderung nach größerer Schussweite und der Verbrauch der Rohre führten dann zur Bestellung von sechs 54-cm-Rohren und damit zum **Gerät 041**. Das neue Rohr erschien nunmehr als Vollrohr mit Füllmantel. Seine Länge lag bei 13 Kalibern, die Masse bei 32.000 kg. Die Zahl der Züge verringerte sich auf 96, die Drall-Länge blieb unverändert. Als Geschosse standen eine *Betongranate* von 1580 kg mit 180 kg Sprengstoff und eine *Sprenggranate* von 1250 kg zur Verfügung. Bei einer Anfangsgeschwindigkeit von 378 m/s waren Schussweiten bis 10,5 km möglich. Ansonsten gilt unverändert die Beschreibung des *Gerätes 040*, mit Ausnahme der durch die größere Rohrmasse auf 126.350 kg angestiegenen Gesamtmasse und den Bodendruck von 179 kPa (1,83 kg/cm^2).

Für das *Gerät 040* sind vor allem Einsätze bei Brest-Litowsk, Sewastopol und Warschau bekannt geworden, vom *Gerät 041* sind keine verzeichnet.

Das Fahrgestells fand auch noch für andere Projekte Verwendung. Anfang 1941 erhielten sowohl *Rheinmetall* als auch *Krupp* den Auftrag zur Entwicklung einer **24 cm Kanone 4 F** als Ersatz für die *K 3* (siehe Seite 149). Das *Heereswaffenamt* forderte eine Schussweite von 48 bis 49 km mit einem Geschoss von 160 kg. Beide Firmen entwarfen Selbstfahrlafetten ähnlich dem *Gerät 040,* aber mit zehn statt elf Laufrollen.

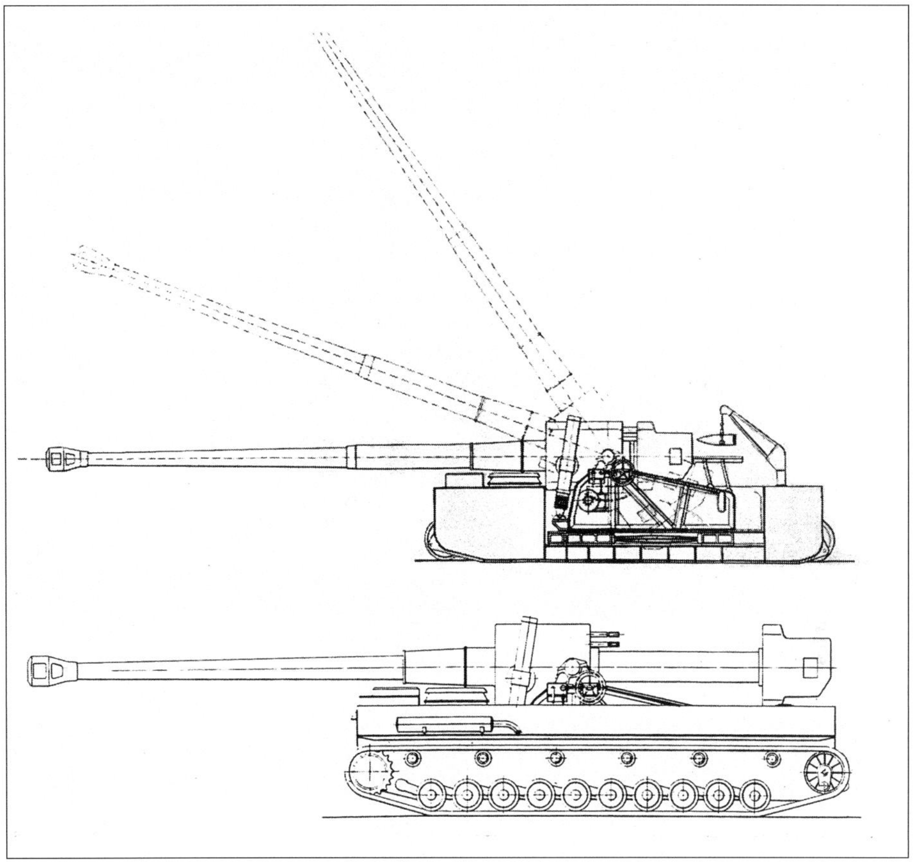

Erster Krupp-Entwurf einer 24 cm Kanone 4 als Selbstfahrlafette.

Rheinmetall verwendete dazu ein Rohr von etwa 16 m Länge mit einer Mündungsbremse, um mit 1160 m/s eine Schussweite von 48,0 km zu erzielen. Die Gesamtmasse lag bei 122 t. Für den Transport sollte das Geschütz in drei Lasten zerlegt werden, für das Feuern war wieder das Absenken des Fahrzeugkastens auf den Boden vorgesehen. Nach vorliegenden Berichten soll ein Versuchsmuster gefertigt worden sein.

Krupp verwendete für seinen 1. Entwurf ein nahezu gleichartiges Fahrgestell. Dieser wurde aber durch einen 2. *Entwurf 2* überholt. Bei diesem sollte ein Rohr von 72 Kalibern Länge und Mündungsbremse mit 1100 m/s eine Höchstschussweite von 49,0 km erreichen. Dabei war die Beförderung des Rohres mit der Lafette und einer Bodenplatte mit vier Auslegern zwischen zwei ungepanzerten TIGER I-Fahrgestellen vorgesehen. Diese besaßen hydraulische Hebeeinrichtungen, mit denen sie das Geschütz auf den Boden absenken konnten. In der

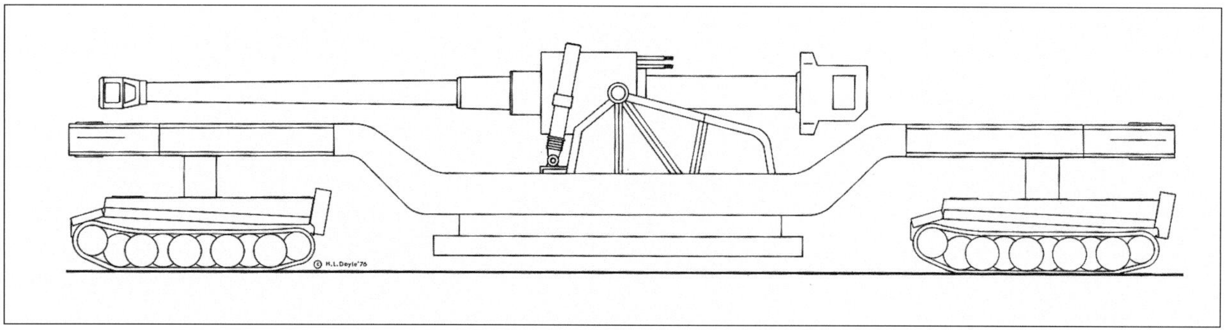

Der zweite Krupp-Entwurf sah den Transport einer 24 cm Kanone 4 zwischen zwei TIGER I-Fahrgestellen aufgehängt vor.

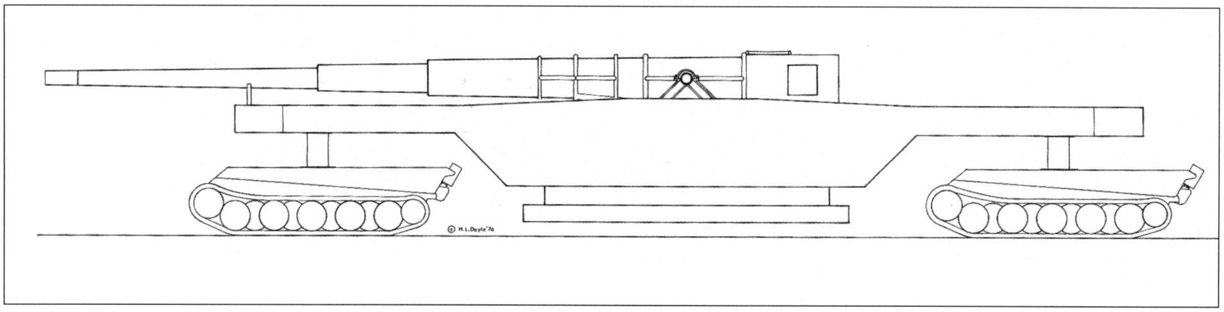

Krupp-Entwurf eines 28 cm Eisenbahngeschützes Kanone 5 (E), das zum Straßentransport zwischen zwei Fahrgestelle des TIGER II gehängt wurde.

Fahrstellung waren für die Waffe 65,5 t, in Feuerstellung 55 t angesetzt. Für die beiden Fahrgestelle wurde mit je 25 t gerechnet. Dabei waren die beiden Triebwerke von je 478 kW (650 PS) hydraulisch synchronisiert, um eine gleichmäßige Zugleistung zu gewährleisten. Damit sollte sich eine Fahrgeschwindigkeit von 30 bis 35 km/h erreichen lassen. Der Auflageabstand auf den zwei Fahrgestellen war mit 20 bis 22 m festgelegt, ließ sich aber durch eine besondere Vorrichtung noch vergrößern, um beim Befahren kürzerer Brücken diese immer nur mit einem Fahrzeug zu belasten.

Anfang 1941 forderte das *Heereswaffenamt* die Firma *Krupp* auf, eine Straßentransportmöglichkeit für das Eisenbahngeschütz *28 cm Kanone 5 (E)* zu schaffen*. Die Masse in Feuerstellung mit einem Seitenrichtbereich von 360° sollte bei 160 t liegen. Krupp schlug dazu vor, zwischen je zwei TIGER II-Fahrgestellen mit Triebwerken von 515 kW (700 PS) jeweils Rohr, Lafette und Bodenplatte zu befördern. Zum Absetzen und Aufnehmen der Bauteile waren wieder hydraulische Hebevorrichtungen vorgesehen. Ein derartiges Versuchsstück befand sich bei Kriegsende im Bau.

Auch die Versuche, eine Selbstfahrlafette für den *21-cm-Mörser 18* zu schaffen, konnte *Krupp* nicht zu Ende führen, obwohl das *Heereswaffenamt* bereits 1942 eine derartige Forderung gestellt hatte. Ausgehend von einem Fahrgestell unter Verwendung von *TIGER*-Bauteilen sollte die Selbstfahrlafette als **21 cm Mörser 18/43 (Sfl)** bis Herbst 1943 fertig gestellt werden. Zuerst war geplant, das Fahrgestell mit einer Masse von 52,7 t über eine Drehscheibe zu fahren, das Geschütz anzuheben und mit seiner Masse von 12,7 t abzusetzen. Diese Ausführung hätte Rundumfeuer ermöglicht. Später wurde auf die Absetzbarkeit verzichtet und eine moderne Ausführung mit rascherer Feuerbereitschaft konstruiert. Dieser **21 cm Mörser 18 (Sf)/Gw VI** erhielt Triebwerk und Laufwerk des TIGER II, allerdings mit elf Laufrädern pro Seite. Mit acht Mann Bedienung, drei Schuss Munition und einer Panzerung von 30 mm an der Front und 16 mm an den Seiten lag die Masse bei etwa 58 t. Zur Fertigstellung ist es nicht mehr gekommen.

Wie bereits erwähnt, lief die tschechische Rüstungsindustrie im nunmehrigen Protektorat Böhmen und Mähren unter deutscher Regie weiter und wurde während des Krieges erst so richtig auf Hochtouren gebracht. So erteilte das *Heereswaffenamt* den *Škoda-Werken* 1942 einen Auftrag zur Konstruktion einer fahrbaren Haubitze mit einem Kaliber von 305 mm, einer Schussweite von 20 km und einem Seitenrichtbereich von 360°. Die Entwicklung konnte der Geschützspezialist bis Ende 1944 abschließen, ein Prototyp soll noch vor dem Kriegsende nahezu fertig gewesen sein. Ein ent-

* Siehe dazu *Die Eisenbahngeschütze der Welt*, Seite 137

sprechendes Handbuch fanden amerikanische Truppen vor, bevor sie das Werk den Sowjets übergaben. Aus diesem stammen auch die Daten der folgenden Beschreibung.

Das Rohr bestand aus einem auswechselbaren Seelenrohr und einem aufgeschraubten Bodenstück mit einem Schraubverschluss. Die Länge samt der Mündungsbremse lag bei 30 Kalibern, die Masse bei 15.950 kg. Dazu kamen je zwei Rohrbremszylinder, zwei Luftvorholer und zum Ausgleich der Mündungslastigkeit zwei pneumatische Ausgleicher. Der Höhe nach konnte zum Laden auf +2 gesenkt und dann bis +70° gerichtet werden, geschossen aber erst ab +15°. Die Schildzapfen lagerten in einer Oberlafette, die sich mit Kufen auf den Gleitflächen der Unterlafette bewegen konnte. In derem Vorderteil waren auch die Bremszylinder und Vorholer für den damals bei deutschen Geschützen üblichen doppelten Rücklauf untergebracht. Die Unterlafette ruhte auf einer vorderen, mit Erdankern festgelegte Stützplatte, auf der sie sich mit vier Stützrollen um den Pivotzapfen verschwenken ließ. Unter dem hinteren Ende der Lafette befand sich eine Spornplatte, die einen Seitenrichtbereich von 16° ermöglichte. Eine Einrichtung, mittels der sie angehoben und umgesetzt werden konnte, ermöglichte Rundumfeuer.

Die Granaten wiesen eine Masse von 360 kg auf und konnten bei einer Anfangsgeschwindigkeit von 670 m/s eine Schussweite von 24,0 km erreichen. Am rückwärtigen Lafettenende befand sich eine bewegliche Lademulde. Geschoss und Treibladung wurden mit einem Karren herangeführt, in die Mulde gelegt, mittels Handkurbel hochgehoben und in die Neigung der Ladestellung gekippt. Das Einführen in das Rohr erfolgte dann mit einem handbetriebenen Teleskop-Ansetzer.

Eine interessante, wenn auch aufwändige Lösung wurde für den Transport des Geschützes mit seiner Masse von 50.000 kg in Feuerstellung gewählt. Zwischen zwei Panzerfahrgestellen lagerte eine hydraulisch heb- und neigbare Brückenkonstruktion in Fachwerkbauweise. Das erste Gespann brachte die Lafette heran und setzte sie ab. Dann folgte das Zweite mit dem Rohr und der Wiege, fuhr über die Lafette und legte die Last in die Lafette ein. Als Nachteil erwies sich natürlich die Notwendigkeit, vier Panzerfahrgestelle für ein einziges Geschütz einsetzen zu müssen.

Mit der Konstruktion eines noch größeren Geschützes, der **42 cm fahrbaren Haubitze (U 5)**, begann *Škoda* 1940, vollendete sie aber nicht. Deshalb fehlen auch verschiedene technische Details. Vorgesehen war wieder ein doppelter Rücklauf. Neu war die Verwendung eines Keilverschlusses

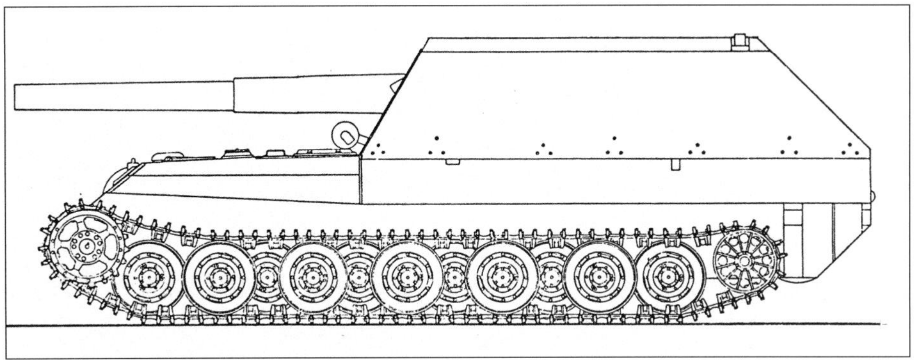

Oben: Der nicht mehr fertig gestellte Geschützwagen VI, in den ein 21 cm Mörser 18 (Sf) eingebaut werden sollte. Im Unterschied zu den offenen selbstfahrenden 203-mm-Haubitzen M110, 110A1 und 110A2 der Amerikaner stand hier die Waffe unter vollem Panzerschutz.

Unten: Foto eines Modells der von Škoda in deutschem Auftrag entwickelten 30,5 cm fahrbaren Haubitze, hier auf Bettung abgesetzt.

15-cm schwere Feldhaubitze 18. Sie wurde von 1933 bis 1945 produziert. (Foto: © WKA)

15-cm schwere Feldhaubitze 37(t) im Feuergefecht 1941 in Griechenland. (Foto: © BA)

17-cm-Kanone 18 des deutschen Afrikakorps im Feuergefecht in Tunesien, 1943. (Foto: Bundesarchiv, Bild 101I-554-0865-17A, Stocker, © CC-BY-SA-3.0)

Beide Bilder oben: Artilleriesoldaten in Norwegen richten das 21-cm schwere Küstengeschütz 18. (Fotos: Bundesarchiv, Bild 101I-118-0379-34, Ebert, bzw. 101I-118-0379-20, Ebert, © CC-BY-SA-3.0)

Nächtlicher Beschuss mit 21-cm-Geschütz 18 in der UdSSR, 1944. (Foto: Bundesarchiv, Bild 101I-278-0882-05, Wehmeyer, © CC-BY-SA-3.0)

Die 17-cm-Kanone 18 in Mörserlafette wies eine überdurchschnittliche Trefferleistung auf. (Foto: Bundesarchiv, Bild 101I-310-0895-13A, Fraß, © CC-BY-SA-3.0)

Dieser 30,5-cm-Mörser wird von US-Amerikanern erbeutet und inspiziert. (Foto: NARA)

Der 30,5-cm-Mörser M. 16 wurde von der Wehrmacht übernommen. (Foto: Sammlung Lüdeke)

Die schwere 30,5-cm-Haubitze M 1 wurde in acht Exemplaren zwischen 1939 und 1944 hergestellt. (Foto: Bundesarchiv, © CC-BY-SA-3.0)

und eines geteilten Rohres, verständlich bei einer Rohrmasse von 50.500 kg für eine Rohrlänge von 26,7 Kalibern. Daher waren auch fünf Lasten für den Transport erforderlich, zuzüglich eines Krans für den Zusammenbau. Die Masse in Feuerstellung sollte 130 t betragen. Als Richtbereiche waren -1,5 bis +65° für die Höhe und 360° für die Seite vorgesehen.

Zur Munition: Eine 1215 kg schwere *Betongranate* sollte mit 510 m/s eine Schussweite von 18,5 km, eine *Sprenggranate* von 860 kg mit 600 m/s sogar 21,0 km erreichen.

Nicht näher soll hier eingegangen werden auf die letzte vor Kriegsende in Deutschland entwickelte Selbstfahrlafette, den *38-cm-STURMTIGER (Gerät 562 – Sturmmörserwagen 606/4),* der durch Umbau des 70-t-Jagdpanzers JAGDTIGER entstand*. Ein Raketenwerfer für die 38-cm-UBoot-Abwehrrakete von Rheinmetall ersetzte bei ihm die 12,8-cm-Kampfwagenkanone, so dass wir es hier nicht mit einem klassischen Geschütz zu tun haben.

Wie eingangs erwähnt, stellten Beutegeschütze einen beachtlichen Bestandteil der Ausstattung der deutschen Artillerieverbände dar. Dazu liegt eine Zusammenstellung vom 1. März 1944 vor, dem die nachstehenden Zahlen entstammen: Aus französischen Beständen waren noch 15 Stück *Kanonen 194 mm G.P.F.* auf Kettenfahrgestell, 163 *Mörser 220 mm C Mle. 1916,* 52 Stück *Kanonen 220 mm L Mle 1917* und 72 Stück *Mörser 280 mm Mle. 1914* vorhanden. Dazu kamen zwölf *220 mm Mörser ON a,* fünf aus jugoslawischen und sieben aus polnischen Beständen. Von den bei der Besetzung der Tschechoslowakei übernommenen Waffen waren noch immer 15 *21 cm Mörser M. 18* und sechs *30,5 cm M. 16 Mörser* vorhanden. Außerdem setzte die deutsche schwere Artillerie acht sowjetische *203-mm-Haubitzen 1931* ein. Voraussetzung für den Einsatz von Beutewaffen war natürlich, dass ausreichende Bestände an erbeuteter oder in Deutschland nachgefertigter Munition vorhanden sein mussten.

* Näheres bei *Walter J. Spielberger, Hilary L. Doyle: Der Panzer-Kampfwagen Tiger und seine Abarten. Erweiterter Band 7 der Serie Militärfahrzeuge.* Motobuch Verlag, Stuttgart 1998. Seite 169 ff.

Frankreich

Noch schlechter als in Deutschland war die Geschütz-Lage in Frankreich, vor allem wenn das Alter des vorhandenen Materials in Betracht zieht. Rein zahlenmäßig war dagegen der Bestand dort wesentlich größer. Auch hier werden die Zahlen von vor Kriegsbeginn angeführt, wobei in Klammern die der tatsächlich mobilisierten Geschütze angeführt ist.

An Steilfeuerwaffen besaß die französische Artillere immerhin 462 (376) *Mörser 220 mm C Mle. 1916* und 109 (100) *Mörser 280 mm Mle. 1914.* Dazu kamen noch 24 (0) *Küstenmörser 270 mm* und 12 (4) *Mörser 370 mm,* von denen einer, wie auf Seite 152 bereits berichtet, sich zum Einbau in eine Selbstfahrlafette im Werk befand. Vom *Mörser 280 mm* auf Kettenfahrgestell standen noch 26 (0) zur Verfügung.

Auch bei den schweren Flachfeuerwaffen verfügten die Franzosen über einen großer Bestand: 68 (56) *Kanonen 220 mm L Mle. 1917,* 31 (12) *Kanonen 240 mm Mle. 1917* für Kraftzug und 49 (26) *Kanonen 194 mm G.P.F.* auf Kettenfahrgestell.

Nach der Niederlage Frankreichs übernahm die Wehrmacht viele dieser Geschütze (siehe auch Auflistung der im März 1944 verwendeten Beutegeschütze in der linken Spalte).

Großbritannien

Die britische Artillerie besaß noch immer große Mengen der im Ersten Weltkrieg gefertigten Geschütze. Wohl waren in der Zwischenkriegszeit die älteren Modelle ausgeschieden, der Restbestand galt aber noch immer als ausreichend.

Von den 8''-Haubitzen hatte sie nur das *Modell Mk VIII,* vielfach auf Luftbereifung umgerüstet, beibehalten. Dazu kamen noch umfangreiche Bestände an 9,2''-Haubitzen des *Modells Mk II.* Von beiden nahmen die britischen Truppen eine größere Zahl nach Frankreich mit, die beim eiligen Rückzug nach Dünkirchen verloren gingen.

Das weitere Schicksal der 8''-Haubitzen soll kurz angerissen werden. Mitte 1940 war der Ersatz durch eine Waffe größerer Schussweite geplant, wobei aber die Lafetten beibehalten werden sollten. Nach entsprechenden Versuchen wurde der Umbau zu einer 7,2'' (183-mm)-Haubitze beschlossen und durchgeführt. Obwohl sie damit aus dem vorgegebenen Rahmen des Buches fällt, soll kurz auf sie eingegangen werden. In die alten Rohre wurde ein neues Seelenrohr eingezogen, die alten Lafetten, mit Ausnahme der Umrüstung auf Luftbereifung aber unverändert weiter verwendet. Immerhin konnte damit ein Geschoss von 90,7 kg mit 518 m/s bis auf 15,5 km verschossen werden. Die Engländer übernahmen auch eine große Zahl amerikanischer 8''-Haubitzen der *Modelle Mk 6, 7, 7*, 7**, 8* und *8½*, die sie derart umbauten. Als die Vereinigten Staaten später die Lafetten der *155 mm Kanone M1* zur Verfügung stellten, legten die Briten derart umgeseelte Rohre auch in diese ein. Schließlich entwickelte die Industrie aber doch

Der Prototyp einer neuen 9,2'' Haubitze aus dem Jahr 1941, die nicht in Serie ging.

Die britische Artillerie verwendete unter anderem auch die amerikanische Haubitze 240 mm M1, bei der der Schraubverschlussblock beim Öffnen nach unten klappte. Bei Jackenwiegen bleibt der in sie zurücklaufende Rohrteil blank.

Dieses Foto einer britischen 8-Zoll-Haubitze wurde ein Jahr vor Kriegsausbruch aufgenommen. (Foto: Imperial War Museum, © PD)

Britische Kanoniere mit einer 8-Zoll-Haubitze im Jahr 1939. (Foto: Imperial War Museum, © PD)

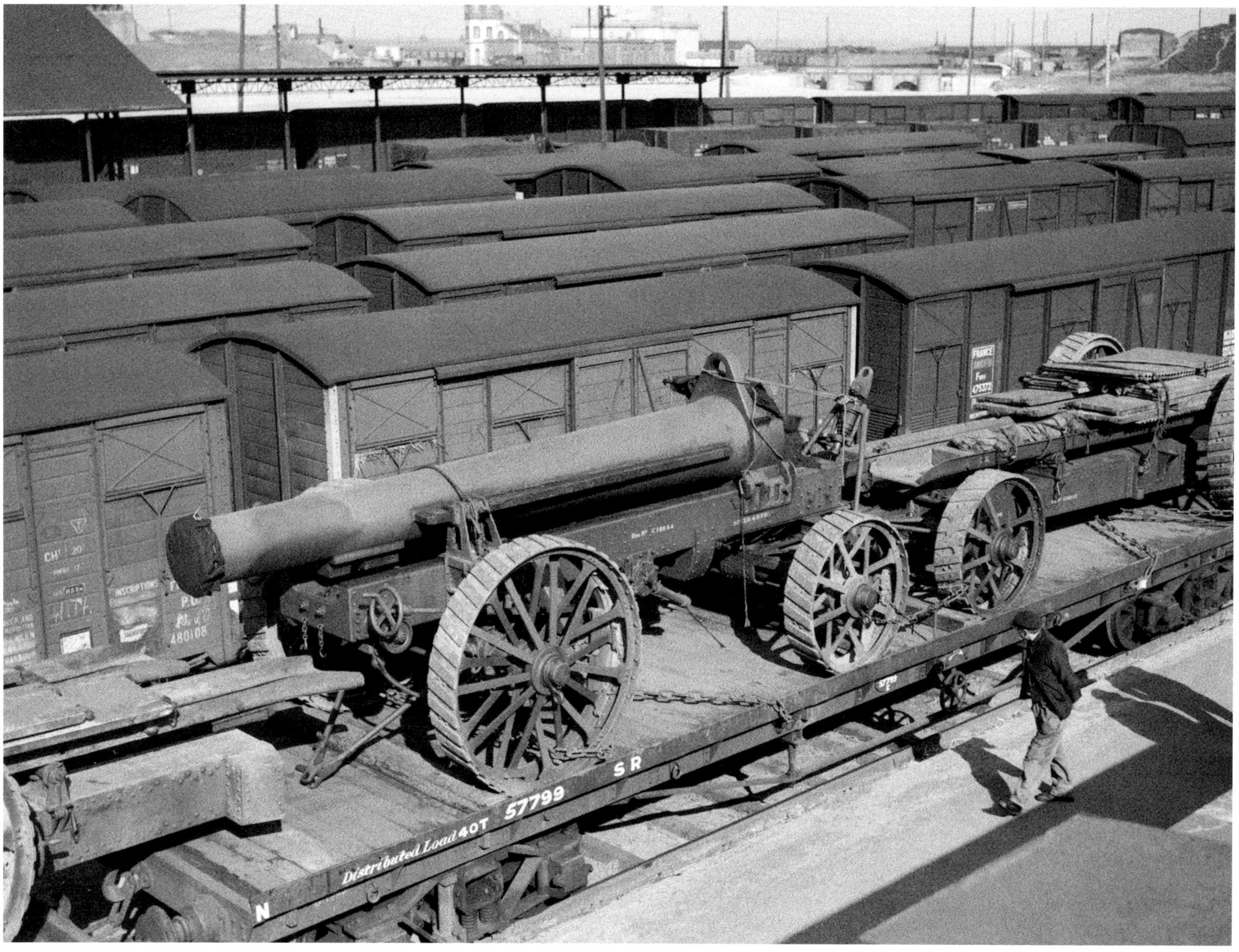

Eine Ladung von 9,2-Zoll-Geschützen wird im März 1940 auf einer Fähre von Großbritannien nach Dünkirchen verschifft. (Foto: Imperial War Museum, © PD)

Eine britische 9,2-Zoll-Haubitze Mk II im Mai 1940 in East Sussex. (Foto: Imperial War Museum, © PD)

Britische Soldaten beim Übungsschießen mit einem 9,2-Zoll-Geschütz. (Foto: Imperial War Museum, © PD)

Im Vordergrund ein 12-Zoll-Mk-V-Eisenbahngeschütz, dahinter zwei Mk-III-Modelle in feuerbereiter Stellung, 1940. (Foto: Imperial War Museum, Kessel, © PD)

Churchill besucht eine Artilleriestellung mit einer 9,2-Zoll-Haubitze. (Foto: Imperial War Museum, © PD)

Haubitze 240 mm M1, 1944 im Einsatz bei der englischen Artillerie.

ein neues Rohr mit einer Länge von 34,4 Kalibern für die amerikanische Lafette. Damit erhöhte sich die Anfangsgeschwindigkeit auf 587 m/s und die Schussweite auf 17,9 km.

Daneben stellten Fachleute auch Überlegungen zur Verbesserung der 9,2''-Haubitze an. Den Entwurf eines neuen Rohres mit einer Drall-Länge von 23 Kalibern nahm die *Royal Artillery* 1939 an, es ging aber vermutlich nicht in die Fertigung. Stattdessen fiel der Beschluss zur Entwicklung eines vollkommen neuen Geschützes. Entwicklungsaufträge gingen an *Vickers-Armstrong* und das *Woolwich Arsenal.* Sie forderten eine Spreizlafette mit einem Seitenrichtbereich von 50°, einer Schussweite von 14,6 km mit einem Geschoss von 142,9 kg und die Möglichkeit, als Einzellast von einer 10-t-Zugmaschine befördert zu werden.

Anfang 1940 stellten beide Unternehmen ihre Modelle vor, worauf Vickers den Auftrag zum Bau eines Prototyps erhielt. Die ersten Probeschüsse wurden 1941 abgefeuert und ein Jahr lang weitere Versuche durchgeführt, bis die Entwicklungsarbeiten Ende 1942 eingestellt wurden. Einer der Gründe dafür könnte gewesen sein, dass die Engländer damit rechneten, amerikanische *240-mm-Haubitzen* zu erhalten, bevor die eigene Serienfertigung anlaufen konnte. Andererseits wuchsen die Zweifel, ob derartige schwerste Geschütze überhaupt noch notwendig waren.

Ein Bild des gebauten Prototyps zeigt ein verhältnismäßig konservativ ausgelegtes Geschütz mit massiv bemessenen Holmen einer Spreizlafette. Es war noch als Nietkonstruktion konzipiert, obwohl die meisten anderen Länder bereits zu Schweißkonstruktionen übergegangen waren. Rohrbrems- und Vorholzylinder lagen unter dem Rohr. Als Fahrwerk war an jeder Seite eine Wippe mit zwei luftbereiften Rädern vorgesehen.

Italien

Die Lage der italienischen Industrie wurde bereits auf Seite 153 dargestellt. Ihre Schwäche war so offensichtlich, dass zum Zeitpunkt des Kriegseintritt Italiens 1940 praktisch kaum nennenswerte Bestände an modernen schweren Geschützen vorhanden waren. Fast alle Waffen stammten aus der Zeit vor oder während des Ersten Weltkrieges.

Die folgende Zusammenstellung mit Stand Juni 1940 listet nur die wichtigsten Geschütze auf, nicht aber die Einzelstücke aus der alten Beute.

In der größten Stückzahl war der alte *Mörser 210/8 D.S.* vorhanden, von dem nicht weniger als 500 Stück ausgewiesen werden! Er stand auch noch 1940 an der Alpenfront gegen Frankreich im Einsatz. Dazu kamen noch 98 *Mörser 260/9 Mod. 916*.

Italien, als einer der größten Nutznießer des Zusammenbruchs der österreichisch-ungarischen Monarchie, nahm 1918/19 bekanntlich auch eine Anzahl schwerer Beutegeschütze unter seine Fittiche. Vor allem der *30,5-cm-Mörser* erfreuten sich großer Beliebtheit. Dies zeigt der Bestand von 39 *Mörsern 305/8* - hinter dieser Bezeichnung verbergen sich 23 österreichische *M. 11* und 16 *M. 11/16*. Dazu kamen noch 16 *Mörser 305/10*, das alte *Modell M. 16*.

Praktisch vom selben Jahrgang waren auch die 23 *Haubitzen 305/17 G* italienischer Fertigung, deren ballistische Leistungen noch immer voll genügten. Dagegen waren an modernem Gerät nur 16 *Haubitzen 210/22* vorhanden.

Sowjetunion

Leider stehen noch immer keine genauen Fertigungszahlen der sowjetischen Geschütze des Zweiten Weltkriegs zur Verfügung. Tatsache ist aber, dass die Industrie nach gewissen Schwierigkeiten, vor allem infolge des Ausfalls der Werke im westlichen Landesteil durch den deutschen Vormarsch, für ausreichenden materiellen Nachschub auf dem Geschützsektor sorgte.

Neuentwicklungen auf dem Gebiet der schweren Artillerie sind dagegen in diesem Zeitraum nicht bekannt geworden. Der Fertigung bewährter Modelle räumten die Sowjets Vorrang ein, um bei der angespannten Versorgungslage keine Umstellung der Serienproduktion vornehmen zu müssen. Daher konzentrierten sich die Geschützfabriken vor allem auf den Bau der *203-mm-Haubitze 1931 (B-4)* in der neueren Form mit dem 25 Kaliber langen Rohr, die auch in der sowjetischen Literatur bei nahezu allen Kampfhandlungen angeführt wird.

In den Hintergrund traten die beiden nächsten Modelle. Der *280-mm-Mörser 1939 (BR-5)* z.B. wird nur selten erwähnt. Trotz seiner Lafettengleichheit mit der 203-mm-Haubitze und damit gleicher Beweglichkeit dürfte seine geringere Schussweite dafür den Ausschlag geben.

Von der in Lizenz gefertigten *30,5 cm Haubitze M 40* von *Škoda*, in der Roten Armee als *BR-18* geführt, und der *21 cm Kanone M 40*, als *210-mm-Kanone 1939 (BR-17)* bezeichnet, finden sich kaum Hinweise auf einen Einsatz. Der Grund dürfte in erster Linie die ungenügende Beweglichkeit dieser Bettungsgeschütze gewesen sein. Hinzu kommt noch, dass derartige schwerste Geschütze in erster Linie wirksam gegen befestigte Ziele eingesetzt werden, die aber die deutschen Truppen an der Ostfront kaum bieten konnten. Immerhin hatten die Sowjets von der 21-cm-Kanone in den Jahren 1940 und 1941, also noch vor dem Angriff der deutschen Wehrmacht und der mit ihr verbündeten Streitkräfte Finnlands, Italiens, Ungarns, Rumäniens, Bulgariens und der Slowakei, wohl aber zur Zeit des Überfalls auf Finnland, neun Stück gebaut. In der Folge stellten die Sowjets die Fertigung aber zu Gunsten der für den Feldeinsatz wichtigeren Modelle ein.

Die Angaben in den sowjetischen Quellen weichen geringfügig von den *Škoda*-Werten ab. Erstere führen für beide Geschütze eine zulässige Marschgeschwindigkeit von 25 bis 30 km/h an. Für die Kanone aus russischer Fertigung gibt das sowjetische Schrifttum eine Masse in Feuerstellung von 44.000 kg, eine Geschossmasse von 133 kg und eine Schussweite von 29,4 bzw. 30,36 km an. Für die Haubitzen sind dagegen eine Masse von 45.700 kg und eine Schussweite von 16,58 km für die *Sprenggranate* zu finden.

Vereinigte Staaten

Bis zum Kriegseintritt im Dezember 1941 unterstützten die Vereinigten Staaten als offiziell neutraler Staat vor allem die britische Marine nach Kräften, waren aber nicht auf einen Landkrieg eingestellt. Die Umstellung auf Massen- und Kriegsproduktion bewältigten die USA aber wie schon 1917 in bewundernswert kurzer Zeit, was in der Folge zu bisher ungeahnten Fertigungszahlen führte. Dabei sollte freilich auch berücksichtigt werden, dass es dem riesigen Land nie an Rohstoffen und Arbeitskräften mangelte und die Produktion, völlig unberührt von gegnerischen Luftangriffen, sozusagen unter Friedensbedingungen stattfinden konnte.

Die Vereinigten Staaten bauten große Stückzahlen der 8'' Haubitze M1.

Über die Entwicklungsarbeiten für eine 8''-Haubitze wurde bereits ausführlich auf Seite 163 im Abschnitt über die Zwischenkriegszeit berichtet. 1940 erfolgte deren offizielle Einführung als **8'' Haubitze M1 auf Lafette M1**. Die spätere Ausführung *M2* unterschied sich nur durch ihr aufgeschraubtes statt aufgeschrumpftes Bodenstück, das sich leichter auswechseln ließ. Die Fertigung lief bald auf Hochtouren. Zwischen Juli 1940 und August 1945 lieferten die Betriebe nicht weniger als 1006 dieser Haubitzen aus!

Das Rohr, ein Schmiedestück, wurde mittels Innendruck vorgereckt *(autofrettiert)* und mit dem Bodenstück samt dessen Schraubverschluss verschraubt. Seine Länge lag bei 26,2 Kalibern, die Masse bei 4645 kg und die 64 Züge wiesen eine Drall-Länge von 25 Kalibern auf. Rücklaufbremse und Vorholer lagen in der Trogwiege. Von sonstigen Konstruktionen wich vor allem die Lage der Ausgleicher ab. Diese griffen einerseits am vorderen Ende der Wiege, andererseits an einer oberen Verlängerung der Oberlafette an. Der Höhe nach konnte von -2 bis +65° gerichtet werden.

Das Kernstück war die Lafette. Von Vorteil war, neben sonstigen konstruktiven Details, die Baugleichheit mit der 155-mm-Kanone, was zweifellos zur Beschleunigung der Massenfertigung führte. Die Oberlafette ließ sich auf der Unterlafette um 60° verschwenken, wobei Tellerfedern den Drehkranz entlasteten und dadurch die Bewegung erleichterten.

Die Unterlafette war als Spreizlafette in Schweißkonstruktion ausgelegt. Als neues Konstruktionselement trat das Fahrwerk auf. An der Vorderseite der Unterlafette lagerte schwenkbar ein zweiachsiges Fahrwerk mit Doppelbereifung. Dadurch konnte beim Fahren eine Verdrehbeanspruchung der Lafette vermieden und die Fahrgeschwindigkeit wesentlich erhöht werden. Die Masse in Feuerstellung lag bei 13.869 kg, in Fahrstellung bei 14.378 kg.

Beim Instellunggehen hob die Bedienung zuerst die Räder mittels zweier Schraubenwinden an und setzte den Vorderteil der Lafette auf den Boden ab. Nach dem Spreizen der Holme wurden ihre beiden Sporne in vorbereitete Bodenvertiefungen gesenkt und damit das Geschütz gegen Verschieben gesichert.

Die Haubitze verschoss zwei verschiedene *Sprenggranaten* mit einer Masse von 90,7 kg. Die ältere war aus der Muntion für Küstengeschütze entstanden und enthielt 13,6 kg Sprengstoff. Sie wurde vor allem mit der *Treibladung M1*, bestehend aus einer Grundladung und vier Zusatzladungen, eingesetzt. Mit einer Anfangsgeschwindigkeit von 408 m/s flogen die Granaten bis zu 10,2 km weit. Ein neues stromlinienförmiges Geschoss enthielt 16,7 kg Sprengstoff. Mit der *Treibladung M2,* bestehend aus einer Grundladung und zwei Zusatzladungen, ließen sich 594 m/s und 16,9 km erreichen. Diese Granate wurde gegen Ende des Krieges noch für die Aufnahme der längeren Annäherungszünder abgeändert.

Als Zugmittel diente vor allem die *18 t Kettenzugmaschine M4 (18-ton High-Speed Tractor M4).* Angetrieben von einem 210-PS-Motor (154 kW) erreichte das 14,3 t schwere Fahrzeug mit voller Anhängelast 53 km/h. Neben der zweiköpfigen Besatzung fanden noch die Geschützbedienung von neun Kanonieren und 20 Schuss 203-mm-Munition Platz. Die vorgebaute Seilwinde leistete eine Zugkraft von 133 kN (13,6 t).

1939 stellte das *Ordnance Department* Überlegungen zur Schaffung einer neuen 240-mm-Haubitze an, deren Entwicklung 1940 begann. Das erste als *T1* bezeichnete Modell sah für den Transport der Lafette eine zweiachsige Protze unter dem Ende der Holme der Spreizlafette und ein Rad am

Oben: Die 8″ Haubitze wurde meist von der 18 t Kettenzugmaschine M4 gezogen.

Unten: Eine Neuentwicklung stellte die Haubitze 240 mm M1 dar, hier in Feuerstellung.

Eine Haubitze 240 mm M1 auf dem Marsch an der Italienfront 1944.

vorderen Lafettenende zur Verbindung mit einer Sattelschlepper-Zugmaschine vor. Die nächste Stufe ging zu einem zweiachsiges Lafettentransportfahrzeug über, auf das diese gehoben oder gezogen werden konnte.

Mit der **240-mm-Haubitze M1 auf Lafette M1** erschien die endgültige, im Mai 1943 offiziell eingeführte Ausführung, obwohl die Fertigung schon früher angelaufen war. Im Prinzip stellte sie eine Mischung zwischen einer nomalen Spreizlafette und einem Bettungsgeschütz dar, wie sich später bei der Beschreibung des Instellunggehens zeigen wird. Von diesem Geschütz fertigte die Industrie bis zum Kriegsende 315 Stück!

Das Rohr mit Schraubverschluss wies eine Länge von 35 Kalibern bei einer Masse von 11.385 kg auf, die Drall-Länge der 68 Züge lag bei 25 Kalibern. Transportiert wurde es mit seiner Jackenwiege und dem Rücklauf- und Vorholsystem auf einem dreiachsigen Anhänger, den entweder eine 38-t-Zugmaschine oder ältere Panzerfahrzeuge zogen, die entsprechende Anhängerkupplungen erhielten.

Die Konstruktion der Lafette tritt am besten durch eine Beschreibung des Instellunggehens vor Augen. Wichtigstes Instrument hierzu war der jedem Geschütz zugeteilte Autokran. Mit einem Greifer hob dieser vorerst eine Grube für den Rohrrücklauf und die Sporne an den Lafettenholmen aus. Dann hob der Kran die Lafette vom Transportfahrzeug und senkte sie über der Grube ab. In der Folge beförderte der Kran dann das Rohr von seinem Transportfahrzeug in die Wiege der Lafette. Dieserart war das Geschütz nach etwa zwei Stunden feuerbereit.

Umständlicher war natürlich der Vorgang ohne Kran. In diesem Fall musste die Bedienung die Grube von Hand ausheben, worauf die Winde des Zugfahrzeuges die Lafette vom Transportwagen zog. Die Lafettenholme brachte die Bedienung in eine Parallelstellung als Rampe für das Rohrfahrzeug, das mit der Winde hochgezogen wurde. Erst nach dem Einführen des Rohres und dem Wegbringen des Transportwagens wurden die Holme vollständig geöffnet. Dieserart dauerte das Instellunggehen, je nach Bodenbeschaffenheit, mindestens acht Stunden.

Die Richtbereiche lagen zwischen +15 und +65° für die Höhe und 45° für die Seite. Die Masse in Feuerstellung betrug 26.354 kg, die Summe der beiden Fahrlasten 44.824 kg.

Die 163,3 schwere *Sprenggranate* mit 24,5 kg Sprengstoff wurde mit einer vierteiligen Treibladung verfeuert. Sie erreichte bei 701 m/s Schussweiten bis 23,1 km. Spätere Ausführungen wurden zur Aufnahme eines Annäherungszünders abgeändert. Hier muss noch auf eine andere Einrichtung hingewiesen werden. Die Schießgrube behinderte natürlich das Laden. Um dies auszugleichen, war zwischen den Lafettenholmen eine Kurvenschiene angeordnet, die das hintere Ende einer Ladeschale stützte, die vorn bis in den Ladungsraum reichte. Die aufgelegten Geschosse und Treibladungen wurden dann von Hand angesetzt bzw. geladen.

Es gab noch weitere Planungen. In der zweiten Hälfte 1945 konstruierte der Hersteller eine *Lafette M1E2*, die ein schnelleres Instellunggehen mithilfe der Seilwinden ermöglichen sollte. Die US-Streitkräfte führten sie aber ebenso wenig ein wie die *Modelle T16* und *T17*. Bei Ersterem sollte unter jedes Lafettenende das Laufwerk eines mittleren Kampfpanzers gesetzt werden, bei Letzterem sollten zwei leichtere Kettenlaufwerke die Räder ersetzen. Verbesserungen mit dem Ziel eines leichteren Zusammenbaus führten zu den *Modellen T16E1* und *T17E1*. Ein Exemplar der *E1-Reihe* soll noch 1945 an eine auf dem pazifischen Kriegsschauplatz eingesetzte Batterie geliefert worden sein.

Die Haubitze blieb bis zum Verbrauch der Munitionsbestände sowohl in den Vereinigten Staaten wie auch in Großbritannien im Einsatz.

Das letzte amerikanische Geschütz dieses Zeitabschnittes war die **Kanone 8'' M1 auf Lafette M2**. Eine Idee von 1939, sollte sie als Parallelentwicklung zur neuen 240-mm-Haubitze eingeführt werden. Die Arbeiten an einer *8'' Kanone T2* begannen Mitte 1940. Das *Ordnance Department* forderte eine Schussweite von 30,6 km, den Transport in zwei Lasten von je unter 20 t und eine Straßengeschwindigkeit von 40 km/h. Schwierigkeiten mit dem Rohr führten dazu, dass das Geschütz erst

Die Kanone 8'' M1 war baugleich mit der 240-mm-Haubitze ausgelegt. Man beachte den dreifach abgestuften Welin-Schraubverschluss.

Einlegen des Rohres der Kanone 8″ M1. Ein Kran senkt das Rohr in seiner Jackenwiege samt Rohrbremse und Vorholer in die Lafette. Zwischen den Holmen ist die Kurvenschiene zum Stützen der Ladeschale zu erkennen.

Anfang 1944 offiziell eingeführt und bis zum Kriegsende nur 139 Stück gefertigt wurden.

Das vorgerecktes Vollrohr mit aufgeschrumpftem Mantel und Schraubverschluss war 51,2 Kaliber lang und wog 13.608 kg. Die 64 Züge wiesen die amerikanische Standarddrall-Länge von 25 Kalibern auf. Schwierigkeiten traten besonders auf Grund übermäßiger Rohrabnützung und der damit verbundenen großen Streuung auf. Um dies abzustellen, wurden *Versuchsrohre T2E1* bis *T2E4* mit einem britischen Zugsystem und innerer Hartverchromung sowie *T2E5* mit Verchromung und vorgeschnittenen Führungsringen erprobt.

Das Zugmittel für die 240-mm-Haubitze und die 8″ Kanone bildete die 38 t Kettenzugmaschine M6.

Die Lafette entsprach bis auf die nachstehenden Änderungen jener der 240-mm-Haubitze. Der Höhenrichtbereich ging nun von -10 bis +50°, der Seitenrichtbereich betrug nur 30°, wurde aber nach dem Krieg auf 40° vergrößert. Auch die Technik des Instellunggehens blieb unverändert. Durch das schwerere Rohr stieg die Masse in Feuerstellung auf 28.577 kg und die der beiden Fahrlasten auf 47.047 kg an; 23.179 kg für das Rohrfahrzeug und 23.868 kg für das Lafettenfahrzeug.

Drei verschiedene Treibladungen trieben das Geschoss aus dem Rohr: *reduziert, normal* und *super*. Sie erlaubten mit ihrer jeweiligen Grundladung und den Zusatzladungen insgesamt sieben Variationen.

Als Standardgeschoss stand eine 109 kg schwere *Sprenggranate mit ballistischer Haube* mit nur 9,5 kg Sprengstoff zur Verfügung, die mit 866 m/s eine Schussweite von 32,6 km erreichte. Ursprünglich wurde eine Anfangsgeschwindigkeit

Die amerikanische Waffe mit dem größten Kaliber entstand als Vorderlader-Granatwerfer ebenfalls für den Kampf gegen Befestigungen. Mit 36" (914 mm) Kaliber und 85 Tonnen Eigenmasse feuerte »Little David« von seiner Bettung ein Geschoss von über anderthalb Tonnen.

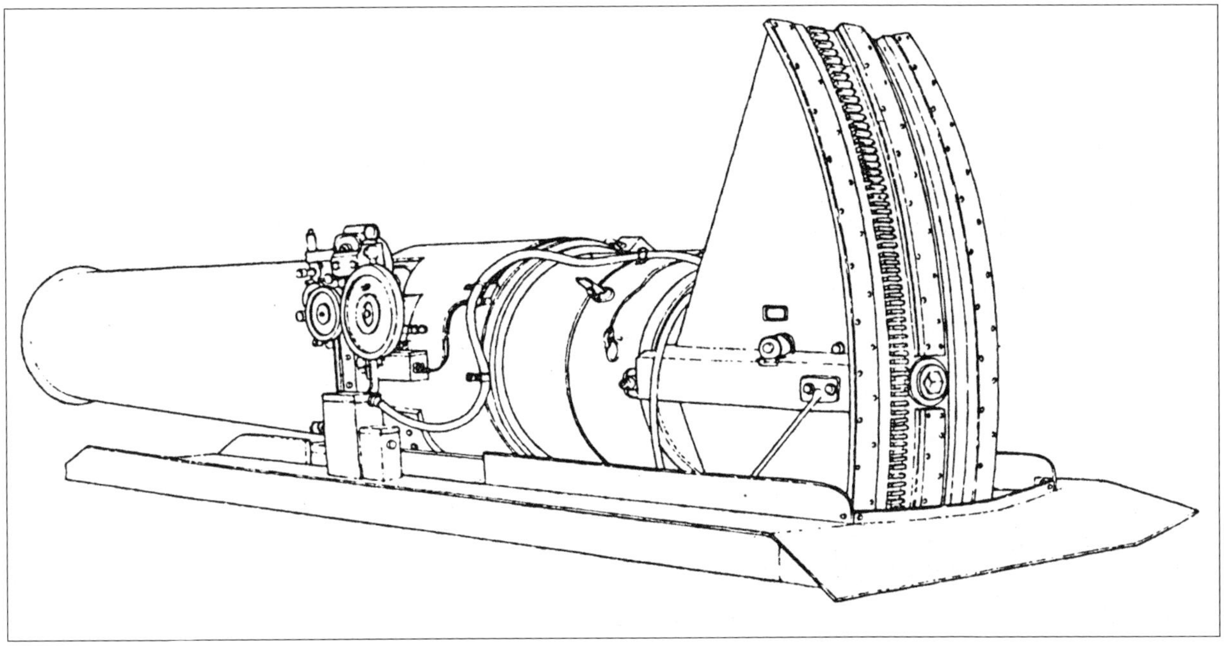

von 899 m/s angepeilt, die aber wegen des hohen Rohrverschleißes herabgesetzt wurde. Als weitere Geschosse traten noch zwei von der Marine stammende *Panzergranaten* von 117,9 kg auf, die mit 838 m/s nur 29,7 km erreichten.

Als Zugmittel kamen neben abgeänderten Kampfpanzern der *M3*-Baureihe vor allem die *38 t Kettenzugmaschinen M6 (38-ton High-Speed Tractor M6)* zum Einsatz. Zwei 191-PS-Motoren (je 140 kW) trieben das 34 t schwere Kettenfahrzeug an; mit dem Rohrfahrzeug der 240-mm-Haubitze erreichte es eine Spitzengeschwindigkeit von 33 km/h. Neben den zwei Mann der Besatzung fanden neun Artilleristen sowie 20 Schuss Munition für die 240-mm-Haubitze oder 24 für die 8«-Kanone Platz. Die Zugkraft der Seilwinde betrug 267 kN (27,2 t).

Ergänzend sollen noch zwei nicht ausgeführte Planungen weiterer Kalibersteigerungen vorgestellt werden:

Eine **Kanone 240 mm T1 auf Lafette T2** mit einem 70 Kaliber langen Rohr sollte als überschweres Geschütz Granaten bis zu 41,1 km weit verschießen. Von den zwei vorgesehenen Ausführungen sollte eine ein Fahrwerk aus zwei Kettenfahrgestellen für die Spreizlafette erhalten, die solcherart über kurze Strecken als Einzellast mit

Die 8″ Panzerhaubitze T89, hier in Feuerstellung mit abgesenktem Erdsporn, war der Prototyp der späteren M43.

zurückgezogenem und auf den Holmen verzurrtem Rohr gefahren werden konnte. Für längere Strecken war die Aufteilung in zwei Lasten vorgesehen, wobei das Rohr mit der Oberlafette zwischen zwei Zugmaschinen aufgehängt wurde.

In der zweiten Ausführung sollten zwei unter die Geschützenden gesetzte Zugmaschinen das ganze Geschütz befördern.

Als letzte Stufe sei noch eine 280-mm-Haubitze auf der gleichen Lafette genannt. Die Planung wurde schließlich nach dem Krieg zu Gunsten der **schweren motorisierten 280 mm Kanone M65**, der »Atom-Kanone«, aufgegeben.

Nur der Vollständigkeit halber sei erwähnt, dass die USA gegen Kriegsende aus einem 36-Zoll-Bombentestmörser die Rohrwaffe mit dem größten Kaliber schufen. Für den Einsatz gegen die starken Befestigungen der japanischen Inseln schuf man eine Radlafette, die dieses Gerät beweglich machte. Das Kriegsende verhinderte den Einsatz dieses Monstrums von 85 Tonnen, dessen 914-mm-Geschoss schon über 1,5 Tonnen wog.

Im Unterschied zu anderen Staaten haben die USA mehrere schwere Selbstfahrlafetten in Angriff genommen und tatsächlich auch gebaut. Der Hintergrund war die Möglichkeit des schnelleren Beziehens und Wechsels der Feuerstellung. Grundlage war vor allem die leistungsfähige US-Industrie, die dafür geeignete Panzerfahrgestelle beistellen konnte.

Erste Überlegungen stammten bereits aus dem Jahr 1942. Nach der Erprobung der *Selbstfahrlafette T6* mit einer 155-mm-Kanone auf dem Fahrgestell des mittleren Kampfpanzers *M3*, der späteren *Selbstfahrlafette M12*, wurde an den Einbau einer Haubitze gedacht. Der vom *Franklin Institute* erarbeitete Entwurf sah den Einbau der in großer Stückzahl vorhandenen *240 mm Haubitze M1918* vor. Interessant daran war vor allem die Lösung für das Schießen. Dazu sollte das Munitionsfahrzeug, das auch den Erdsporn trug, Heck an Heck mit dem Geschützfahrzeug aufgestellt werden. Dadurch ließen sich die Kräfte auf zwei Fahrzeuge verteilen und die Ladefläche des Munitionsfahrzeuges gleichzeitig als Arbeitsfläche für die Bedienungsmannschaft nutzen. Über ein Holzmodell kam diese Planung aber nicht hinaus.

1944 stützten sich die Planungen dann auf das Fahrgestell der späten *M4*-Baureihe (SHERMAN). Dazu wurde das Triebwerk nach vorne verlegt und die Wanne verbreitert, wobei diese mit Ausnahme der Bugplatte aus nur 13 bis 25 mm starken Platten gefertigt wurde. Ausgangspunkt war die *155 mm Kanonen-Selbstfahrlafette T83*. Nach ersten Versuchen wurden die beiden letzten der fünf bei der *Pressed Steel Car Company* bestellten Prototypen zu **8'' Panzerhaubitzen T89** *(8'' howitzer motor carriage T89)*. Dabei waren sie so ausgelegt, dass sie sowohl die 203-mm-Haubitze als auch die 155-mm-Kanone aufnehmen konnten. Insgesamt bestellte das Heer 576 Exemplare, von denen aber der Hersteller bis Kriegsendes nur 48 baute. Erst im November 1945 wurde sie offiziell als **8'' Panzerhaubitze M43** eingeführt.

Das Fahrzeug brachte bei einer Länge von 7,12 m eine Gefechtsmasse von 36,3 t auf die Waage. Angetrieben von einem Neunzylinder-Sternmotor mit 338 kW (460 PS) erreichte es eine Höchstgeschwindigkeit von 39 km/h. Der Bodendruck lag bei nur 73 kPa (0,74 kg/cm^2). Die Besatzung bestand aus acht Mann. Eingebaut war die *8'' Haubitze M1* oder *M2* in einer dem Verwendungszweck angepassten Lafettierung. Diese erlaubte ein Höhenrichtfeld von -5 bis +45° und ein Seitenrichtfeld von 36°. Der mitgeführte Munitionsvorrat betrug 16 Schuss. Das Rohr selbst und seine ballistischen Leistungen war mit denen der gezogenen Haubitze identisch.

Eine weitere Planung sah die Verwendung eines neuen leichten Fahrgestells mit dem Antriebssystem des mittleren Kampfpanzers *T23* vor. Obwohl die Bezeichnung **8'' Panzerhaubitze T80** dafür vergeben wurde, kam es nicht einmal zum Bau eines Prototyps. Der Grund dafür war, dass wohl ein 368 kW (500-PS)-Triebwerk vorgesehen war, aber mit einer elektrischen Kraftübertragung. Diese lehnte die Armee ab.

Die weitere Planung ging daher von der Verwendung von Baugruppen der in Erprobung stehenden *T26*-Baureihe aus, die später zum Kampfpanzer *M26* PERSHING führte. Obwohl die Entwicklung erst im April 1944 eingeleitet wurde, konnte der erste Prototyp der **8'' Panzerhaubitze T84** der *Chrysler Engineering Division* bereits im Februar 1945 erprobt werden.

Die 8'' Panzerhaubitze M43, hier mit gezurrtem Rohr in Fahrstellung, unterschied sich in einzelnen Punkten von ihrem Prototyp T89.

Die 8″ Panzerkanone T93 steht bereit zum Schießen auf ihrem Erdsporn, den sie mittels Seilzug absenkte.

Die geschweißte Wanne bestand aus 13 bis 25 mm starken Panzerblechen. Der Achtzylinder-V-Motor von 368 kW (500 PS) lag hinter dem Fahrerabteil, das Getriebe lag zwischen den beiden Fahrern. Die sechs Mann der Bedienung saßen im Heckteil rund um ihre *8″ Haubitze M1*. Sie konnte der Höhe nach zwischen -5 und +60° gerichtet werden, der Seite nach um 30°. Der Erdsporn wurde mechanisch über Seilzüge gesenkt und gehoben.

Bei einer Gesamtlänge von 6,93 m lag die Gefechtsmasse bei 37,2 t, wobei nur acht Schuss für das Geschütz mitgeführt werden konnten. Dank der Kettenbreite von 584 mm war nur ein Bodendruck von 81 kPa (0,83 kg/cm◘) zu verzeichnen. Dabei war eine Dauergeschwindigkeit von 40 km/h möglich. Trotzdem kam es nicht zur Einführung des Geschützes.

Die beiden letzten Selbstfahrlafetten wurden wieder als Parallelentwicklung von der *Chrysler Engineering Division* konstruiert. Unter Verwendung des gleichen Triebwerkes und der Raumaufteilung der *T84* entstanden die **240 mm Panzerhaubitze T92** und die **8″ Panzerkanone T93**. Wegen der höheren Masse musste dabei das Laufwerk des Kampfpanzers *T26E3* um eine Laufrolle verlängert werden. An Ketten konnten solche mit 584 wie auch 711 mm Breite verwendet werden. Die Wanne beschränkte sich auf die üblichen Splitterschutz-Panzerstärken von 13 bis 25 mm. Neben den beiden Fahrern im Bugteil fanden die restlichen sechs Mann ihren Platz neben der Waffe im Heckteil, Munition führte keines der beiden Fahrzeuge mit. Der Erdsporn wurde wieder über Seilzüge bewegt.

Die Panzerkanone wies eine Gefechtsmasse von 60,1 t auf, die Länge über Alles betrug 11,35 m. Der Bodendruck hing von der verwendeten Kettenbreite ab und lag bei 110 oder 91 kPa (1,12 oder 0,93 kg/cm^2). Eingebaut war die *Kanone 8″ M1,* deren Beschreibung samt den ballistischen Leistungen sich auf Seite 183 findet. Der Seitenrichtbereich lag bei 24°, der Höhenrichtbereich vergrößerte sich sogar auf -0 bis +65°. Die Fahrleistung war natürlich unzureichend. So kam das Geschütz nicht über eine Höchstgeschwindigkeit von 32 km/h hinaus. Es ist daher nicht weiter verwunderlich, dass lediglich zwei Stück gefertigt wurden, die bei Kriegsende noch in Erprobung standen.

Die Panzerhaubitze war zufolge der geringeren Rohrmasse der eingebauten *Haubitze 240 mm M1,* deren Daten dort nachzulesen sind, mit 57,8 t etwas leichter. Damit sank auch der Bodendruck auf 106 oder 87 kPa (1,08 oder 0,88 kg/cm^2). Das kürzere Rohr führte auch zu einer Länge von nur 9,70 m. Trotzdem blieben aber sowohl die Richtbereiche als auch die Fahrleistungen gleich, weshalb auch hier nur fünf Prototypen entstanden, da weitere Bestellungen mit Kriegsende storniert wurden.

Die Versuche auf den *Aberdeen Proving Grounds* deckten die Mängel hinsichtlich der unzureichenden Beweglichkeit auf. Die beteiligten Fachleute empfahlen daher, für weitere Entwicklungen auf die Triebwerke und Getriebe der zu diesem Zeitpunkt in Erprobung stehenden schweren Panzerfahrzeuge der *T29-*, *T30-* und *T32*-Baureihen zurückzugreifen. Die neuen Motoren mit Leistungen von 566 bis 640 kW (770 bis 870 PS) hätten sicher eine erhebliche Steigerung der Beweglichkeit bewirkt.

Hervorgehoben werden muss hier erneut die rasche Reaktion der US-Industrie. So wurden die beiden letztgenannten Selbstfahrlafetten erst im Januar 1945 vorgeschlagen und gingen noch vor Kriegsende in die Erprobung. Entwicklung und Bau von Prototypen innerhalb von weniger als einem Jahr hat kein anderer Staat auch nur annähernd erreicht.

Die 240 mm Panzerhaubitze T92 in Fahrstellung. Das schwere Rohr erfordert zur Schonung der Höhenrichtmaschine eine massive Rohrstütze als Marschzurrung.

Anhang

Technische Daten

Erläuterungen zu den Tabellen der Geschütze

Die **Reihenfolge** erfolgt alphabetisch nach den Ländern, innerhalb derselben nach den Zeitabschnitten und dann im Regelfall nach steigendem Kaliber, sofern nicht besondere Umstände (gleiche Bauweise, Lafettengleichheit) ein Abgehen von diesem System erfordern.

Bei der **Bezeichnung** wird vorzugsweise die deutsche Übersetzung der Bezeichnung in der Landessprache oder die in der deutschsprachigen Literatur übliche Benennung angeführt.

Beim **Hersteller** wird nur die Kurzbezeichnung verwendet. Der vollständige Name ist der Liste der Herstellerfirmen auf Seite 249/250 zu entnehmen.

Bei der **Rohrlänge** in Kalibern wird die tatsächliche Gesamtlänge ab der Stirnseite des Verschlusses angegeben.

Die **Länge der Züge** in Kalibern gibt die Gesamtlänge des gezogenen Teiles der Rohrseele an.

Die **Drall-Länge** in Kalibern gibt vor dem Schrägstrich den Anfangsdrall, nach diesem den Enddrall an. Bei konstantem Drall ist daher nur ein Wert zu finden.

Beim **Verschluss** wird nur zwischen dem Schraub- und dem Keilverschluss unterschieden.

Die **Rohrmasse** geben die meisten Staaten für das Rohr mit Verschluss an. Einzelne Staaten schließen die Masse von Mündungsbremsen und Gegengewichten ein.

Bei der **Art der Lafette** wird die Bauform gemäß dem entsprechenden Abschnitt des Buches vermerkt.

Beim **Rücklauf** bedeutet der Ausdruck *Rohr*, dass es sich um einen Rohrrücklauf handelt, *Oberlafette*, dass die Oberlafette auf einer Unterlafette oder einem Rahmen zurückläuft und *Lafette*, dass das gesamte Geschütz auf der Schießunterlage zurückläuft oder zurückgleitet.

Für den **Richtbereich Höhe** werden die Grenzwerte angeführt. Ist die maximale Senkung nur für das Laden zulässig, kann dieser Wert in Klammer zu finden sein, jene für das Schießen außerhalb derselben.

Der **Richtbereich Seite** gibt die gesamte Richtmöglichkeit an. Sonderfälle durch entsprechende Hilfsmittel sind hinter einem Schrägstrich oder in einer Klammer mit entsprechender Fußnote vermerkt.

Bei der **Masse in Feuerstellung** wird jene des feuerbereiten Geschützes angeführt. Nicht mit dem Geschütz integrierte Bettungen oder Ähnliches sind mit einem Pluszeichen angefügt.

Bei der **Masse in Fahrstellung** wird die Summe aller Fahrlasten angeführt, wobei auch hier jene der nicht integrierten Bettungen gesondert vermerkt ist.

Unter **Schießt von** wird die Art der Schießunterlage vermerkt, sofern nicht direkt von den Rädern geschossen werden kann. Näheres dazu im Abschnitt über die Bauformen auf Seite 10.

Unter **Sprenggranate** und **Geschoss** werden die Daten der jeweils wichtigsten Geschosse angeführt.

Bei der **Geschossmasse** wird die Masse des schussfertigen Geschosses mit Zünder und Sprengladung vermerkt.

Unter **Teilladungen** ist die Höchstzahl der jeweils nutzbaren Teilladungen angeführt.

Bei der **Anfangsgeschwindigkeit** ist der Maximalwert bei größter Treibladung erfasst.

Die **Höchstschussweite** ist die maximal erreichbare Schussweite, wobei auch hier mehrere Werte für unterschiedliche Geschosse oder ältere und neuere Modelle vorhanden sein können.

Bei der **Fortbewegung** wird nur zwischen Pferdezug, Kraftzug und Transport mittels Eisenbahn oder Feldbahn unterschieden.

Unter **Bemerkungen** sind Hinweise auf die Verwendung durch andere Staaten, Eigennamen, ergänzende Modellbezeichnungen, Versuchsgeschütze und Ähnliches zu finden.

Erläuterungen zu den Tabellen der Selbstfahrlafetten

Diese behandeln nur jene Begriffe, die nicht schon in den Erläuterungen für die Tabellen der Geschütze enthalten sind oder von diesen abweichen.

Beim **Hersteller** wird nur der Name des Erzeugers des Gesamtsystems erfasst, nicht aber der des Zulieferers des Rohres.

Unter der **Gefechtsmasse** wird die Masse des einsatzbereiten Waffensystems mit vollem Munitions- und Treibstoffvorrat sowie aufgesessener Bedienung verstanden.

Bei der **Besatzung** wird nur die Zahl der auf der Selbstfahrlafette aufgesessenen Bedienung angeführt. Zusätzlich erforderliche, getrennt mitgeführte Bedienungsmannschaften können hinter einem + vermerkt sein.

Unter der **Höchstgeschwindigkeit** wird die höchste auf ebener Straße erzielbare Fahrgeschwindigkeit verstanden.

Der **Fahrbereich** ist die Strecke, die das Fahrzeug bei wirtschaftlicher Fahrgeschwindigkeit mit vollem Treibstofftank auf ebener Straße erreichen kann.

Die **Länge über Alles** ist die Gesamtlänge des Fahrzeuges in Fahrstellung, einschließlich eines etwaigen Rohrüberstandes, die **Länge Wanne** die ohne Berücksichtigung eines Rohrüberstandes.

Die **Breite** und **Höhe** werden für die Fahrstellung, also ohne seitliche Schießstützen und ohne Rohrerhöhung, angegeben.

Der **Bodendruck** wird ohne das Einsinken der Ketten für das voll ausgerüstete Fahrzeug (Gefechtsmasse) angegeben. Dabei ist sowohl der Wert in *SI-Einheiten (kPa)* wie auch im alten System *(kg/cm²)* angeführt.

Unter **Steigt** wird die Steigung in Prozent verstanden, die das Fahrzeug unter optimalen Bedingungen (Bodenverhältnissen) bewältigen kann.

Bei **Motor Art** wird nur zwischen Otto- und Diesel-Motor unterschieden.

Die **Leistung** des Motors ist die Höchstleistung in *Kilowatt,* wobei die *Pferdestärken* in Klammer hinzugefügt sind.

Bei der **Panzerung** werden nur der kleinste und größte Wert angegeben, sofern das Fahrzeug überhaupt gepanzert ist.

Deutschland: Der Stand um 1900

Staat	Deutschland	Deutschland	Deutschland
Bezeichnung	21-cm-Bronzemörser (St.)	21-cm-Mörser	Schwerer Küstenmörser L/8 (β-Gerät)
Rohr			
Kaliber (mm)	209,3	211	305
Rohrlänge (Kaliber)	9,7	10,0	8,7
Länge der Züge (Kaliber)	6,0	7,2	.
Züge (Zahl)	30	64	92
Drall-Länge (Kaliber)	90/15	35/15	35/15
Verschlussart	Keil	Keil	Schraub
Rohrmasse (kg)	3085	3000	8500
Lafette			
Art	Wandlafette	Wandlafette	Pivotlafette
Rücklauf	Lafette	Lafette	Oberlafette
Richtbereich Höhe (°)	-2,1 bis +66,2	-6 bis +70	+50 bis +60
Richtbereich Seite (°)	0	0	60
Geschütz			
Masse in Feuerstellung (kg)	5000+1900	4820+4250	19.700+10.000
Masse in Fahrstellung (kg)	7680	7680+6340	31.700+16.000
Fahrlasten (Zahl)	2	2+2	2+1
Schießt von	Holzbettung	Holzbettung	Holzbettung
Sprenggranate			
Geschossmasse (kg)	119/83,3-83[1]	120/83[2]	333
Sprengladung (kg)	18/5,7-7,7	17,5-15/5,7-7,7	42
Teilladungen (Zahl)	8/10	7/10	5
Anfangsgeschwindigkeit (m/s)	295/350	308/350	336
Höchstschussweite (km)	7,2/8,2	7,0/8,2	8,8
Geschoss			
Art	-	-	Panzergranate
Geschossmasse (kg)	-	-	410
Sprengladung (kg)	-	-	0-11
Teilladungen (Zahl)	-	-	5
Anfangsgeschwindigkeit (m/s)	-	-	310
Höchstschussweite (km)	-	-	8,2
Fortbewegung	Pferdezug	Pferdezug	Feldbahn, Kraftzug
Bemerkungen	Eiserne Lafette 1889	M 1899	M 1897

[1] Gr. 83-Gr. 96/Gr. 88-Gr.14 [2] Gr. 96-Gr. 17/Gr. 88-Gr. 14

Frankreich: Der Stand um 1900

Staat	Frankreich	Frankreich	Frankreich
Bezeichnung	Mörser 220 mm Mle. 1880 auf Plattform Mle. 1882	Mörser 220 mm Mle. 1880 auf Metallplattform Mle. 1901	Belagerungsmörser 270 mm Mle. 1885
Rohr			
Kaliber (mm)	220	220	270
Rohrlänge (Kaliber)	9,1	9,1	9,6
Länge der Züge (Kaliber)	6,2	6,2	6,7
Züge (Zahl)	60	60	80
Drall-Länge (Kaliber)	89/25	89/25	15
Verschlussart	Schraub	Schraub	Schraub
Rohrmasse (kg)	2130	2150	4400
Lafette			
Art	Wandlafette	Wandlafette auf Rahmen	Wandlafette auf Rahmen
Rücklauf	Lafette	Oberlafette	Oberlafette
Richtbereich Höhe (°)	(-6) +30 bis +60	bis +65	(-8) bis +70
Richtbereich Seite (°)	0	40	30
Geschütz			
Masse in Feuerstellung (kg)	4080+5600	5290+3245	10.725+5900
Masse in Fahrstellung (kg)	5050	7375+4215	15.100+7600
Fahrlasten (Zahl)	1+1	2+1	3+1
Schießt von	Holzbettung	Metallplattform	Metallplattform
Sprenggranate			
Geschossmasse (kg)	118/100,5-100-101,5[1]	118/100,5-100-101,5[1]	170-232,8/152,2-198,4-152,5[2]
Sprengladung (kg)	36/31-25-19,5	36/31-25-19,5	45-66/37-59-27
Teilladungen (Zahl)	9/17	9/17	./16-7-3
Anfangsgeschwindigkeit (m/s)	230/300	230/300	290/326
Höchstschussweite (km)	5,26/7,15	5,26/7,15	5,2/8,0
Geschoss			
Art	-	-	-
Geschossmasse (kg)	-	-	-
Sprengladung (kg)	-	-	-
Teilladungen (Zahl)	-	-	-
Anfangsgeschwindigkeit (m/s)	-	-	-
Höchstschussweite (km)	-	-	-
Fortbewegung	Pferdezug	Pferdezug, Feldbahn, Kraftzug	Pferdezug, Feldbahn, Kraftzug
Bemerkungen			

[1] alt/Mle. 1909-Mle. 1915-Mle. 1914 [2] alt/Mle. 1893/1901-Mle. 1916-Mle. 1915

Großbritannien/Italien: Der Stand um 1900

Staat	Großbritannien	Italien	Italien	Italien
Bezeichnung	9,45″ Belagerungs-haubitze Mk I	21 cm Belagerungs-haubitze (M 78)	Mörser 210/8 PIAT	Mörser 240
Rohr				
Kaliber (mm)	240	210	210	240
Rohrlänge (Kaliber)	9,8	13,6	9,7	6,3
Länge der Züge (Kaliber)	7,3	11,1	7,1	4,1
Züge (Zahl)	56	36	36	28
Drall-Länge (Kaliber)	-	∞/20	56/20	30/15
Verschlussart	Schraub	Schraub	Schraub	Keil
Rohrmasse (kg)	2117	2967	2095	1750
Lafette				
Art	Pivotlafette	Bocklafette	Wandlafette auf Rahmen	Pivotlafette
Rücklauf	Rohr	Lafette	Oberlafette	keinen
Richtbereich Höhe (°)	(-0) +42 bis +63	-6 bis +35	-18 bis +60	-5 bis +60
Richtbereich Seite (°)	19	0	30	.
Geschütz				
Masse in Feuerstellung (kg)	8687	5447	5345+2955	3350+3420
Masse in Fahrstellung (kg)	9258	6000	.	4312+4408
Fahrlasten (Zahl)	2	1	2+1	1+1
Schießt von	Bettung	Rädern	Plattform	Bettung
Sprenggranate				
Geschossmasse (kg)	127/127	79,1-96,3-165,3/79,1[1]	79,1-96,3/101-101,5[1]	118,9-121,7
Sprengladung (kg)	21,3/24,1	4,8-19,2-30,5/4,8	4,8-19,2/.	8-7,5
Teilladungen (Zahl)	.	7-8/9	10/10	6
Anfangsgeschwindigkeit (m/s)	283	265-277-213/.	294-268/345-340	216
Höchstschussweite (km)	7,0	5,6-6,0-3,9/6,7	6,7-5,8/8,45-8,05	4,1
Geschoss				
Art	-	Schrapnell	Schrapnell	-
Geschossmasse (kg)	-	95,9/102[1]	95,9/102[1]	-
Sprengladung (kg)	-	1,1/.	1,1/.	-
Teilladungen (Zahl)	-	./9	7/10	-
Anfangsgeschwindigkeit (m/s)	-	226/299	282/347	-
Höchstschussweite (km)	-	4,4/6,7	6,2/8,0	-
Fortbewegung	Pferdezug	Pferdezug	Pferdezug	Pferdezug
Bemerkungen	Von Škoda gekauft	-	-	Konstruktion Krupp, später auch in Montenegro

[1] alte Munition/Erster Weltkrieg

Österreich-Ungarn/Russland: Der Stand um 1900

Staat	Österreich-Ungarn	Österreich-Ungarn	Russland	Russland
Bezeichnung	Belagerungsmörser 21 cm M 1880	24 cm M. 98 Mörser	8'' leichte Stahlkanone 92	8'' leichter Stahlmörser 92
Rohr				
Kaliber (mm)	209	240	203,2	203,2
Rohrlänge (Kaliber)	11,4	9,1	17	7,5
Länge der Züge (Kaliber)	5,1	7,3	12,1	.
Züge (Zahl)	54	56	46	46
Drall-Länge (Kaliber)	.	30	49/20	40/15
Verschlussart	Keil	Schraub	Keil	Keil
Rohrmasse (kg)	3530	1750/2162[1]	3112	1147
Lafette				
Art	Wandlafette	Pivotlafette	Bocklafette	Bocklafette
Rücklauf	Lafette	Rohr	Lafette	Lafette
Richtbereich Höhe (°)	(-0) +45 bis +65	(-0) +40 bis +65	+8 bis +45	(-0) +20 bis +65
Richtbereich Seite (°)	0	16	0/37[4]	0/32[4]
Geschütz				
Masse in Feuerstellung (kg)	5680	4990+2050	4832+1877	2674+1310
Masse in Fahrstellung (kg)	.	9300	5576	2870
Fahrlasten (Zahl)	2	2/5[2]	1/2	1
Schießt von	Holzplattform	Bettung	Räder auf Bettung	Räder auf Bettung
Sprenggranate				
Geschossmasse (kg)	94/95,3	133/133-133-133-134,3[3]	78,2/98,4	78,2/108
Sprengladung (kg)	4,9/7,2	16,5/20-16,5-14,5-14	3,5/16,6	6,5/.
Teilladungen (Zahl)	13	10	./.	3
Anfangsgeschwindigkeit (m/s)	.	258/278	275/305	272/183
Höchstschussweite (km)	6,6	5,8/6,5	5,3/8,5	5,7/3,7
Geschoss				
Art	-	-	Schrapnell	Schrapnell
Geschossmasse (kg)	-	-	79,9	82
Sprengladung (kg)	-	-	.	.
Teilladungen (Zahl)	-	-	1	3
Anfangsgeschwindigkeit (m/s)	-	-	305	183
Höchstschussweite (km)	-	-	8,5	3,7
Fortbewegung	Pferdezug	Pferdezug, Feldbahn, Kraftzug	Pferdezug	Pferdezug
Bemerkungen	-	Praktisch baugleich M. 98/7	-	-

[1] M. 98/M. 98/7 [2] Straßenfahrt/Gebirgstransport
[3] M. 98/M. 98/9-M. 6/9-M. 12-M. 12/9 [4] auf Bettung mit Bettungsbremse

Russland/Spanien: Der Stand um 1900

Staat	Russland	Spanien	Spanien
Bezeichnung	9'' leichter Mörser 92	Bronzemörser 21 cm Mata M 1895	Bronzehaubitze 21 cm Plasencia M 1885/91
Rohr			
Kaliber (mm)	228,6	210	210
Rohrlänge (Kaliber)	7,7	7,8	11,6
Länge der Züge (Kaliber)	3,8	5,5	8,9
Züge (Zahl)	52	50	50
Drall-Länge (Kaliber)	34/15	.	.
Verschlussart	Keil	.	Schraub
Rohrmasse (kg)	1638	815	3010
Lafette			
Art	Pivotlafette	Wandlafette	Bocklafette
Rücklauf	Oberlafette	Lafette	Lafette
Richtbereich Höhe (°)	-0 bis +65	+20 bis +60	-6 bis +45
Richtbereich Seite (°)	360	0	0
Geschütz			
Masse in Feuerstellung (kg)	4360	1665	5765
Masse in Fahrstellung (kg)	5450	.	.
Fahrlasten (Zahl)	2	1	1
Schießt von	Holzbettung	.	Räder auf Holzplattform
Sprenggranate			
Geschossmasse (kg)	110,9/137	78,7	78,7
Sprengladung (kg)	5/16,8	.	.
Teilladungen (Zahl)	.	.	6
Anfangsgeschwindigkeit (m/s)	244/183	215	310
Höchstschussweite (km)	4,3/3,0	3,89	6,85
Geschoss			
Art	-	.	.
Geschossmasse (kg)	-	.	.
Sprengladung (kg)	-	.	.
Teilladungen (Zahl)	-	.	.
Anfangsgeschwindigkeit (m/s)	-	.	.
Höchstschussweite (km)	-	.	.
Fortbewegung	Pferdezug	Pferdezug	Pferdezug
Bemerkungen			

Deutschland bis 1914

Bezeichnung	Mörser mit Wiegenlafette und Sockellafette Vers. 01	21-cm-Versuchs-mörser Nr. 1 (Kp. 03)	21-cm-Versuchs-mörser L/10 Nr. 2	21-cm-Versuchs-mörser Nr. 3
Hersteller	Spandau/Krupp	Krupp	Krupp	Krupp
Rohr				
Kaliber (mm)	209,3	211	211	211
Rohrlänge (Kaliber)	.	.	10	10
Länge der Züge (Kaliber)	.	.	.	.
Züge (Zahl)	.	.	.	.
Drall-Länge (Kaliber)	36/15	36/15	.	.
Verschlussart	Keil	Keil	Keil	Keil
Rohrmasse (kg)	.	.	.	.
Lafette				
Art	Sockellafette	Kastenlafette	Kastenlafette	Kastenlafette
Rücklauf	Rohr	Rohr	Rohr	Rohr
Richtbereich Höhe (°)	.	.	-10 bis +60	+4 bis +60
Richtbereich Seite (°)	4	4	4	4
Geschütz				
Masse in Feuerstellung (kg)	5370+1884	5860	5200	5384(+750[1])
Masse in Fahrstellung (kg)	8000	7444	-	7438(+750)
Fahrlasten (Zahl)	2	2	1/2	2
Schießt von	Bettung	Radunterlage	Rädern	Radunterlage
Sprenggranate				
Geschossmasse (kg)	120	120	119	119
Sprengladung (kg)	17,5	17,5	.	.
Teilladungen (Zahl)	10	10	10	10
Anfangsgeschwindigkeit (m/s)	311	311	288	288
Höchstschussweite (km)	7,0	7,0	7,0	7,0
Geschoss				
Art	-	-	-	-
Geschossmasse (kg)	-	-	-	-
Sprengladung (kg)	-	-	-	-
Teilladungen (Zahl)	-	-	-	-
Anfangsgeschwindigkeit (m/s)	-	-	-	-
Höchstschussweite (km)	-	-	-	-
Fortbewegung	Pferdezug	Pferdezug	Pferdezug	Pferdezug
Bemerkungen	Versuchsgeschütz 1901	Versuchsgeschütz 1903	Versuchsgeschütz 1906	Nur 8 Geschütze gebaut

[1] (+Radgürtel)

Deutschland bis 1914

Bezeichnung	21-cm-Versuchs-mörser L/12 in R.L.	Versuchsmörser Krupp	Versuchsmörser Ehrhardt	21-cm-Mörser
Hersteller	Ehrhardt	Krupp	Ehrhardt	Krupp und Rheinmetall
Rohr				
Kaliber (mm)	211	211	211	211
Rohrlänge (Kaliber)	12	12	15	12
Länge der Züge (Kaliber)	.	.	.	8,4
Züge (Zahl)	.	.	.	64
Drall-Länge (Kaliber)	.	32/17	36/18	32/18
Verschlussart	Keil	Keil	Keil	Keil
Rohrmasse (kg)	.	.	.	2620
Lafette				
Art	Kastenlafette	Kastenlafette	Kastenlafette	Kastenlafette
Rücklauf	Rohr	Rohr	Rohr	Rohr
Richtbereich Höhe (°)	-5 bis +65	+6 bis +70	-0 bis +65	+6 bis +70
Richtbereich Seite (°)	5	4	4	4
Geschütz				
Masse in Feuerstellung (kg)	5710(+150[1])	7943[2]	6554(+150[1])	7380[2]
Masse in Fahrstellung (kg)	5960/7600	8530	8727	8520
Fahrlasten (Zahl)	1/2	2	2	2
Schießt von	Radunterlage	Radgürteln	Radunterlage	Radgürteln
Sprenggranate				
Geschossmasse (kg)	119	120	120	120/83
Sprengladung (kg)	.	.	.	15-17,6/6,3-7,7
Teilladungen (Zahl)	.	.	.	9/8
Anfangsgeschwindigkeit (m/s)	.	367	340	367/.
Höchstschussweite (km)	7,0	9,3	9,4	9,4/8,8
Geschoss				
Art	-	-	-	-
Geschossmasse (kg)	-	-	-	-
Sprengladung (kg)	-	-	-	-
Teilladungen (Zahl)	-	-	-	-
Anfangsgeschwindigkeit (m/s)	-	-	-	-
Höchstschussweite (km)	-	-	-	-
Fortbewegung	Pferdezug	Pferdezug	Pferdezug	Pferdezug
Bemerkungen	Versuchsgeschütz 1908	Versuchsgeschütz 1909	Versuchsgeschütz 1909	Eingeführt 1910, im Zweiten Weltkrieg mit Granaten des 21 cm Mörsers 18

[1] (+Radunterlage) [2] mit Radgürteln

Deutschland bis 1914

Bezeichnung	28-cm-Haubitze L/12 i.R. (Krupp)	zerlegbare 28-cm-Haubitze L/14 i.R. (Krupp)	28-cm-Haubitze L/12 i.R. (Ehrhardt)
Hersteller	Krupp	Krupp	Rheinmetall
Rohr			
Kaliber (mm)	283	283	279,4
Rohrlänge (Kaliber)	11,9	13,9	12
Länge der Züge (Kaliber)	8,4	10,1	9,1
Züge (Zahl)	80	80	64
Drall-Länge (Kaliber)	46/25	40/20	40/20
Verschlussart	Keil	Keil	Keil
Rohrmasse (kg)	6100	5700	3980
Lafette			
Art	Kastenlafette	Kastenlafette	Kastenlafette
Rücklauf	Rohr	Rohr	Rohr
Richtbereich Höhe (°)	(-0) +15 bis +65	+20 bis +65	+20 bis +60
Richtbereich Seite (°)	4+6[1]	12	10/30[4]
Geschütz			
Masse in Feuerstellung (kg)	17.000	15.200	11.200
Masse in Fahrstellung (kg)	20.600(+7400[2])	24.000(+4940[3])	12.824(+5990[2])
Fahrlasten (Zahl)	2+1	4+1	2+1
Schießt von	Radbettung	Radbettung	Radbettung
Sprenggranate			
Geschossmasse (kg)	285	285	344
Sprengladung (kg)	29,4	29,4	30,7
Teilladungen (Zahl)	6	6	8
Anfangsgeschwindigkeit (m/s)	346	346	259
Höchstschussweite (km)	9,7	9,7	6,0
Geschoss			
Art	-	-	-
Geschossmasse (kg)	-	-	-
Sprengladung (kg)	-	-	-
Teilladungen (Zahl)	-	-	-
Anfangsgeschwindigkeit (m/s)	-	-	-
Höchstschussweite (km)	-	-	-
Fortbewegung	Kraftzug	Kraftzug	Pferdezug
Bemerkungen	Versuchsgeschütz 1910	Versuchsgeschütz 1914	Versuchsgeschütz für Russland 1912

[1] Ober- gegen Unterlafette + auf Bettungssporn [2] (+Gerätewagen mit Radbettung und Radschuhen)
[3] (+Gürtelwagen) [4] Ober- gegen Unterlafette/gegen Radbettung

Deutschland bis 1914

Bezeichnung	Schwerer Küstenmörser 09 (β-Gerät 09) L/16	30,5-cm-Haubitze L/17 i.R. (β i.R.)	Kurze Marine-kanone 12 (γ-Gerät)	Kurze Marine-kanone 14 (M-Gerät)
Hersteller	Krupp	Krupp	Krupp	Krupp
Rohr				
Kaliber (mm)	305	305	420	420
Rohrlänge (Kaliber)	16	17	16	11,9
Länge der Züge (Kaliber)	13,1	13,1	12,6	9,0
Züge (Zahl)	88	88	120	120
Dralllänge (Kaliber)	40/20	40/20	40/20	40/20
Verschlussart	Schraub	Keil	Schraub	Keil
Rohrmasse (kg)	9000	8760	22.000	13.400
Lafette				
Art	Pivotlafette	Kastenlafette	Pivotlafette	Kastenlafette
Rücklauf	Rohr	Rohr	Rohr	Rohr
Richtbereich Höhe (°)	+43 bis +67	(-0) +30 bis +75	+43 bis +66	(-0) +35 bis +70
Richtbereich Seite (°)	40	4/10[1]	45	20
Geschütz				
Masse in Feuerstellung (kg)	45.300+9900	24.500	105.000+45.000	33.220+8460
Masse in Fahrstellung (kg)	64.300+16.900	27.100	327.500	52.020/59.200[2] +17200
Fahrlasten (Zahl)	4+1	2	7+2	3+1
Schießt von	Holzbettung	Radbettung	Bettung	Radbettung
Sprenggranate				
Geschossmasse (kg)	330-333	330-333	800/920	810/800
Sprengladung (kg)	40-42	37-41	100-144/106	144/100
Teilladungen (Zahl)	8	8	8	4
Anfangsgeschwindigkeit (m/s)	418	400	440	333
Höchstschussweite (km)	12,0	11,7	14,1	9,3
Geschoss				
Art	Panzergranate	Panzergranate	Panzergranate	kurze Granate
Geschossmasse (kg)	410	410	1160	400
Sprengladung (kg)	11	11	25	50
Teilladungen (Zahl)	8	8	7	3
Anfangsgeschwindigkeit (m/s)	395	-	400	500
Höchstschussweite (km)	11,9	-	12,5	12,25
Fortbewegung	Eisenbahn, Kraftzug	Kraftzug	Eisenbahn	Kraftzug
Bemerkungen	1909	1912	1912	1914

[1] Ober- gegen Unterlafette/mit Verschieben um Bettungssporn [2] ohne/mit Radgürteln

Deutschland 1914 bis 1919

Bezeichnung	Langer Mörser	Schwere Kartaune (β-M-Gerät)	30,5-cm-Haubitze L/25 Krupp	30,5-cm-Haubitze L/25 Ehrhardt
Hersteller	Krupp	Krupp	Krupp	Rheinmetall
Rohr				
Kaliber (mm)	211	305	305	305
Rohrlänge (Kaliber)	14,5	30	25	25
Länge der Züge (Kaliber)	10,9	23,2	20,4	20,4
Züge (Zahl)	64	80	80	80
Drall-Länge (Kaliber)	32/18	24/40-25[2]	40/20	40/20
Verschlussart	Keil	Keil	Keil	Keil
Rohrmasse (kg)	2800	16.050	12.700	12.600
Lafette				
Art	Kastenlafette	Kastenlafette	Pivotlafette	Pivotlafette
Rücklauf	Rohr	Rohr	Rohr	Rohr
Richtbereich Höhe (°)	+6 bis +70	+25 bis +64	+20 bis +65	(-12) +20 bis +70
Richtbereich Seite (°)	4	20	10/360[3]	10/360[3]
Geschütz				
Masse in Feuerstellung (kg)	6794/7550[1]	36.750+8460	29.500+11.000	.
Masse in Fahrstellung (kg)	8692	54.870+17.200	50.700	.
Fahrlasten (Zahl)	2	3+1	6	6
Schießt von	Radgürteln	Bettung	Bettung	Bettung
Sprenggranate				
Geschossmasse (kg)	120/83	333	330	330
Sprengladung (kg)	15-17,6/6,3-7,7	37	40	40
Teilladungen (Zahl)	9	6/4[2]	8	8
Anfangsgeschwindigkeit (m/s)	394	600/.	525	525
Höchstschussweite (km)	10,2/9,4	20,0/16,5	16,0	16,0
Geschoss				
Art	-	-	-	-
Geschossmasse (kg)	-	-	-	-
Sprengladung (kg)	-	-	-	-
Teilladungen (Zahl)	-	-	-	-
Anfangsgeschwindigkeit (m/s)	-	-	-	-
Höchstschussweite (km)	-	-	-	-
Fortbewegung	Pferdezug	Kraftzug	Kraftzug	Kraftzug
Bemerkungen	1916	1918	Versuchsgeschütz	Versuchsgeschütz

[1] ohne/mit Radgürteln [2] ursprünglich/später
[3] Feinrichten/auf Bettung

Deutschland 1914 bis 1918

Bettungsgeschütze

Bezeichnung	21 cm S.K. L/40 in Bettungs-Schießgerüst	21 cm S.K. L/45 in Bettungs-Schießgerüst	24 cm K. L/30 in Bettungs-Schießgerüst	24 cm S.K. L/40 in Bettungs-Schießgerüst
Hersteller	Krupp	Krupp	Krupp	Krupp
Rohr				
Kaliber (mm)	209,3	209,3	238	238
Rohrlänge (Kaliber)	40,1	45	30,3	40,1
Länge der Züge (Kaliber)	.	.	.	32,8
Drall-Länge (Kaliber)	50/25	45/30	50/25	50/25
Verschlussart	Keil	Keil	Keil	Keil
Rohrmasse (kg)	12.330	13.900	18.900	25.640
Geschütz				
Masse in Feuerstellung (kg)	.	.	.	.
Richtbereich Höhe (°)	bis +45	bis +45	bis +45	bis +45
Richtbereich Seite (°)	.	.	.	.
Sprenggranate				
Geschossmasse (kg)	108-115/115[1]	108-115/115[1]	140-151/148,5[1]	140-151/148,5[1]
Sprengladung (kg)6,3-8/6,3	6,3-8/6,3	6,3-8/6,3	3,5-15,1/15,1	3,5-15,1/15,1
Teilladungen (Zahl)	1	1	1	2
Anfangsgeschwindigkeit (m/s)	-780/770	-800/790	-640/640	835-810/810
Höchstschussweite (km)	-17,9/25,6	-18,7/26,4	14,3-16,7/18,7	19,1/26,6
Bemerkungen	Genannt »Peter Adalbert« (1915)	Genannt »Peter Adalbert« (1915)	Genannt »Theodor Otto«	Genannt »Theodor Karl« (1916)

[1] Granate ohne/mit Haube

Deutschland 1914 bis 1918

Bettungsgeschütze

Bezeichnung	28 cm S.K. L/40 in Bettungs-Schießgerüst	35/38 cm S.K. L/45 in Bettungs-Schießgerüst	35,5 cm S.K. L/52,5 in Bettungs-Schießgerüst	38 cm S.K. L/45 in Bettungs-Schießgerüst
Hersteller	Krupp	Krupp	Krupp	Krupp
Rohr				
Kaliber (mm)	283	350	355,6	380
Rohrlänge (Kaliber)	39,6	45	52,6	45
Länge der Züge (Kaliber)			.	36,4
Drall-Länge (Kaliber)	50/25	30	50/35	30
Verschlussart	Keil	Keil	Keil	Keil
Rohrmasse (kg)	45.300	79.100	78.650	77.500
Geschütz				
Masse in Feuerstellung (kg)	.	.	240.000	.
Richtbereich Höhe (°)	bis +45	bis +50	bis +52	bis +29/bis +45
Richtbereich Seite (°)	.	123-144	33-123	30-36/72-360[2]
Sprenggranate				
Geschossmasse (kg)	240/284[1]	600/330	535/344	743/400
Sprengladung (kg)	./.	./.	./26	62/31
Teilladungen (Zahl)	1	./.	./.	3
Anfangsgeschwindigkeit (m/s)	785/740	815/1055	935/1165	800/1040
Höchstschussweite (km)	20,0/27,8	33,8/48,2	50,9/62,2	27,0-38,7[2] /47,5
Bemerkungen	Genannt »Bruno«	Genannt »König Luitpold«	Genannt »König August« (1917)	Genannt »Max« (ab 1915)

[1] Granaten ohne/mit Haube [2] mit 29/45° Rohrerhöhung

Deutschland 1914 bis 1918

Bezeichnung	Lange 21 cm Kanone in 38 cm Schießgerüst für 55° Erhöhung			Lange 21 cm Kanone in Schießgerüst (21/35 cm)	Lange 21 cm Kanone in Schießgerüst (23,2/35 cm)
Hersteller	Krupp	Krupp	Krupp	Krupp	Krupp
Rohr					
Kaliber (mm)	209,3	224	232	209,3	232
Rohrlänge (Kaliber)	162	151,4	146,2	162	146,2
Länge der Züge (Kaliber)	81,4	74,5	70,6	81,4	73,4
Drall-Länge (Kaliber)	30	30	30	32	.
Verschlussart	Keil	Keil	Keil	Keil	Keil
Rohrmasse (kg)	91.100	92.700	91.300	91.000	.
Geschütz					
Masse in Feuerstellung (kg)	287.770+ 73.400	296.070+ 73.400	292.970+ 73.400	301.300+ 178.985	-
Richtbereich Höhe (°)	bis +55	bis +55	bis +55	bis +55	bis +55
Richtbereich Seite (°)	45/33	45/33	45/33	33/360	33/360
Sprenggranate					
Geschossmasse (kg)	105	115	120	104-106	124-126
Sprengladung (kg)	.	.	.	6,85	8,7
Teilladungen (Zahl)	2	2	2	3	3
Anfangsgeschwindigkeit (m/s)	.	.	.	1646	1648
Höchstschussweite (km)	.	.	.	128,0	114,0
Bemerkungen	Entwurf Krupp für die »Paris-Kanone« oder »Wilhelm-Geschütz«			Einsatzgeschütz	Aufgebohrtes Rohr

Deutschland 1919 bis 1939

Bezeichnung	Langer 21 cm Mörser	21 cm Mörser 18	35,5-cm-Mörser M1
Hersteller	Krupp	Krupp	Rheinmetall
Rohr			
Kaliber (mm)	211	210,9	355,6
Rohrlänge (Kaliber)	14,5	30,9	28,9
Länge der Züge (Kaliber)	10,9	25,0	22,1
Züge (Zahl)	64	64	96
Drall-Länge (Kaliber)	32/18	35/30	36
Verschlussart	Keil	Keil	Keil
Rohrmasse (kg)	2778	.	24.800
Lafette			
Art	Kastenlafette	Kastenlafette	Pivotlafette
Rücklauf	Rohr	Rohr und Oberlafette	Rohr und Lafette
Richtbereich Höhe (°)	+6 bis +70	-0 bis +70	(-5) +45 bis +70
Richtbereich Seite (°)	4	16/360[1]	6/360[1]
Geschütz			
Masse in Feuerstellung (kg)	9347	16.700	78.000
Masse in Fahrstellung (kg)	11.257	22.700	106.470
Fahrlasten (Zahl)	1	2	6
Schießt von	Rädern	Schießpilz/Bodenplatte	Bodenplatte
Sprenggranate			
Geschossmasse (kg)	113/120	113	-
Sprengladung (kg)	./17,6	-	-
Teilladungen (Zahl)	9	5-6	-
Anfangsgeschwindigkeit (m/s)	./393	565	-
Höchstschussweite (km)	11,1/10,2	16,7	-
Geschoss			
Art	Betongranate	Betongranate	Betongranate
Geschossmasse (kg)	121,4	121,4	575
Sprengladung (kg)	11,6	11,6	7,9
Teilladungen (Zahl)	9	6	4
Anfangsgeschwindigkeit (m/s)	.	550	570
Höchstschussweite (km)	10,2	16,7	20,85
Fortbewegung	Kraftzug	Kraftzug	Kraftzug
Bemerkungen	Mit Rohr neuer Fertigung, auch M 10/35	Lafette wie 17 cm Kanone 18	-

[1] auf Lafette/Bodenplatte

Deutschland 1919 bis 1945

Bezeichnung	21 cm Kanone Krupp L/50	21 cm Kanone 38	24 cm Kanone L/46	24 cm Kanone K3	24 cm Kanone K4
Hersteller	Krupp	Krupp	Krupp	Rheinmetall/ Krupp	Krupp
Rohr					
Kaliber (mm)	209,3	210,9	238	238	240
Rohrlänge (Kaliber)	50	55,1	46	55	72
Länge der Züge (Kaliber)	.	41,3	.	43,4	.
Züge (Zahl)	.	56	.	8	.
Drall-Länge (Kaliber)	.	40/33	.	36	.
Verschlussart	Keil	Keil	Keil	Keil	Keil
Rohrmasse (kg)	.	11.480	.	22.200	.
Lafette					
Art	Pivotlafette	Pivotlafette	Pivotlafette	Pivotlafette	Pivotlafette
Rücklauf	Rohr	Rohr und Oberlafette	Rohr	Rohr und Lafette	Rohr
Richtbereich Höhe (°)	-4 bis +45	-0 bis +50	-4 bis +45	(-1) +20 bis +56	-0 bis +55
Richtbereich Seite (°)	360	16/360[1]	./360[1]	6/120-180[1]	16/360[1]
Geschütz					
Masse in Feuerstellung (kg)	35.100	25.435	45.200	54.866	55.000
Masse in Fahrstellung (kg)	.	34.825	57.200	81.850	./65.000
Fahrlasten (Zahl)	3	2	3-4	5	1/2
Schießt von	Bodenplatte	Bodenplatte	Bodenplatte	Bodenplatte	Bodenplatte
Sprenggranate					
Geschossmasse (kg)	120	120	180	152,3	160
Sprengladung (kg)	.	.	.	.	.
Teilladungen (Zahl)	3	3	.	2	.
Anfangsgeschwindigkeit (m/s)	875	905	850	970	1100
Höchstschussweite (km)	34,0	33,9	32,0	37,5	49,0
Geschoss					
Art	-	-	-	-	-
Geschossmasse (kg)	-	-	-	-	-
Sprengladung (kg)	-	-	-	-	-
Teilladungen (Zahl)	-	-	-	-	-
Anfangsgeschwindigkeit (m/s)	-	-	-	-	-
Höchstschussweite (km)	-	-	-	-	-
Fortbewegung	Kraftzug	Kraftzug	Kraftzug	Kraftzug	Einlastig auf 2 Panzerfahrgestellen oder zweilastig Kraftzug
Bemerkungen	Versuchs-geschütz	-	-	-	Versuchs-geschütz

[1] Fein-/Grobrichten

Deutschland 1939 bis 1945

(Protektorat Böhmen und Mähren)

Bezeichnung	21 cm Kanone M 39/41	30,5 cm fahrbare Haubitze	42 cm fahrbare Haubitze (U5)
Hersteller	Škoda	Škoda	Škoda
Rohr			
Kaliber (mm)	210	305	420
Rohrlänge (Kaliber)	54,6	30,0	26,7
Länge der Züge (Kaliber)	.	.	.
Züge (Zahl)	.	.	.
Dralllänge (Kaliber)	.	.	.
Verschlussart	Schraub	Schraub	Keil
Rohrmasse (kg)	.	15.950	50.500
Lafette			
Art	Pivotlafette	Pivotlafette	Pivotlafette
Rücklauf	Rohr	Rohr und Oberlafette	Rohr und Oberlafette
Richtbereich Höhe (°)	(-4) +0 bis +45	(+2) +15 bis +70	(-1,5) +40 bis +65
Richtbereich Seite (°)	360	16/360	360
Geschütz			
Masse in Feuerstellung (kg)	39.800	50.000	130.000
Masse in Fahrstellung (kg)	53.100	.	.
Fahrlasten (Zahl)	3	2	5
Schießt von	Bodenplatte	Bodenplatte	Bodenplatte
Sprenggranate			
Geschossmasse (kg)	135	360	860
Sprengladung (kg)	18,8	.	.
Teilladungen (Zahl)	3	.	.
Anfangsgeschwindigkeit (m/s)	860	670	600
Höchstschussweite (km)	33,0	24,0	21,0
Geschoss			
Art	Betongranate	.	Betongranate
Geschossmasse (kg)	135	.	1215
Sprengladung (kg)	8,1	.	.
Teilladungen (Zahl)	3	.	.
Anfangsgeschwindigkeit (m/s)	860	.	510
Höchstschussweite (km)	33,0	.	18,5
Fortbewegung	Kraftzug	2x2 Kettenfahrgestelle	Kraftzug
Bemerkungen	für Deutschland	Entwurf	Entwurf

Frankreich bis 1914

Bezeichnung	21 cm Belagerungs-haubitze L/13	Mörser 220 mm Mle.1880 auf Plattform Schneider	24 cm Belagerungs-mörser L/12
Hersteller	Schneider	de Bange/Schneider	Schneider
Rohr			
Kaliber (mm)	203,2	220	228,6
Rohrlänge (Kaliber)	13,0	9,1	12,0
Länge der Züge (Kaliber)	.	6,2	.
Züge (Zahl)	.	60	.
Drall-Länge (Kaliber)	.	89/25	.
Verschlussart	Schraub	Schraub	Schraub
Rohrmasse (kg)	2135	2150	2200
Lafette			
Art	Kastenlafette	Wandlafette auf Rahmen	Kastenlafette
Rücklauf	Rohr	Oberlafette	Rohr
Richtbereich Höhe (°)	-0 bis +43	-8 bis +65	+10 bis +60
Richtbereich Seite (°)	6	24/204[1]	6
Geschütz			
Masse in Feuerstellung (kg)	5375	12.600	5600
Masse in Fahrstellung (kg)	7765	12.600	7100
Fahrlasten (Zahl)	2	1	2
Schießt von	Rädern	Plattform	Radunterlagen
Sprenggranate			
Geschossmasse (kg)	98	118/100,5-100-101,5[2]	140
Sprengladung (kg)	.	36/31-25-19,5	.
Teilladungen (Zahl)	.	9/17	.
Anfangsgeschwindigkeit (m/s)	335	230/300	275
Höchstschussweite (km)	8,6	5,26/7,15	6,4
Geschoss			
Art	.	.	.
Geschossmasse (kg)	.	.	.
Sprengladung (kg)	.	.	.
Teilladungen (Zahl)	.	.	.
Anfangsgeschwindigkeit (m/s)	.	.	.
Höchstschussweite (km)	.	.	.
Fortbewegung	Pferdezug	Kraftzug	Pferdezug
Bemerkungen	Prototyp für Russland, in Belgien	-	Prototyp für Russland, in Belgien

[1] ohne/mit Umsetzen der Plattform [2] alt/Mle. 1909-Mle. 1915-Mle. 1914

Frankreich bis 1914

Bezeichnung	28 cm Belagerungsmörser L/12	Mörser 280 mm Mle. 1914	Mörser370 mm
Hersteller	Schneider	Schneider	Filloux/Bourges
Rohr			
Kaliber (mm)	279,4	279,4	370
Rohrlänge (Kaliber)	12,0	12,0	8,0
Länge der Züge (Kaliber)	9,4	9,4	7,2
Züge (Zahl)	88	88	104
Drall-Länge (Kaliber)	20	20	29
Verschlussart	Schraub	Schraub	Schraub
Rohrmasse (kg)	3936	4100	9275
Lafette			
Art	Pivotlafette	Pivotlafette	Rahmenlafette
Rücklauf	Rohr	Rohr	Oberlafette
Richtbereich Höhe (°)	(+10) +20 bis +60	+10 bis +65	(-8) +20 bis +60
Richtbereich Seite (°)	20	44	12
Geschütz			
Masse in Feuerstellung (kg)	15.236	16.220	28.615
Masse in Fahrstellung (kg)	18.796	24.820	41.575/50.100[1]
Fahrlasten (Zahl)	4	4	3
Schießt von	Metallplattform	Metallplattform	Metallplattform
Sprenggranate			
Geschossmasse (kg)	275	205	407-413,5/489-500
Sprengladung (kg)	.	36,3-63,5	95-63/119-150
Teilladungen (Zahl)	.	13	10
Anfangsgeschwindigkeit (m/s)	320	418	375/320
Höchstschussweite (km)	8,3	10,95	10,5/8,15
Geschoss			
Art	Panzergranate	Panzergranate	Panzergranate
Geschossmasse (kg)	344	275	540
Sprengladung (kg)	.	49,4	73,5
Teilladungen (Zahl)	.	9	8
Anfangsgeschwindigkeit (m/s)	256	315	290
Höchstschussweite (km)	6,2	8,3	7,7
Fortbewegung	Pferdezug	Kraftzug	Feldbahn, Eisenbahn, Kraftzug
Bemerkungen	M 09 Prototyp für Russland	M 1914	M 1913

[1] für Feldbahn, Straßenfahrt

Frankreich 1914 bis 1919

Bezeichnung	Kanone 194 mm G.P.F.	Kanone 220 mm L Mle. 1917	Kanone 240 mm Mle. 1884 und Mle. 1917 für Kraftzug
Hersteller	Filloux	Schneider	St. Chamond
Rohr			
Kaliber (mm)	194	220	240
Rohrlänge (Kaliber)	33,9	35,0	27,9/29,2[2]
Länge der Züge (Kaliber)	26,2	27,8	20,7/22,3
Züge (Zahl)	60	92	72/84
Drall-Länge (Kaliber)	26	26	120-26/30
Verschlussart	Schraub	Schraub	Schraub
Rohrmasse (kg)	8735	9280	14.000/14.500
Lafette			
Art	Spreizlafette	Plattformlafette	Rahmenlafette
Rücklauf	Rohr	Rohr und Oberlafette	Oberlafette
Richtbereich Höhe (°)	-0 bis +35	-0 bis +37	(-5) +0 bis +38
Richtbereich Seite (°)	55	20/50[1]	10
Geschütz			
Masse in Feuerstellung (kg)	15.600	23.000	30.250/30.750[2]
Masse in Fahrstellung (kg)	18.500	25.880/30.120	40.960
Fahrlasten (Zahl)	2	1/2	2
Schießt von	Rädern	Plattform	Plattform
Sprenggranate			
Geschossmasse (kg)	78,5-83,5	103	140-164
Sprengladung (kg)	.	14-20	26-17,5
Teilladungen (Zahl)	.	2	1
Anfangsgeschwindigkeit (m/s)	725	766	614/640[2]
Höchstschussweite (km)	19,0	22,8	17,2/18,0
Geschoss			
Art	-	-	-
Geschossmasse (kg)	-	-	-
Sprengladung (kg)	-	-	-
Teilladungen (Zahl)	-	-	-
Anfangsgeschwindigkeit (m/s)	-	-	-
Höchstschussweite (km)	-	-	-
Fortbewegung	Kraftzug	Kraftzug	Kraftzug, Feldbahn
Bemerkungen	Versuchsgeschütz mit Lafette der Kanone 155 mm G.P.F.	-	-

[1] ohne/mit Umsetzen der Plattform [2] Mle. 1884/Mle. 1917

Frankreich 1914 bis 1939

Bezeichnung	Mörser 220 mm C Mle. 1916	Küstenmörser 270 mm (Mörser G Mle. 1889)	Mörser 220 mm M 28
Hersteller	Schneider	-	Schneider
Rohr			
Kaliber (mm)	220	270	220
Rohrlänge (Kaliber)	10,4	12,4	10,0
Länge der Züge (Kaliber)	7,1	8,9	.
Züge (Zahl)	92	80	.
Drall-Länge (Kaliber)	18	26 oder 15	.
Verschlussart	Schraub	Schraub	Schraub
Rohrmasse (kg)	2810	5800	.
Lafette			
Art	Kastenlafette	Pivotlafette	Kastenlafette
Rücklauf	Rohr	Oberlafette	Rohr
Richtbereich Höhe (°)	(+10) +20 bis +65	-7 bis +60	+10 bis +65
Richtbereich Seite (°)	6	60	4/60[2]
Geschütz			
Masse in Feuerstellung (kg)	7800	26.500+3000	8000/10.200[2]
Masse in Fahrstellung (kg)	8600/9700	36.500	8700/10.760+4500
Fahrlasten (Zahl)	1/2	3	1/2+1
Schießt von	Rohrmatten	Holzplattform	Rädern/Plattform
Sprenggranate			
Geschossmasse (kg)	100,5/100,5-101,5-100,4[1]	152,2-152,5/198,4	103
Sprengladung (kg)	21/28,5-19,5-25	37-27/59	22,9
Teilladungen (Zahl)	12	14	-
Anfangsgeschwindigkeit (m/s)	350/332	420/291	415
Höchstschussweite (km)	11,0	10,4/.	11,2
Geschoss			
Art	-	-	-
Geschossmasse (kg)	-	-	-
Sprengladung (kg)	-	-	-
Teilladungen (Zahl)	-	-	-
Anfangsgeschwindigkeit (m/s)	-	-	-
Höchstschussweite (km)	-	-	-
Fortbewegung	Kraftzug	Feldbahn, Kraftzug	Kraftzug
Bemerkungen	Geschütze Nr. 1-40 als Mle. 1915 bezeichnet, auch in Belgien	-	für Argentinien

[1] alte/neue Munition [2] auf Lafette/auf Plattform

Großbritannien 1914 bis 1919

Bezeichnung	8″ Haubitze Mk I-V auf Haubitzlafette Mk I-V	8″ Haubitze Mk VI auf Haubitzlafette Mk VI	8″ Haubitze Mk VII und VIII auf Haubitzlafette Mk VII	9,2″ Haubitze Mk I auf Belagerungslafette Mk I	9,2″ Haubitze Mk II auf Belagerungslafette Mk II
Hersteller	verschiedene	Vickers	Vickers	Coventry	Vickers
Rohr					
Kaliber (mm)	203,2	203,2	203,2	233,7	233,7
Rohrlänge (Kaliber)	16-17	16	18,5	14,5	18,5
Länge der Züge (Kaliber)	12,4-13,7	12,8	12,9	12,0	13,2
Züge (Zahl)	48	48	48	56	56
Drall-Länge (Kaliber)	15	15	25	15	25
Verschlussart	Schraub	Schraub	Schraub	Schraub	Schraub
Rohrmasse (kg)	5138-5428	3102	3480	3089	4380
Lafette					
Art	Kastenlafette	Kastenlafette	Kastenlafette	Pivotlafette	Pivotlafette
Rücklauf	Rohr	Rohr	Rohr	Rohr	Rohr
Richtbereich Höhe (°)	-5 bis +45	-0 bis +50	-0 bis +45	(-3) +15 bis +55	(-0) +15 bis +50
Richtbereich Seite (°)	0	8/54[1]	8	60	60
Geschütz					
Masse in Feuerstellung (kg)	13.383-13.963	8740+2200	9140	13.628+9144[2]	16.489+11.176[2]
Masse in Fahrstellung (kg)	13.361-13.869	10.017	10.491-10.593	15.234	19.051
Fahrlasten (Zahl)	1	1	1	3	3
Schießt von	Rädern	Rädern und Holzplattform	Rädern	Bodenplatte	Bodenplatte
Sprenggranate					
Geschossmasse (kg)	90,7	90,7	90,7	131,5	131,5
Sprengladung (kg)	9,1	9,1	9	15,4	20
Teilladungen (Zahl)	1	4	6	6	6
Anfangsgeschwindigkeit (m/s)	397	396	457	362	488
Höchstschussweite (km)	9,6	9,8	11,3	9,2	12,7
Geschoss					
Art	Schrapnell	Schrapnell	Schrapnell	-	-
Geschossmasse (kg)	90,7	90,7	90,7	-	-
Sprengladung (kg)	.	.	.	-	-
Teilladungen (Zahl)	.	.	.	-	-
Anfangsgeschwindigkeit (m/s)	.	.	.	-	
Höchstschussweite (km)	.	.	.	-	-
Fortbewegung	Kraftzug	Kraftzug	Kraftzug	Kraftzug	Kraftzug
Bemerkungen	Rohre von Schiffs- und Küsten-geschützen	auch in Frankeich, Russland	auch in Vereinigten Staaten	auch in Belgien, Russland	auch in Vereinigten Staaten

[1] auf Lafette/Holzplattform [2] Erdballast

Großbritannien 1914 bis 1919

Bezeichnung	12'' Haubitze Mk II auf Belagerungslafette Mk I	12'' Haubitze Mk IV auf Belagerungslafette Mk II und Mk IIA	12'' Haubitze Mk V	15'' Haubitze Mk I auf Belagerungslafette Mk I
Hersteller	Vickers	Vickers	Vickers	Coventry
Rohr				
Kaliber (mm)	304,8	304,8	304,8	381
Rohrlänge (Kaliber)	14,5	18,5	14,5	11,0
Länge der Züge (Kaliber)	11,4	14,6	11,4	8,3
Züge (Zahl)	60	60	60	76
Drall-Länge (Kaliber)	15	15	15	30/15
Verschlussart	Schraub	Schraub	Schraub	Schraub
Rohrmasse (kg)	7925	9286	7820	11081
Lafette				
Art	Pivotlafette	Pivotlafette	Pivotlafette	Pivotlafette
Rücklauf	Rohr	Rohr	Rohr	Rohr
Richtbereich Höhe (°)	(-0) +20 bis +65	(+3) +20 bis +65	(+3) +20 bis +65	(-5) +25 bis +45
Richtbereich Seite (°)	60	60	60	25
Geschütz				
Masse in Feuerstellung (kg)	37.374+20.320[1]	38.222+20.320[1]	35.050	94.576
Masse in Fahrstellung (kg)	64681	.	66350	.
Fahrlasten (Zahl)	6	6	6	9
Schießt von	Bodenplatte	Bodenplatte	Bettung	Bodenplatte
Sprenggranate				
Geschossmasse (kg)	340,2	340,2	344	635
Sprengladung (kg)	38	37,7	.	90,7
Teilladungen (Zahl)	6	11	.	6
Anfangsgeschwindigkeit (m/s)	365	447	363	340
Höchstschussweite (km)	10,4	13,1	10,3	9,9
Geschoss				
Art	-	-	-	-
Geschossmasse (kg)	-	-	-	-
Sprengladung (kg)	-	-	-	-
Teilladungen (Zahl)	-	-	-	-
Anfangsgeschwindigkeit (m/s)	-	-	-	-
Höchstschussweite (km)	-	-	-	-
Fortbewegung	Kraftzug	Kraftzug	Kraftzug	Kraftzug
Bemerkungen	-	-	für Russland	-

[1] Erdballast

Italien 1914 bis 1939

Bezeichnung	Mörser 210/8 D.S.	Haubitze (M. 14)	Haubitze 210/22 Mod. 35	Mörser 260/9 Mod. 916
Hersteller	De Stefano	Ansaldo/Schneider	Ansaldo	Ansaldo/Schneider
Rohr				
Kaliber (mm)	210	210	210	260
Rohrlänge (Kaliber)	9,7	13,5	23,9	10,5
Länge der Züge (Kaliber)	7,1	.	19,6	7,3
Züge (Zahl)	36	.	64	80
Drall-Länge (Kaliber)	56/20	.	20	18
Verschlussart	Schraub	Schraub	Schraub	Schraub
Rohrmasse (kg)	2100	1967	4755	4170
Lafette				
Art	Pivotlafette	Kastenlafette	Spreizlafette	Kastenlafette
Rücklauf	Ober- und Unterlafette	Rohr	Rohr	Rohr
Richtbereich Höhe (°)	-15 bis +70	.	-0 bis +70	(-0) +20 bis +65
Richtbereich Seite (°)	360	.	75	12/60[2]
Geschütz				
Masse in Feuerstellung (kg)	5400+2400+2290[1]	4847	15.880	9700/11.830[2]
Masse in Fahrstellung (kg)	5790	.	19.065	12.560
Fahrlasten (Zahl)	2	2	2/4[3]	1
Schießt von	Bettung	Rädern	Boden	Radunterlagen/Bettung
Sprenggranate				
Geschossmasse (kg)	101,5/61,4	79,1/96	102,2	219,1
Sprengladung (kg)	.	7,8/19,2	18	.
Teilladungen (Zahl)	10	.	6	8
Anfangsgeschwindigkeit (m/s)	340/226	280	570	353
Höchstschussweite (km)	8,05/4,17	6,0	15,4	9,15
Geschoss				
Art	Panzergranate/ Schrapnell	Schrapnell	.	Panzergranate
Geschossmasse (kg)	101/96	96	.	222,7
Sprengladung (kg)	./.	1,1	.	.
Teilladungen (Zahl)	10/7	.	.	8
Anfangsgeschwindigkeit (m/s)	345/282	.	.	344
Höchstschussweite (km)	8,45/6,2	4,4	.	9,05
Fortbewegung	Kraftzug	Pferdezug	Kraftzug	Kraftzug
Bemerkungen	Lafette De Stefano	Konstruktion Schneider	In Ungarn . als 39 M.	Konstruktion Schneider, auch in Spanien

[1] Ober- und Unterlafette+Drehteil+Bettung [2] auf Rädern/auf Bettung
[3] auf Straße/für Gebirgstransport

Italien 1914 bis 1919

Bezeichnung	Mörser 280/10	Haubitze 280/16 (Haubitze 280 L)	Haubitze 305/17 G Mod. 917
Hersteller	Spezia/Krupp	Spezia/Krupp	Armstrong
Rohr			
Kaliber (mm)	280	280	304,8
Rohrlänge (Kaliber)	12,3	19,3	18,5
Länge der Züge (Kaliber)	8,5	13,6	14,2
Züge (Zahl)	-	64	60
Drall-Länge (Kaliber)	-	90/30	18
Verschlussart	Schraub	Schraub	Schraub
Rohrmasse (kg)	10.240	17.900	12.790
Lafette			
Art	Pivotlafette	Pivotlafette	Pivotlafette
Rücklauf	Oberlafette	Oberlafette	Rohr
Richtbereich Höhe (°)	-5 bis +60	-14 bis +51	(-0) +20 bis +65
Richtbereich Seite (°)	180	360	360
Geschütz			
Masse in Feuerstellung (kg)	23.440+16.770	34.070+16.770	24.790+12.440/33.770[1]
Masse in Fahrstellung (kg)	-	.	./39.870
Fahrlasten (Zahl)	2+1	3+1	2+1
Schießt von	Bettung	Bettung	Bettung
Sprenggranate			
Geschossmasse (kg)	217,5	217,5/340,2	292,2/346/348-350/442
Sprengladung (kg)	.	.	././31,8/16,7
Teilladungen (Zahl)	.	9	././16/15
Anfangsgeschwindigkeit (m/s)	430	460/350	546/457/483/412
Höchstschussweite (km)	11,4	11,6/9,7	17,6/13,0/14,6/12,7
Geschoss			
Art	-	-	Panzergranate
Geschossmasse (kg)	-	-	328,6
Sprengladung (kg)	-	-	.
Teilladungen (Zahl)	-	-	.
Anfangsgeschwindigkeit (m/s)	-	-	502
Höchstschussweite (km)	-	-	14,6
Fortbewegung	Kraftzug	Kraftzug	Kraftzug
Bemerkungen	Rohr Konstruktion Krupp 1879	Rohr Konstruktion Krupp 1893	auch in Spanien

[1] Mod. 916/Mod. 917

Italien 1914 bis 1919

(Lafetten De Stefano)

Bezeichnung	Kanone 20,3 cm 203/45 D.S.	Kanone 25,4 cm 254B D.S.	Haubitze 30,5 cm 305/17 D.S.	Kanone 30,5 cm 305/40 D.S.
Hersteller	Armstrong	Armstrong	Armstrong	Armstrong
Rohr				
Kaliber (mm)	203,2	254	304,8	304,8
Rohrlänge (Kaliber)	45	40	18,5	40
Länge der Züge (Kaliber)	.	.	14,2	.
Züge (Zahl)	.	.	60	.
Drall-Länge (Kaliber)	.	.	18	.
Verschlussart	Schraub	Schraub	Schraub	Schraub
Rohrmasse (kg)	19.365	25.560	12.790	49.250
Lafette				
Art	Wandlafette mit Pivot	Wandlafette mit Pivot	Wandlafette mit Pivot	Wandlafette mit Pivot
Rücklauf	Oberlafette und Lafette	Oberlafette und Lafette	Rohr und Lafette	Lafette
Richtbereich Höhe (°)	.	bis +35	-0 bis +67	.
Richtbereich Seite (°)	360	360	360	360
Geschütz				
Masse in Feuerstellung (kg)	.	38.850+6610[1]	32.670+7780-9300[1]	.
Masse in Fahrstellung (kg)	.	42.540+.	36.360	.
Fahrlasten (Zahl)	1+1	1+1	1+1	1+1
Schießt von	Bettung	Bettung	Bettung	Bettung
Sprenggranate				
Geschossmasse (kg)	114,7	205,4	292,3/346/348-350/442	385,6
Sprengladung (kg)	.	.	./,/31,8/16,7	.
Teilladungen (Zahl)	.	2	./,/16/15	.
Anfangsgeschwindigkeit (m/s)	770	700	546/457/483/412	760
Höchstschussweite (km)	12,0	18,0	17,6/13,0/14,6/12,7	19,0
Geschoss				
Art	Panzergranate	Panzergranate	Panzergranate	.
Geschossmasse (kg)	115,9	213,5	328,6	.
Sprengladung (kg)	.	.	.	.
Teilladungen (Zahl)	.	2	.	.
Anfangsgeschwindigkeit (m/s)	770	700	502	.
Höchstschussweite (km)	12,0	17,0	14,6	.
Fortbewegung	Kraftzug	Kraftzug	Kraftzug	Kraftzug
Bemerkungen	Rohr M 03	Rohr M 1887 und M 1897	-	Rohr M 1901

[1] Geschütz+Drehscheibe mit Bettung

Japan 1900 bis 1939

Bezeichnung	24 cm Haubitze Meiji 45 (1912)	24 cm Haubitze Typ 96 (1936)	28 cm kurze Haubitze	30 cm kurze Haubitze Typ 7 (1918)	30 cm lange Haubitze Typ 7 (1918)	41 cm Belagerungs-haubitze
Hersteller	Osaka	Osaka	Arisaka/Osaka	Osaka	Osaka	-
Rohr						
Kaliber (mm)	240	240	280	305	305	410
Rohrlänge (Kaliber)	16,2	.	10,2	16,4	24,0	32,8
Länge der Züge (Kaliber)	.	.	7,5	.	.	.
Züge (Zahl)	.	.	64	72	.	.
Drall-Länge (Kaliber)	.	.	35	.	.	.
Verschlussart	Schraub	Schraub	Schraub	Schraub	Schraub	Schraub
Rohrmasse (kg)	5139	.	10793	14720	19760	.
Lafette						
Art	Pivotlafette	.	Pivotlafette	Pivotlafette	Pivotlafette	.
Rücklauf	Rohr	Rohr	Oberlafette	Rohr	Rohr	Rohr
Richtbereich Höhe (°)	-2 bis +65	.	-6 bis +75	-3 bis +70	bis +70	bis+45
Richtbereich Seite (°)	360	.	360	360	360	.
Geschütz						
Masse in Feuerstellung (kg)	37.611	.	23.604	76.838	122.740	81.280
Masse in Fahrstellung (kg)	.	.	.	.	.	.
Fahrlasten (Zahl)	4	.	.	7	.	.
Schießt von	Bettung	.	Behelfs-bettung	Bettung	Bettung	Bettung
Sprenggranate						
Geschossmasse (kg)	200	200	.	440	500	1000
Sprengladung (kg)	12,6	.	.	.	.	.
Teilladungen (Zahl)	6	.	.	.	.	.
Anfangsgeschwindigkeit (m/s)	390	.	.	400	500	536
Höchstschussweite (km)	10,1	14,0	.	11,9	15,2	19,5
Geschoss						
Art	Panzergranate	.	Panzergranate	Panzergranate	Panzergranate	.
Geschossmasse (kg)	200	.	217,7	440	500	.
Sprengladung (kg)	.	.	8	.	.	.
Teilladungen (Zahl)	6	.	2	.	.	.
Anfangsgeschwindigkeit (m/s)	390	.	314	400	500	.
Höchstschussweite (km)	10,1	.	7,65	11,9	15,2	.
Fortbewegung	Feldbahn, Kraftzug	Kraftzug	Feldbahn	Kraftzug	Kraftzug	Kraftzug
Bemerkungen	-	-	auch in Russland	-	-	-

Österreich-Ungarn 1910 bis 1919

Bezeichnung	30,5 cm M. 11 Mörser	30,5 cm M. 16 Mörser	35 cm M. 16Kanone
Hersteller	Škoda	Škoda	Škoda
Rohr			
Kaliber (mm)	305	305	355
Rohrlänge (Kaliber)	10,0	12,0	50,7
Länge der Züge (Kaliber)	6,7	8,4	.
Züge (Zahl)	68	68	.
Drall-Länge (Kaliber)	30	30	.
Verschlussart	Keil	Keil	Keil
Rohrmasse (kg)	5930	7234	74.000
Lafette			
Art	Pivotlafette	Pivotlafette	Behelfslafette
Rücklauf	Rohr	Rohr	Rohr
Richtbereich Höhe (°)	(-0) +40 bis +75	(-5) +40 bis +75	(-0) +20 bis +40
Richtbereich Seite (°)	120	360	30 bis 60
Geschütz			
Masse in Feuerstellung (kg)	18.730	22.824	180.000
Masse in Fahrstellung (kg)	27.950	34.940	.
Fahrlasten (Zahl)	3	3	.
Schießt von	Bettung	Bettung	Bettung
Sprenggranate			
Geschossmasse (kg)	385,3-290,8[1]	385,3-290,8[1]	710
Sprengladung (kg)	38,3-34,8	38,3-34,8	69,1
Teilladungen (Zahl)	4-5	7-8	2
Anfangsgeschwindigkeit (m/s)	370-407	380-450	770
Höchstschussweite (km)	9,6-11,0	11,1-12,3	31,5
Geschoss			
Art	Granat-Schrapnell	Granat-Schrapnell	-
Geschossmasse (kg)	300	300	-
Sprengladung (kg)	16,4	8,8	-
Teilladungen (Zahl)	5	8	-
Anfangsgeschwindigkeit (m/s)	400	450	-
Höchstschussweite (km)	11,0	12,3	-
Fortbewegung	Kraftzug	Kraftzug	Eisenbahn
Bemerkungen	auch in Italien, Ungarn	auch in Deutschland, Italien, Jugoslawien, Polen, Tschechoslowakei, Ungarn	-

[1] M. 11/9-M. 15/9

Österreich-Ungarn 1914 bis 1919

Bezeichnung	21 cm Mörser M. 16 (Muster 1)	21 cm Mörser M. 16 (Muster 2)	21 cm Mörser M. 16	21 cm Mörser M. 18
Hersteller	Škoda	Škoda	Škoda	Škoda
Rohr				
Kaliber (mm)	211	211	211	211
Rohrlänge (Kaliber)	13,9	13,9	13,9	13,9
Länge der Züge (Kaliber)	.	.	.	.
Züge (Zahl)	.	.	.	.
Drall-Länge (Kaliber).	.	.	.	
Verschlussart	Keil	Keil	Keil	Keil
Rohrmasse (kg)	2760	2760	2760	2700
Lafette				
Art	Kastenlafette	Kastenlafette	Pivotlafette	Pivotlafette
Rücklauf	Rohr	Rohr	Rohr	Rohr
Richtbereich Höhe (°)	(-0) +35 bis +65	(-0) +35 bis +65	(-0) +35 bis +65	(-4) +40 bis +71,5
Richtbereich Seite (°)	4,5	4,5	360	360
Geschütz				
Masse in Feuerstellung (kg)	9640	8550/9300[1]	9640	8950
Masse in Fahrstellung (kg)	10.300/14.150[2]	11.410/12.910[1]	.	13.400
Fahrlasten (Zahl)	1/5[2]	2	2/3/5[4]	2/6[2]
Schießt von	Rädern	Rädern	Kastenbettung	Kastenbettung
Sprenggranate				
Geschossmasse (kg)	100-134,8/120[3]	100-134,8/120[3]	100-134,8/120[3]	134,8
Sprengladung (kg)	-11,8/17,5	-11,8/17,5	-11,8/17,5	11,8
Teilladungen (Zahl)	10-7/9	10-7/9	10-7/9	7
Anfangsgeschwindigkeit (m/s)	450-380/410	450-380/410	450-380/410	380
Höchstschussweite (km)	12,0-10,6/9,7	12,0-10,6/9,7	12,0-10,6/9,7	10,1
Geschoss				
Art	Granat-Schrapnell	Granat-Schrapnell	Granat-Schrapnell	-
Geschossmasse (kg)	120	120	120	-
Sprengladung (kg)	6,1	6,1	6,1	-
Teilladungen (Zahl)	8	8	7	-
Anfangsgeschwindigkeit (m/s)	410	410	410	-
Höchstschussweite (km)	11,0	11,0	11,0	-
Fortbewegung	Pferdezug, Kraftzug	Pferdezug, Kraftzug	Pferdezug, Kraftzug	Kraftzug
Bemerkungen	Versuchsgeschütz	Versuchsgeschütz	Versuchsgeschütz	Tschechoslowakei, auch in Deutschland

[1] ohne/mit Radgürteln [2] Straßenfahrt/Gebirgstransport
[3] österreichische Granaten/deutsche Granate M. 96 n/A [4] Kraftzug/Pferdezug/Gebirgstransport

Österreich-Ungarn 1914 bis 1919

Bezeichnung	38 cm M. 16 Haubitze (B.H. L/17)	24 cm Kanone M.16	42 cm L/15 mobile Küstenhaubitze	42 cm M. 16 Autohaubitze
Hersteller	Škoda	Škoda	Škoda	Škoda
Rohr				
Kaliber (mm)	380	240	420	420
Rohrlänge (Kaliber)	17,0	40,0	15,0	15,0
Länge der Züge (Kaliber)	12,4	30,7	10,9	10,9
Züge (Zahl)	80	60	84	84
Drall-Länge (Kaliber)	35	25	30	30
Verschlussart	Keil	Keil	Keil	Keil
Rohrmasse (kg)	20.700	20.300	26.200	26.200
Lafette				
Art	Pivotlafette	Pivotlafette	Pivotlafette	Pivotlafette
Rücklauf	Rohr	Rohr	Rohr	Rohr
Richtbereich Höhe (°)	+40 bis +75	(-5) +10 bis +42,5	(-1,5) +40 bis +70	+40 bis +70
Richtbereich Seite (°)	360	360	270	360
Geschütz				
Masse in Feuerstellung (kg)	81.700	79.100	183.000	113.000/100.000[1]
Masse in Fahrstellung (kg)	145.200/130.800/ 134.000[2]	143.000/128.600/ 131.800[2]	-	183.400/170.520
Fahrlasten (Zahl)	4	4	-	6/4
Schießt von	Kastenbettung	Kastenbettung	Kastenbettung	Kastenbettung
Sprenggranate				
Geschosssmasse (kg)	605,8/746	213,2/215	808/1000	808/1000
Sprengladung (kg)	50,1/72,2-74,4	15,1/19,5	104,9/92,5-104,4	104,9/92,5-104,4
Teilladungen (Zahl)	5/4	2	5/4	5/4
Anfangsgeschwindigkeit (m/s)	520/459	750	470/415	470/415
Höchstschussweite (km)	16,3/15,0	26,3	14,6/12,7	14,6/12,7
Geschoss				
Art	Granat-Schrapnell	-	Granat-Schrapnell	Granat-Schrapnell
Geschossmasse (kg)	605,8	-	.	.
Sprengladung (kg)	.	-	.	.
Teilladungen (Zahl)	5	-	5	5
Anfangsgeschwindigkeit (m/s)	520	-	.	.
Höchstschussweite (km)	16,3	-	.	.
Fortbewegung	Kraftzug, Eisenbahn	Kraftzug, Eisenbahn	Eisenbahn	Kraftzug, Eisenbahn
Bemerkungen	auch in Italien, Tschechoslowakei	auch in Deutschland, Tschechoslowakei	auch in Italien	auch in Deutschland

[1] M.16/M.17 [2] auf Straße/auf Schiene mit Generatorwagen/auf Schiene mit Lokomotive

Sowjetunion 1919 bis 1939

Bezeichnung	203-mm-Haubitze 1931 (B-4)	203-mm-Haubitze 1931 (B-4)	203-mm-Haubitze 1931 (B-4)	280-mm-Mörser 1939 (BR-5)
Hersteller	staatlich	staatlich	staatlich	staatlich
Rohr				
Kaliber (mm)	203,2	203,2	203,2	279
Rohrlänge (Kaliber)	22,0	22,0	25,0	16,0
Länge der Züge (Kaliber)	16,6	16,6	19,6	.
Züge (Zahl)	64	64	64	.
Drall-Länge (Kaliber)	22	22	22	.
Verschlussart	Schraub	Schraub	Schraub	Schraub
Rohrmasse (kg)	4840	4840	5200	.
Lafette				
Art	Kastenlafette	Kastenlafette	Kastenlafette	Kastenlafette
Rücklauf	Rohr	Rohr	Rohr	Rohr
Richtbereich Höhe (°)	-0 bis +60	-0 bis +60	-0 bis +60	-0 bis +80
Richtbereich Seite (°)	8	8	8	8
Geschütz				
Masse in Feuerstellung (kg)	15.796	15.800	17.700	18.200
Masse in Fahrstellung (kg)	19.286+2620[1]	21.220+2620[1]	21.580+2620[1]	19.500
Fahrlasten (Zahl)	2	2	2	2
Schießt von	Raupen	Raupen	Raupen	Raupen
Sprenggranate				
Geschossmasse (kg)	98,3-98,8	100	100	246
Sprengladung (kg)	15,9-19	15,4	15,4	.
Teilladungen (Zahl)	11	11	12	.
Anfangsgeschwindigkeit (m/s)	538	550	607	356
Höchstschussweite (km)	12,8	16,0	18,0	10,65
Geschoss				
Art	Betongranate	Betongranate	Betongranate	Betongranate
Geschossmasse (kg)	.	.	100/146	287
Sprengladung (kg)	.	.	.	.
Teilladungen (Zahl)	.	.	12	.
Anfangsgeschwindigkeit (m/s)	.	.	607/481	.
Höchstschussweite (km)	.	.	18,0/.	.
Fortbewegung	Kraftzug	Kraftzug	Kraftzug	Kraftzug
Bemerkungen	Deutsche Kennnummer 503	Deutsche Kennnummer 503/1	Deutsche Kennnummer 503/3	-

[1] +Rohrfahrzeug- und Lafettenprotze

Tschechoslowakei 1919 bis 1940

Bezeichnung	22 cm Mörser ON a	24 cm Haubitze M 39 (U)	30,5 cm Haubitze M 40 (XV)	21 cm Kanone M 39 (V)	21 cm Kanone M 40 (VX)
Hersteller	Škoda	Škoda	Škoda	Škoda	Škoda
Rohr					
Kaliber (mm)	220	240	305	210	210
Rohrlänge (Kaliber)	19,0	28,0	21,8	45,4	49,5
Länge der Züge (Kaliber)	.	.	.	34,2	.
Züge (Zahl)	68	.	.	.	.
Drall-Länge (Kaliber)	25	.	.	27,5	.
Verschlussart	Schraub	Schraub	Schraub	Schraub	Schraub
Rohrmasse (kg)	4350	8100	-	-	.
Lafette					
Art	Pivotlafette	Pivotlafette	Pivotlafette	Pivotlafette	Pivotlafette
Rücklauf	Rohr	Rohr	Rohr	Rohr	Rohr
Richtbereich Höhe (°)	(-4) +40 bis +75	(-4) +15 bis +70	(-4) bis +70	(-4) +0 bis +45	(-4) +0 bis +50
Richtbereich Seite (°)	360	360	360	360	360
Geschütz					
Masse in Feuerstellung (kg)	14.700	26.900	45.400	33.800	45.600
Masse in Fahrstellung (kg)	22.700	40.100	63.300	48.200	63.490
Fahrlasten (Zahl)	3	3	3	3	3
Schießt von	Bettung	Bodenplatte	Bodenplatte	Bodenplatte	Bodenplatte
Sprenggranate					
Geschossmasse (kg)	128	166	330	135	135
Sprengladung (kg)	16,2	22,9-23,7	.	18,8	.
Teilladungen (Zahl)	6	5	.	3	.
Anfangsgeschwindigkeit (m/s)	500	600	530	800	800
Höchstschussweite (km)	14,3	18,3	16,4	30,0	30,0
Geschoss					
Art	Betongranate	Betongranate	Betongranate	Betongranate	Betongranate
Geschossmasse (kg)	128	166	465	135	155
Sprengladung (kg)	13,6	.	.	8,1	.
Teilladungen (Zahl)	6	5	.	3	.
Anfangsgeschwindigkeit (m/s)	500	600	410	800	740
Höchstschussweite (km)	14,3	18,3	13,2	30,0	28,5
Fortbewegung	Kraftzug	Kraftzug	Kraftzug	Kraftzug	Kraftzug
Bemerkungen	für Jugoslawien (M 28), Polen (M 32)	für Türkei, auch in Deutschland, ähnlich M 39/40	für Sowjetunion (BR-18)	für Türkei, auch in Deutschland, ähnlich (V2) M 39/40 für Schweden	für Sowjetunion (BR-17)

Vereinigte Staaten ab 1918

Bezeichnung	8'' Haubitze Mk 8 1/2	8'' Haubitze T3	Haubitze 8'' M2 auf Lafette M1
Hersteller	Midvale Steel	Watervliet/ Rock Island	Watervliet/ Rock Island
Rohr			
Kaliber (mm)	203,2	203,2	203,2
Rohrlänge (Kaliber)	18,5	25,0	26,2
Länge der Züge (Kaliber)	14,3	.	20,6
Züge (Zahl)	48	.	64
Drall-Länge (Kaliber)	25	.	25
Verschlussart	Schraub	Schraub	Schraub
Rohrmasse (kg)	.	.	4645
Lafette			
Art	Kastenlafette	Spreizlafette	Spreizlafette
Rücklauf	Rohr	Rohr	Rohr
Richtbereich Höhe (°)	-5 bis +50	-0 bis +65	-2 bis +65
Richtbereich Seite (°)	8	60	60
Geschütz			
Masse in Feuerstellung (kg)	10.300	12.400	13.869
Masse in Fahrstellung (kg)	14.700	13.160	14.378
Fahrlasten (Zahl)	1	1	1
Schießt von	Rädern	Boden	Boden
Sprenggranate			
Geschossmasse (kg)	90,7	90,7	90,7
Sprengladung (kg)	-	-	16,7/13,6[1]
Teilladungen (Zahl)	4	-	8/5
Anfangsgeschwindigkeit (m/s)	465	594	594/408
Höchstschussweite (km)	11,0	17,0	16,9/10,2
Geschoss			
Art	-	-	-
Geschossmasse (kg)	-	-	-
Sprengladung (kg)	-	-	-
Teilladungen (Zahl)	-	-	-
Anfangsgeschwindigkeit (m/s)	-	-	-
Höchstschussweite (km)	-	-	-
Fortbewegung	Kraftzug	Kraftzug	Kraftzug
Bemerkungen	für Vereinigte Staaten, Nachbau britische Mk VII*	Versuchsgeschütz	auch in zahlreichen anderen Staaten

1 Granate M106/Mk1A1

Selbstfahrlafetten bis 1920

Staat	Frankreich	Frankreich	Vereinigte Staaten	Vereinigte Staaten
Bezeichnung	Kanone 194 mm G.P.F. auf Kettenfahrgestell	Mörser 280 mm auf Kettenfahrgestell	8'' Haubitze auf Raupenlafette Mk I	240 mm Selbstfahrlafette Mk III
Hersteller	St. Chamond	St. Chamond	Morgan Eng.	-
Fahrzeug				
Gefechtsmasse (t)	26,5/29,6[1]	26,0/29,0[1]	26,0	48,3
Besatzung (Mann)	2+.	2+.	1+.	1+.
Höchstgeschwindigkeit (km/h)	8	8	8,5	5,2
Fahrbereich (km)	.	.	.	.
Länge über Alles (m)	7,0/8,5	7,0/7,5	6,64	7,55
Länge Wanne (m)	7,0/.	7,0/.	.	.
Breite (m)	2,6/2,6	2,6/2,6	2,76	3,0
Höhe (m)	./.	2,8/3,0	2,53	2,88
Bodendruck kPa(kg/cm□)	88(0,9)/98(1,0)	88(0,9)/98(1,0)	69(0,7)	.
Steigt (%)	.	.	.	.
Motor Art	Otto	Otto	Otto	Otto
Leistung (kW/PS)	88/120	88/120	59/80	154/210
Geschütz Art	**_Kanone_**	**_Mörser_**	**_Haubitze_**	**_Haubitze_**
Typ	G.P.F.	Mle. 1914	Mk 8$^{1}/_{2}$	M1918
Kaliber (mm)	194	279,4	203,2	240
Rohrlänge (Kaliber)	33,9	12,0	18,5	21,6
Richtbereich Höhe (°)	-0 bis +36	-0 bis +60	-0 bis +45	bis +60
Richtbereich Seite (°)	0 (360)[2]	0 (360)[2]	8	2
Granate	Spenggranate	Sprenggranate/ Panzergranate	Sprenggranate	Sprenggranate
Geschossmasse (kg)	78,8-84,9	208/275	90,7	156,5
Anfangsgeschwindigkeit (m/s)	725	418/315	465	518
Schussweite (km)	20,8	10,95/8,3	11,0	15,0
Munitionsvorrat (Schuss)	60	30	.	.
Maschinengewehre				
Zahl/Kaliber (mm)	-/-	-/-	-/-	-/-
Panzerung (mm)	keine	keine	keine	keine
Bemerkungen	Antrieb benzin-elektrisch	Antrieb benzin-elektrisch	-	-

[1] 1Triebwerksfahrzeug/Geschützfahrzeug [2] auf Fahrzeug (mit Fahrzeug)

Selbstfahrlafetten 1939 bis 1945

Staat	Deutschland	Deutschland	Vereinigte Staaten	Vereinigte Staaten	Vereinigte Staaten
Bezeichnung	Gerät 040	Gerät 041	8″ Panzerhaubitze M 43	8″ Panzerkanone T93	240-mm-Panzer-haubitze T92
Hersteller	Rheinmetall	Rheinmetall	Pressed Steel Car	Chrysler	Chrysler
Fahrzeug					
Gefechtsmasse (t)	124,0	126,35	36,3	60,1	57,8
Besatzung (Mann)	2+.	2+.	8	8	8
Höchstgeschwindigkeit (km/h)	10	10	38,6	32,2	32,2
Fahrbereich (km)	.	.	161	80	80
Länge über Alles (m)	11,15	11,37	7,12	13,62	9,70
Länge Wanne (m)	11,15	11,37	7,12	..	8,50
Breite (m)	3,16	3,16	3,15	4,36	4,36
Höhe (m)	4,78	4,78	3,30	3,87	3,87
Bodendruck kPa(kg/cm□)	174(1,77)	179(1,83)	73(0,74)	91(0,93)/110(1,12)[1]	87(0,88)/106(1,08)[1]
Steigt (%)	.	.	60	60	60
Motor Art	Otto/Diesel	Otto/Diesel	Otto	Otto	Otto
Leistung (kW/PS)	427/580	427/580	338/460	368/500	368/500
Geschütz	***Mörser***	***Mörser***	***Haubitze***	***Kanone***	***Haubitze***
Typ	.	.	8″ M1 oder M2	8″ M1	240 mm M1
Kaliber (mm)	600	540	203,2	203,2	240
Rohrlänge (Kaliber)	8,5	13,0	26,2	51,2	35,0
Richtbereich Höhe (°)	-0 bis +70	-0 bis +70	-5 bis +45	-0 bis +65	-0 bis +65
Richtbereich Seite (°)	5	5	36	24	24
Granate	Beton/Spreng	Beton/Spreng	Spreng	Spreng/Panzer	Spreng
Geschossmasse (kg)	2200/1700	1580/1250	90,7	109,0/117,9	163,3
Anfangsgeschwindigkeit (m/s)	222/279	300/378	594	866/838	701
Schussweite (km)	4,32/6,58	./10,5	16,9	32,6/29,7	23,1
Munitionsvorrat (Schuss)	0	0	16	.	6
Maschinengewehre					
Zahl/Kaliber (mm)	-/-	-/-	-/-	-/-	-/-
Panzerung (mm)	12	12	13 bis 108	13 bis 25	13 bis 25
Bemerkungen					

[1] mit breiter/schmaler Kette

Diese US-amerikanische Stellung mit 240-mm-Haubitze feuert 1944 in Italien auf deutsche Stellungen. (Foto: © PD)

Granate für den Mörser Karl. (Foto: Bundesarchiv, Bild 101I-695-0424-08A, CC-BY-SA-3.0)

Mörser Karl einsatzbereit. (Foto: Bundesarchiv, Bild 101I-695-0424-14A, CC-BY-SA-3.0)

(Foto: Bundesarchiv, Bild 101I-695-0424-33A, CC-BY-SA-3.0)

Der Mörser Karl mit seiner 60-/54-cm-Kanone wurde von 1940 bis 1942 gebaut.

Herstellerfirmen und Konstrukteure

Dänemark
Artillerimateriel Wærkstedetne

Deutschland
Geschütze
Krupp – Fried. Krupp. AG
Rheinmetall – Ehrhardt, Rheinische Metallwaaren- und Maschinenfabrik Akt.-Ges., später Rheinmetall-Borsig AG
Spandau – Geschützgießerei und Artilleriewerkstatt Spandau

Selbstfahrlafetten
Krupp
Rheinmetall

Konstrukteure
Prof. Dr. Fritz Rausenberger

Frankreich
Geschütze
Bourges – Atelier Bourges
Schneider – Schneider & Cie
St. Chamond – Compagnie de Forges et Aciéries de la Marine et d'Homécourt in Saint Chamond

Konstrukteure
de Bange
Filloux

Selbstfahrlafetten
A.T.S. – Atelier de Tarbes
Schneider
St. Chamond

Großbritannien
Coventry – Coventry Ordnance Works
Vickers – Vickers-Armstrong Ltd
Woolwich – Woolwich Arsenal

Konstrukteure
Vavasseur

Irak
staatlich

Italien
Geschütze
Ansaldo – Ansaldo & Cie
Armstrong – Armstrong-Pozzuoli
OTO – Odero-Terni-Orlando
Spezia – Arsenal La Spezia

Konstrukteure
Buonagente
De Stefano

Japan
Geschütze
Osaka – Arsenal Osaka

Konstrukteure
Arisaka

Österreich-Ungarn
Škoda – Škoda-Werke AG

Russland/Sowjetunion
Geschütze
Obuchow
staatlich

Konstrukteure
Durlacher

Selbstfahrlafetten
Barrikady – Barrikady-Werk
Kirow – Kirow-Werk
staatlich

Spanien
Geschütze
Fabrica de Artilleria de Sevilla
SITECSA – Desarollos de Sistemas i Tecnologias SA
Konstrukteure
Mata
Plasencia

Ungarn
MÁVAG – Magyar Állami Vas- és Acélgyár (Ungarische staatliche Eisen- und Stahlfabrik)

Vereinigte Staaten
Geschütze
Hughes – Hughes Tool Company
Midvale Steel – Midvale Steel Company
Picatinny – Picatinny Arsenal

Rock Island – Rock Island Arsenal
Watervliet – Watervliet Arsenal

Selbstfahrlafetten
Bowen-McLaughlin-York – später BMY Combat Systems
Chrysler – Chrysler Engineering Division
FMC – FMC Corporation
Franklin Institute
Holt Manufacturing Company
Morgan Eng. – Morgan Engineering Company
Pacific Car & Foundry – Pacific Car & Foundry Company
Pressed Steel Car – Pressed Steel Car Company

Literatur

Alois Adler: Geschütze der schweren Artillerie des Feldheeres und der Belagerungsartillerie (1907)

Colonel Alvin et Commandant André: Les Canons de la Victoire (1923)

Colonel Alvin et Commandant André: Les Canons en Service (1930)

John Batchelor/Ian Hogg: Artillery (1972)

Giulio Benussi: Armi portatili, Artiglierie e Semoventi del Regio Esercito Italiano (1975)

Fairfax Downey: Cannonade (1966)

Stephane Ferrard: Les Materiels de l'Armée de Terre Française 1940 (1984)

Christopher Foss: Jane's Armour and Artillery (verschiedene Jahrgänge)

Aldo Fraccaroli: Italian Warships of World War I (1970)

Chuck Hansen: U.S. Nuclear Weapons (1988)

David Harding (Hrsg.): Waffen-Enzyklopädie (2000)

Ian Hogg: Deutsche Artilleriewaffen im Zweiten Weltkrieg (1978)

Ian Hogg: British & American Artillery of World War 2 (1978)

Ian Hogg and Leslie Thurston: British Artillery Weapons and Ammunition 1914-1918 (1972)

R. P. Hunnicut: Pershing (1971)

R. P. Hunnicut: Sherman (1978)

R. P. Hunnicut: Sheridan (1995)

Franz Nikolaus Kaiser: Das Ehrenbuch der Deutschen Schweren Artillerie (1931)

Vladimir Karlick□: Ceskoslovenské Delostrelecké Zbrane (1975)

Hugo Kerchnawe: Ehrenbuch unserer Artillerie (1935)

Franz Kosar: Schwere Geschütze und Eisenbahngeschütze (1978)

Franz Kosar: Eisenbahngeschütze der Welt (1999)

Michel de Lombarès: Histoire de l'Artillerie Française (1984)

Burkhart Mueller-Hillebrand: Das Heer 1933-1945 (1954-1969)

T.J. O`Malley: Moderne Artilleriesysteme (Waffen und Gerät Band 2) (1996)

Nicola Pignato: Artiglierie e Automezzi dell'Esercito Italiano nella Seconda Guerra Mondiale (1972)

Hermann Schirmer: Das Gerät der schweren Artillerie vor, in und nach dem Weltkrieg (1937)

F.M. von Senger und Etterlin: Die deutschen Geschütze 1939-1945 (1960)

Walter Spielberger: Kraftfahrzeuge und Panzer des österreichischen Heeres 1896 bis heute (1976)

Walter Spielberger, Hilary L. Doyle: Die Halbkettenfahrzeuge des Deutschen Heeres 1909-1945 (1976)

Walter Spielberger, Hilary L. Doyle: Der Panzer-Kampfwagen Tiger und seine Abarten. Erweiterter Band 7 der Serie Militärfahrzeuge mit Tigerfibel (1998).

Walter Spielberger: Spezial-Panzerfahrzeuge des Deutschen Heeres (1977)

Gerhard Taube: Die schwersten Steilfeuer-Geschütze 1914-1945 (1981)

Iwan Zygankow/Jewgeni Sossulin: Geschütze, Granatwerfer, Geschoßwerfer (1981)

Handbuch: Die Munition der deutschen Geschütze und Werfer (1940)

Kennblätter fremden Geräts (1941-1943)

Kriegsministerium: Die Kriegsmunition der Schweren Artillerie (1917)

K.u.k. Kriegsministerium: Zusammenstellung der wichtigsten Daten der Granaten, Schrapnells und Granat-Schrapnells der modernen Geschütze (1918)

War Department: Handbook on Japanese Military Forces (1944)

Prospekte und Handbücher der Herstellerfirmen

Handbücher verschiedener Staaten über Waffen und Munition

Einschlägige Fachzeitschriften

Artillerie-Rundschau

Artilleristische Monatshefte

Atom

Feldgrau

Militärtechnik

Mitteilungen über Gegenstände des Artillerie- und Geniewesens

Revue d'Artillerie

Technische Mitteilungen

Vojenska Technika

Waffen Revue

Wehrtechnische Monatshefte

Abkürzungen

.	Angabe nicht bekannt
-	nicht vorhanden
''	Zoll
°	Grad
A.P.K.	Artillerie-Prüfungskommission
BL	Breech Loading (Hinterlader)
cm	Zentimeter
G.P.F.	Grande Puissance Filloux
H	Haubitze
in	Inch (Zoll; 1 in = 25,4 mm)
K	Kanone
kg	Kilogramm
kg/cm^2	Kilogramm pro Quadratzentimeter ($1\ kg/cm^2 = 98,066\ kPa$)
km	Kilometer
km/h	Kilometer pro Stunde
kN	Kilonewton
kPa	Kilopascal
kT	Kilotonne
kW	Kilowatt
L	Länge in Kalibern
m	Meter
M	Modell, Muster
Mk.	Mark (Modell, Muster)
Mle.	Modèle (Modell, Muster)
mm	Millimeter
Mod.	Modell, Muster
m/s	Meter pro Sekunde
PS	Pferdestärke
S.K.	Schnellfeuerkanone
t	Tonne